U0192319

Grbl 解析及虚拟机电系统仿真

石 勇 编著

电子工业出版社

Publishing House of Electronics Industry

北京 · BEIJING

内 容 简 介

本书是一本从工程实践角度介绍 Grbl 技术的书籍，以 3D 打印机为应用对象，以 Grbl 为控制核心，全面介绍基于 Grbl、Proteus、MCD 等软件平台的三坐标设备全软件运动控制仿真，在虚拟机电系统仿真软件 MCD 的不同通信方法、Grbl 上位机开发和 Thor 开源机器人的应用方面具有重要的参考价值。

本书主要内容包括 CNC 技术基础、Grbl 的工作原理、AVR LIBC 基础、解析 Grbl 代码、上位机编程、基于 MCD 的虚拟 CNC 仿真、Grbl 在机器人上的应用等。本书旨在帮助读者快速熟悉 Grbl 的使用、程序代码和 HMI 开发，掌握机电设备的虚拟调试和开发过程。

本书适合 CNC、机器人和数控设备等领域的科研人员，高等院校机电类相关专业本科生、研究生，以及相关技术爱好者和工程技术人员参考学习。

图书在版编目（CIP）数据

Grbl 解析及虚拟机电系统仿真 / 石勇编著. —北京：电子工业出版社，2024.2
ISBN 978-7-121-47367-8

Ⅰ. ①G⋯ Ⅱ. ①石⋯ Ⅲ. ①数控机床加工中心 Ⅳ. ①TG659

中国国家版本馆 CIP 数据核字（2024）第 044912 号

责任编辑：许存权

印　　刷：三河市鑫金马印装有限公司
装　　订：三河市鑫金马印装有限公司
出版发行：电子工业出版社
　　　　　北京市海淀区万寿路 173 信箱　邮编 100036
开　　本：787×1 092　1/16　印张：17　字数：435 千字
版　　次：2024 年 2 月第 1 版
印　　次：2024 年 2 月第 1 次印刷
定　　价：69.00 元

凡所购买电子工业出版社图书有缺损问题，请向购买书店调换。若书店售缺，请与本社发行部联系，联系及邮购电话：（010）88254888，88258888。

质量投诉请发邮件至 zlts@phei.com.cn，盗版侵权举报请发邮件至 dbqq@phei.com.cn。

本书咨询联系方式：（010）88254484，xucq@phei.com.cn。

Grbl 是一款由加拿大工程师 Sonny Jeon 开发的开源软件，主要用于控制三轴及多轴运动的 CNC 机床或机器人设备。它采用 Arduino 平台，具有高速度和高精度控制的特点，支持 G 代码输入和快速、实时的插补运算功能，适用于 DIY 爱好者、小型企业和教育领域机电系统运动控制应用。

随着计算机硬件性能的提升和 CNC 设备的普及，Grbl 的应用前景十分广阔。比如，在家庭 DIY 领域，Grbl 可以用于控制 3D 打印机、雕刻机、激光切割机等设备，实现各种创意设计和制造过程自动化；在教育领域，Grbl 可以用于机器人开发、数控设备控制和程序编写等场合；在中小型企业中，Grbl 可以用于控制小型 CNC 设备和多轴机器人，实现生产加工等任务。CNC 技术在未来的工业领域中将扮演越来越重要的角色，而 Grbl 作为一款高性能控制软件，在 CNC 设备控制和程序编写领域具有广泛的应用前景。因此，本书力图通过介绍 CNC 基本知识和 AVR 处理器编程基础，并叙述 Grbl 的工作原理和通信协议，以方便用户更深入地理解 Grbl。

除了 Grbl 本身的应用，还有一些相关机电系统设计仿真软件也在不断发展。比如，基于 Grbl 的上位机控制软件，可以提供更直观、易用的操作界面，帮助用户更快速地调整设备参数和运行程序；基于 NX MCD 的虚拟机电系统仿真可以方便地实现 CNC 设备和控制程序的开发与测试，大大提升了开发效率。因此，本书介绍了基于 Python 语言的 Grbl 的上位机软件编程，以及基于 NX MCD 的虚拟机电系统仿真技术。NX MCD 是 UG NX 软件的一个应用模块，可以模拟各种机电系统的运动和控制过程，帮助用户更好地设计、优化和验证机电产品。通过将 Grbl 与 MCD 相结合，用户可以实现全软件的 CNC 控制仿真，不仅节省成本和时间，还可以方便地进行参数调整和程序测试。具体地，本书介绍如何使用 Proteus 软件搭建 Grbl 的硬件模型，然后通过 MCD 的通信接口与 Grbl 进行数据交换，实现机械和电气部分的联合仿真。在这种仿真环境下，用户可以输入 G 代码，模拟 CNC 机器人的运行过程、回零过程，并观察结果，还可以进一步优化参数和改善运行效率。同时，由于是全软件仿真，可以避免由于硬件问题造成工厂停产等风险，提高生产效率和安全性。总之，Grbl 和基于 MCD 的虚拟 CNC 仿真技术为用户提供了全新的设计和测试方式，帮助用户更快速、更准确地完成项目任务，为机械和电气行业的发展注入新的活力。

本书主要介绍了 CNC 技术的基础知识，重点介绍了 Grbl 原理和代码解析，以及基于 MCD 的虚拟 CNC 仿真。第 1 章介绍了 CNC 技术基础，包括 CNC 结构、速度控制、速度前瞻规划、插值等内容；第 2 章介绍了 Grbl 的工作原理，包括环缓冲区、规划及插补、驻车、回参考点（回零）和探测等；第 3 章介绍了 ATMEGA328P 处理器及 AVR LIBC 基础，包括 AVR 端口变化中断、定时器/计数器、EEPROM、FLASH、USART 等；第 4 章主要内容为 Grbl 代码解析；第 5 章介绍了上位机编程，包括简单通信、流控制通信、上位机程序示例；第 6 章介绍了基于 MCD 的虚拟 CNC 仿真，包括 Grbl 引脚和编译、Proteus 模型、MCD 机械模型、MCD 通信、Grbl 与 MCD 机械模型的联合仿真等；第 7 章介绍了 Grbl 的应用，包括 Grbl 的编译与烧录、Grbl 硬件连接、上位机控制软件、Thor 开源机器人等。

在本书的编写过程中，研究生朱泓、左红博和张佳斌参与了后三章的编写和测试，魏永庚教授和王中鲜副教授对本书进行了审阅，并提出了许多宝贵意见。

本书适合对 CNC 技术及 MCD 技术感兴趣的读者使用，也适合从事 CNC 开发的工程师和爱好者使用，另外也可作为机电专业本科生及研究生的学习教材。

本书的例程及代码链接：https://pan.baidu.com/s/1Krp6mWeKZa8-zxLRMOz2bw。提取码：1234。

作　者

2023 年 8 月 20 日

CONTENTS 目录

第1章

CNC 技术基础

Grbl 是一个免费、开源、高性能的 CNC 软件，用于开环控制设备实现制造加工，或使机构完成联动功能。2009 年，Simen Svale Skogsrud（http://bengler.no/Grbl）编写并向用户发布了 Grbl 的早期版本（受 Mike Ellery 的 Arduino GCode 解释器启发），为开源社区贡献了浓重的色彩。自 2011 年以来，Grbl 在 Sungeun K. Jeon 博士的务实领导下，作为一个社区驱动的开源项目不断前进。当前 Grbl 有基于 Arduino 硬件平台和 STM32 硬件平台的不同版本，且具有三轴和多轴控制的版本，用户可在网上下载需要的版本。

Grbl 已被数百个项目使用，包括激光切割机、自动手写器、钻孔机和绘图机，此外，市场上大多数开源 3D 打印机的核心都有 Grbl 的影子。由于其可靠的性能和简单的硬件要求，Grbl 已经成长为开源软件的表率。

为便于广大爱好者深入了解和熟悉 Grbl 的使用，本书详细解析 Grbl 代码，并介绍一种仿真平台搭建方法，可以全虚拟仿真 Grbl 控制的机电系统设备，这为学习 Grbl 和调试 Grbl 控制的机电设备提供低成本的方案。

1.1 CNC 结构

CNC 的主要功能是将输入数据进行解释并保存在内存中，然后向驱动系统发送指令，检测来自驱动系统的反馈信号；此外，CNC 还可以发出辅助命令，如控制冷却液、主轴，以及报警灯等。图 1.1 展示了 CNC 的主要结构和工作流程，其中 NCK 内核是 CNC 系统的核心。

（1）解释器的作用是读取零件程序，解释零件程序中的 ASCII 文本，然后存储到数据缓冲区（块）中供插补器使用。简单地说，解释器是用于将 G/M 代码转换为 CNC 可理解的内部数据结构，解释器的设计和实现是一项庞大而全面的任务，因为编程手册中描述的编程规则或语法，以及操作手册中显示的操作概念，在开发解释器时都应考虑，所以 Grbl 中包括较全面的 G/M 代码解释器。一般来说，解释器按照 NC 程序顺序读取并解释一行指令块后执行该指令，但是解释指令的时间与执行命令的时间不一致，因此需要一个数据缓冲区来保存解释后的数据，同时为了防止因数据缓冲区数据不足导致机床停止，需要设置足够大的缓冲区。在多线程实时操作系统中，可以利用一个线程运行解释器，但在单线程时需要在主程序中循环运行解释器，直到所有 NC 程序段解释完成。现在的 CNC 有多种插补功能，使机床能够沿着特定路径移动轴。一个数控系统一般提供快速移动、线性插补、圆弧插补、螺旋插补等功能，对于复杂的 CNC 系统，还有更多的插补指令。目前 Grbl 中包括快速移动（G0）、线性插补（G1）和圆弧插补（G2，G3）。

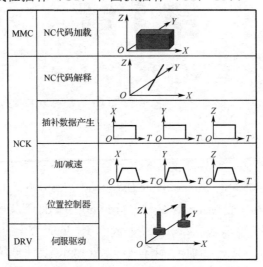

图 1.1　CNC 的组成和工作流程

（2）插补器的作用是顺序地从内部数据缓冲区中读取数据，计算每个轴在单位时间内的移动距离，并转成脉冲数量后将数据输入到另一个内部 FIFO 数据缓冲区。脉冲的数量是根据路径的长度决定的。在数控系统中，脉冲当量决定精度。例如，如果一个轴每个脉冲可以移动 0.002 毫米，则数控系统的精度就是 0.002 毫米；如果数控系统产生了 25000 个脉冲，则运动部件移动了 50 毫米；如果系统每秒产生 8333 个脉冲，则运动部件以每分钟 1 米的速度移动。

（3）为了防止每个轴因为速度的不连续导致机械振动和冲击，在插补数据被发送到位置控制器之前，要执行加/减速控制。这种在插补后，位置控制前进行的加速度控制称为"插值后加/减速（ADCBI 型）"；此外也有一种"插值前加速/减速（ADCAI 型）"的方法。

（4）数据被发送到位置控制器后，如果是闭环控制，位置控制器（通常是 PID 控制器）向电机驱动系统发出速度指令，从编码器得到实际位置作为反馈来保证控制精度；对于开环控制，数据（脉冲）被发送到电机驱动器。

整个 CNC 系统内部的主要结构和工作流程如图 1.2 和图 1.3 所示。

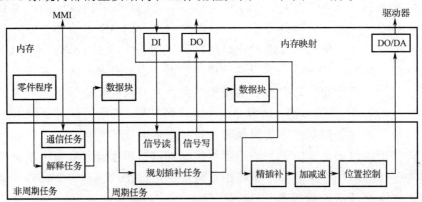

图 1.2　CNC 内部的主要结构

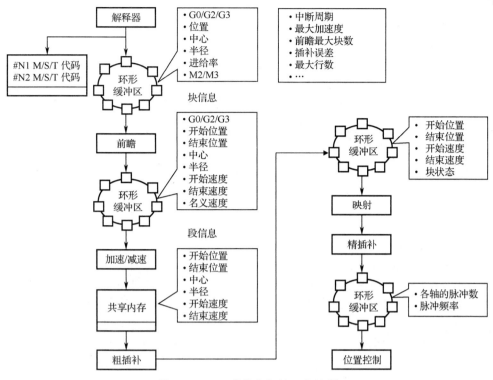

图 1.3 CNC 系统内部的工作流程

1.2 速度控制

进给速度控制（F 代码）功能用于控制轴的速度，如快速运动、加工运动、路径控制模式（如精确停止模式和连续模式）和停留功能都属于这一功能。由 F 代码指定的进给率，可以编程为每分钟进给量（毫米/分钟或英寸/分钟）或每转速（mm/rev 或 inch/rev）。在精确停止模式（G61）下，机床尽可能精确地遵循编程的路径，在路径的拐角处停止。在连续模式（G64）下，路径的拐角处会被稍微绕过，以便保持进给速度。图 1.4（a）所示为应用精确停止模式时的实际刀具路径，图 1.4（b）所示为应用连续模式时的实际刀具路径。精确停止模式通常会导致加工表面质量的下降，这是由于轴运动的停止而导致加工表面质量下降，并且由于所有程序块的加速和减速而增加加工时间。在连续模式下，刀具在到达程序块的末端之前就开始向下一个区块运动，与精确停止模式不同，这种模式不会导致表面质量的下降和加工时间的增加。在连续模式下，刀具路径不通过编程的路径，故加工误差总是发生在尖角处。拐角附近的路径取决于加减速（Acc/Dec）控制类型，一般来说，加工误差足够小，因此不会影响加工精度。由于每一段直线间都有一定的夹角，为了保证能精确到达终点，就需要保证在拐点处速度为零，但这会造成加工效率降低，所以现有的做法是牺牲加工精度，在拐点处不减速，从而提升加工效率。拐点处的速度一般取所允许的最大值，但是这个值要根据拐点的角度、电机的性能和拐点精度的要求来确定。由于拐点的角度需要考虑相邻程序段的信息，因此前瞻技术被采用。

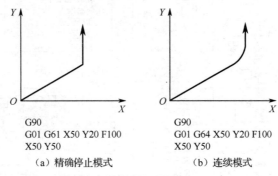

(a) 精确停止模式　　　　　　(b) 连续模式

图 1.4　速度控制

1.2.1　加速/减速

为了防止机械冲击，当刀具开始和结束运动时，会自动应用加速/减速。此外，在切削进给过程中，当运动方向在当前程序块和下一个程序块之间改变时，由于伺服系统的时间常数与指令进给率之间的关系，刀具路径可能是弯曲的。在数控系统中，通常使用线性、指数和 S 型加速/减速曲线。一般来说，线性加速/减速曲线使轴能以简单的方式迅速达到指令的进给速度而被广泛使用。加速/减速对于防止机械冲击非常有用，然而它导致了伺服系统的延迟，因为速度曲线会因加速/减速时间常数的变化而改变，最后导致加工误差。特别是加速/减速对圆弧插补会造成加工误差，加工后的圆弧路径的半径会小于编程的圆形路径的半径，加工误差与被插补圆的半径成反比，与指令进给率的平方成正比。

在 ADCAI 的情况下，首先，数控内核 NCK 使用解释模块解释零件程序，并根据使用粗插值模块解释的结果计算每个轴的位移距离 ΔX、ΔY、ΔZ。接下来，针对 ΔX、ΔY、ΔZ 执行每个轴的独立 Acc/Dec 控制，然后进行精细插值。最后，位置控制模块计算每个位置控制时间间隔内每个轴的总剩余位移。图 1.5 所示为插值后使用 Acc/Dec 控制实现 NCK 的流程图（ADCAI）。图 1.6 所示为 Acc/Dec 控制后脉冲轮廓的变化。插值后的 Acc/Dec 控制算法与插值前的 Acc/Dec 控制不同，其最大区别在于，每个轴的剩余位移会通过粗插值在每次插值时间内计算，并且每个轴的 Acc/Dec 控制都是单独执行的。

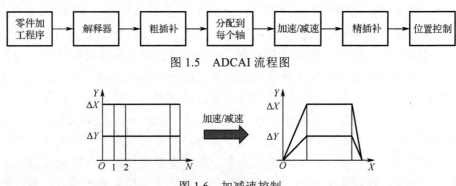

图 1.5　ADCAI 流程图

图 1.6　加减速控制

图 1.7 所示为两个连续的程序块的 X 轴插值和 Acc/Dec 控制的结果。在图 1.7 中，程

序块 1 和程序块 2 是连续的程序块，图 1.7（a）和 1.7（b）分别表示程序块 1 和程序块 2 的插值结果。图 1.7（d）和图 1.7（e）显示了程序块 1 和程序块 2 的线性型加减控制的结果。如果把这两个程序块的插值和 Acc/Dec 控制的结果与时间结合起来，就会得到图 1.7（f）所示的时间脉冲图。在连续模式下，程序块 1 的最终结果和程序块 2 的开始是连续连接的。连接的插值脉冲序列被连续输入到 Acc/Dec 控制器，Acc/Dec 控制器在不考虑程序块的情况下执行 Acc/Dec 控制。

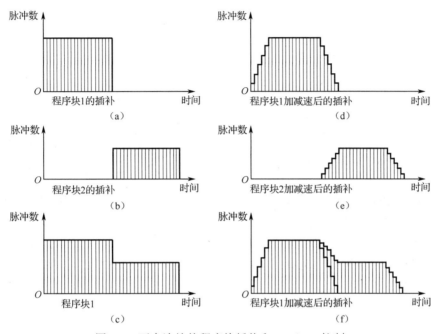

图 1.7　两个连续的程序块插值和 Acc/Dec 控制

与 ADCAI 型 NCK 不同，ADCBI 型 NCK 在执行粗插值之前生成速度曲线，如图 1.8 所示。另外，与 ADCAI 型 NCK 不同的是，ADCBI 型 NCK 对编程路径本身进行 Acc/Dec 控制。因此，在理论上，ADCBI 型 NCK 不会导致加工误差。ADCAI 产生的加工误差与进给速度成正比，由于机床的加工速度越来越快，加工误差已成为一个严重问题。因此，ADCBI 对于实现高速加工功能至关重要，这已成为典型的机床功能，因此，ADCAI 仅仅是新型机床的一项基本功能。在 ADCAI 中，插值和 Acc/Dec 控制应用于单个程序块，无需考虑程序块的连接。然而，在 ADCBI 中，由于在生成速度分布时应考虑程序块开始和结束时的速度，因此在生成速度曲线和插值时应考虑前一程序块和后一程序块。在 ADCBI 中，生成速度曲线时考虑了路径长度、允许的加速度和减速度、用于粗略插值的迭代时间以及指定的进给速度。为了生成速度曲线，需要检查线性路径是普通程序块还是短程序块。普通程序块包括加速区、匀速区和减速区，而短程序块则不包括匀速区，这在 Grbl 代码中有体现。

图 1.9 所示为执行 Acc/Dec 控制和粗插值的顺序以及每个阶段的输出。Acc/Dec 控制器考虑加速度和减速度计算速度曲线，然后，粗插值器根据速度曲线和编程路径计算剩余长度，在每个迭代时间内生成插值点。

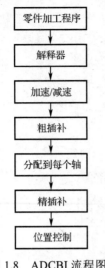

图 1.8 ADCBI 流程图

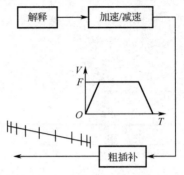

图 1.9 ADCBI 阶段的输出

1.2.2 程序块之间连接

将具有恒定速度间隔的程序段定义为正常程序块（正常块），将没有恒定速度间隔区的程序段定义为短程序块（短块）。在正常程序块的情况下，可以得到一个如图 1.10（a）所示的速度曲线。在短程序块的情况下，可以得到一个如图 1.10（b）所示的速度曲线，其路径长度比实际速度从零开始达到指令进给率 F 所需的长度短。因此，实际速度不可能达到指令的进给速度 F。

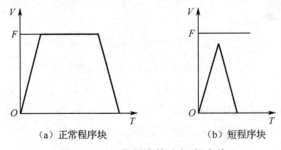

（a）正常程序块　　　　　　　　（b）短程序块

图 1.10 正常程序块和短程序块

在规划轨迹时，首先需要判断是正常程序块还是短程序块，然后计算程序块加减速的距离和运行时间，以及恒定速度的运动距离和运行时间。

按照匀加减速度的计算公式为

$$S = \frac{V_2^2 - V_1^2}{2a} \tag{1-1}$$

式中，S 为距离，V_2 和 V_1 为终点和起点速度，a 为匀加减速度。

因此，得到判断程序块是正常程序块还是短块的公式为

$$\frac{F^2}{2A} + \frac{F^2}{2D} \geq L \tag{1-2}$$

式中，F 为进给速度，A 为最大加速度，D 为最大减速度，L 为程序块运动的距离。

即满足上面公式的为正常程序块，否则为短程序块。

当研究两个程序块之间的连接时，根据两个程序块的连接方式，可以根据程序块的类型（例如正常块和短块）以及两个程序块之间的指令进给速度的差异，将成对的程序块分为 12 种类型。然而，在短块和正常块连续的情况下，无论两个程序块的指令进给速度如何，都可以用相同的方程生成速度曲线。因此，两个程序块的连接方式可分为 8 种类型，如图 1.11 所示。为了方便起见，假设两个连续程序块的方向相同。

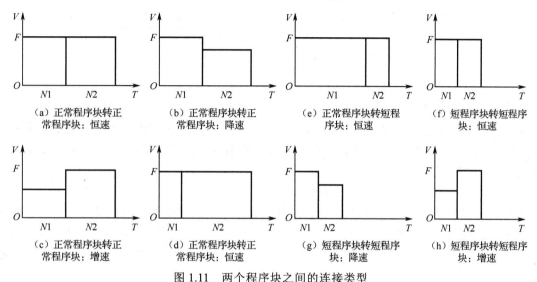

（a）正常程序块转正
常程序块：恒速

（b）正常程序块转正
常程序块：降速

（e）正常程序块转短程
序块：恒速

（f）短程序块转短程序
块：恒速

（c）正常程序块转正
常程序块：增速

（d）正常程序块转正
常程序块：恒速

（g）短程序块转短程序
块：降速

（h）短程序块转短程序
块：增速

图 1.11　两个程序块之间的连接类型

下面具体介绍这些程序块的连接类型。

（1）正常块/正常块，相同速度。

当两个连续的程序块具有相同的进给率时，可以计算获得加速区间的速度曲线。减速区间的速度曲线可以通过公式（1-1）获得，生成如图 1.12 所示的具有相同进给率的两个连续普通程序块的速度曲线。曲线各部分的时间为

$$T_{A1} = \frac{F}{A} \tag{1-3}$$

$$T_{D2} = \frac{F}{D} \tag{1-4}$$

$$T_{C1} = \frac{L_1 - \dfrac{F^2}{2A}}{F} \tag{1-5}$$

$$T_{C2} = \frac{L_2 - \dfrac{F^2}{2D}}{F} \tag{1-6}$$

（2）正常块（高速）/正常块（低速）。

当两个具有不同进给率的正常程序块按照图 1.13 所示连续运行时，较低速的程序块速度被定义为拐角处的速度。例如，如果 $N1$ 块和 $N2$ 块的指令进给率分别为 F_1 和 F_2，并且

F_1 高于 F_2，则在拐角处定义的速度为 F_2，以避免由于高速而导致的异常加工状态，如刀具断裂。曲线各部分的时间与（1）类似。

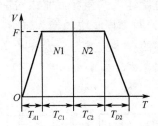

图 1.12　正常块/正常块，相同速度

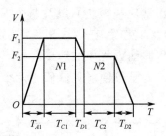

图 1.13　正常块（高速）/正常块（低速）

（3）正常块（低速）/正常块（高速）。

图 1.14 所示为两个具有不同进给率的正常块相继出现，第一个程序块的速度小于第二个程序块的情况。在这种情况下，两个程序块速度中较小的速度被定义为拐角处的速度。如果程序块 N1 的指令进给率为 F_1，程序块 N2 的指令进给率为 F_2，则在拐角处定义的速度为 F_1。

（4）短块/正常块，相同速度。

图 1.15 所示为短块在正常块之前出现且两个程序块的进给率相同的情况。为了生成速度曲线，首先应计算两个程序块连接点的速度。与连接两个普通程序块的情况不同，由于在短块上达到指令进给率是不可能的，因此需要首先考虑短块上可以达到的最大速度，即

$$v = \sqrt{2aS} \tag{1-7}$$

然后与（1）类似计算各段时间。

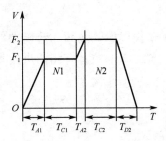

图 1.14　正常块（低速）/正常块（高速）

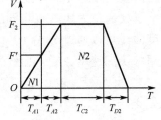

图 1.15　短块/正常块，相同速度

（5）短块/正常块，不同速度。

如果短块在正常块之前出现且两个程序块的指令进给率不同，则可以通过上面提到的相同方法生成速度曲线。由于在短块中无法达到指令进给率，拐角速度仅基于短块长度来确定。

（6）正常块/短块，相同速度。

图 1.16 所示为一个正常块在短块之前的情况，两个程序块的进给率相同。如（4）所述，应根据短块长度计算两程序块连接点的速度以生成速度曲线。在这种情况下，因为短块在正常块之后执行，所以应计算使该程序块末速度为零的短块的起始速度。公式（1-8）用于计算 N2 块的起始速度 F'，即

$$F' = \sqrt{2DL_2} \tag{1-8}$$

$$T_{C1} = \frac{L_1 - \dfrac{F_1^2}{2A} - \dfrac{F_1^2 - F'^2}{2D}}{F_1} \tag{1-9}$$

$$T_{D2} = \frac{F'}{D} \tag{1-10}$$

式中，L_1 为程序块 1 的运行距离，F_1 为程序块 1 的进给速度，A 为最大加速度，D 为最大减速度。

（7）正常块/短块，不同速度。

当一个正常块之前是一个短块时，两个程序块的指定进给率可以不同。在这种情况下，可以通过类似于（6）中描述的情况，用指定进给率的正常块和短块的方法来生成速度曲线。拐角速度基于短块的长度 $L2$ 决定，不考虑其指定速度。

（8）短块/短块，相同速度。

图 1.17 所示为连接两个具有相同进给率的短块的情况。在这种情况下，为了生成速度曲线，首先需要计算拐角处的最大可行速度 F'（公式（1-8））。图 1.17 中相关量的关系为

$$\frac{F_{max}^2}{2A} + \frac{F_{max}^2 - F'^2}{2D} = L_1 \tag{1-11}$$

$$T_{A1} = \frac{F_{max}}{A} \tag{1-12}$$

$$T_{D1} = \frac{F_{max} - F'}{D} \tag{1-13}$$

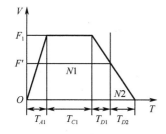

图 1.16　正常块/短块，相同速度

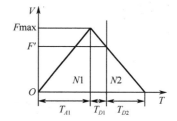

图 1.17　短块/短块，相同速度

（9）短块（高速）/短块（低速）。

图 1.11（g）所示为连接具有不同进给率的两个短块的情况。如（8）所述，两个短块的拐角速度是根据短块的长度而不是程序块的指定进给率来决定的。因此，对于这种情况，可以通过（8）所述的方法完全获得速度曲线。

（10）短块（低速）/短块（高速）。

图 1.11（h）所示为连接两个短块的情况，第一个程序块的速度小于第二个程序块的速度。虽然两个程序块的速度不同，但获取速度曲线的方法与（8）提到的情况完全相同，因为两个短块的拐角速度是根据短块的长度而不是程序块的指定进给率来决定的。

1.2.3 拐角速度

在实际中，两个连续程序块的方向可能不同，这种情况会导致每个轴加速或减速。图 1.18 所示为具有不同方向的两个连续程序块，第一个程序块的速度为 F_1，第二个程序块的速度为 F_2，两个连续程序块之间的角度为 θ。拐角处的加速度由公式（1-14）和（1-15）计算得出。

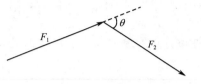

图 1.18　两个不同方向的连续程序块

$$A_{C1} = \frac{F_1 - F_2\cos\theta}{T_i} \qquad (1\text{-}14)$$

$$A_{C2} = \frac{-F_2\sin\theta}{T_i} \qquad (1\text{-}15)$$

式中，T_i 为位置控制的采样时间。

如果从公式（1-14）和（1-15）计算出的两个正交方向的加速度矢量和大于机床的最大允许加速度，则可能会发生机械冲击或振动，从而产生较大的加工误差。因此，应使用公式（1-16）和（1-17）计算不超过最大允许加速度 A 的两个方向拐角速度 F_C，即

$$F_C = \frac{AT_i}{1-\cos\theta} \qquad (1\text{-}16)$$

$$F_C = \frac{AT_i}{\sin\theta} \qquad (1\text{-}17)$$

基于以上指定进给率、程序块长度、允许的加速度和公式（1-16）和（1-17）计算出的拐角速度，如果由于圆形路径的半径而导致的加速度大于允许的加速度，则应将生成速度曲线的加速度修改为用公式（1-14）和（1-15）计算得出的加速度。

1.3 速度前瞻规划

一般来说，表面加工的零件程序包括一系列连续的线性路径，其长度较短，进给率大。在这种情况下，如果每个程序块逐行执行，实际进给率将小于编程的进给率，并且在一个程序块和下一个程序块之间拐角处的进给率变得不连续。前瞻功能可以根据被执行程序块的解释结果，计算出指定程序块的最大可行进给率，这个功能需要较大的计算能力。CNC在预先得到了加工轨迹的情况下，对轨迹信息进行分析，查看小线段之间是否有拐点，若存在拐点，则依据夹角的大小来计算通过该点的最佳进给率；在计算得到初步的速度以后，再结合线段间的若干速度约束对当前速度进行修正，最后取满足所有约束的最小速度为通过该点的最佳进给率。前瞻程序段的数目不同，其约束条件的数目会发生改变，进给率也随之改变。理论上，前瞻程序段越多，即约束条件越多，最后得到的进给率也更加合适，线段间的速度衔接也变得更加平滑，这对于提高加工精度和效率有较为明显的改善。但是实际操作中不可能预读太多的程序段，程序段越多，也就意味着需要处理的信息也越多，需要占用的存储空间也越多，具体的程序段数目需要根据加工的要求来决定。

图 1.19 所示为应用和不应用前瞻功能时的进给率曲线，还显示了前瞻功能可以提高实

际进给率。当应用前瞻功能时，起始程序块（N1）末端的进给率不会下降，并且保持在编程进给率上，为了在最后一个程序块（N8）的末端位置停车，在前面的程序块中开始对进给率进行减速。与在每个区块的起点和终点进行加速和减速的精确停止模式相比，前瞻功能能够实现高速加工。因此，有了这个功能，使得减少加工时间成为可能，理解速度前瞻规划的概念对理解 Grbl 代码至关重要。

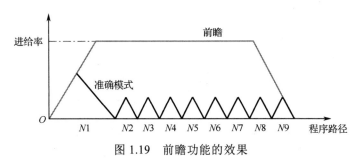

图 1.19　前瞻功能的效果

1.4　插值

数控机床一般有两个以上的控制轴用于加工复杂的形状，位置控制有两种方式：点对点控制方法和轮廓控制方法。点对点控制方法用于将轴移动到所需的位置，对中间过程没有精确要求；轮廓控制方法用于将轴沿任意曲线移动。为了成功地执行这些控制方法，应将刀具的移动分为与每个轴相对应的部分，刀具的位置是通过结合每个轴的位移来创建的。例如，如果刀具应以进给率 V_f 在 XY 平面上从 P1 点移动到 P2 点，如图 1.20 所示，插补器将整体运动分为沿 X 轴和 Y 轴的单个位移，最后生成两个轴的速度指令块。因此，插补器需要具备以下特点，以便它能够从零件形状和预定义的进给率中成功生成多轴的位移和速度。

（1）来自插补器的数据应接近实际零件形状。

（2）插补器在计算速度时，应考虑由于机器结构和伺服性能造成的速度限制。

（3）应避免内插误差的积累，以使最终位置尽可能与指令位置相吻合。

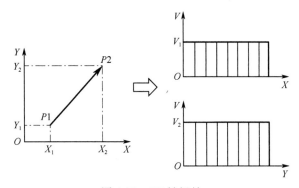

图 1.20　XY 轴插补

插补算法主要包括参考脉冲法和数据采样插补法简述如下。

参考脉冲法（DDA），首先 CNC 对于接收到的 G 代码进行译码，然后根据各轴的脉冲当量和各轴的位移计算出伺服电机的脉冲个数（见图 1.20），并根据指定的速度和升降频率曲线进行速度规划，生成各周期内的插补数据，再由硬件或软件产生脉冲信号和方向信号控制电机到达终点。该方法主要用于开环系统中，Grbl 采用的是 DDA 算法。

数据采样插补法又称为时间分割法，其原理是将加工一段曲线的时间划分为若干个相等的插补周期，每经过一个插补周期就进行一次插补运算，计算出该插补周期内各坐标轴的进给量，一边计算一边加工（见图 1.21）。这种算法主要分两步进行：首先是粗插补，计算出插补周期内各坐标轴的移动增量；其次是精插补，根据采样得到的实际位置增量值和指令位置增量值做比较得到跟随误差，然后得到速度指令，输出给伺服系统。

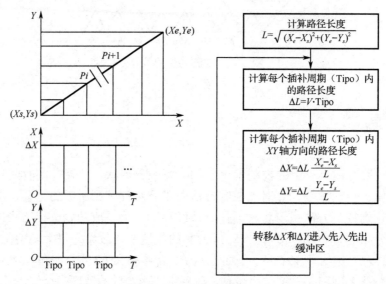

图 1.21　数据采样插补

CNC 包含很多复杂的技术，本章仅仅介绍了以上一些基础内容，其中加减速控制、拐角速度控制和前瞻算法贯穿于 Grbl 插补代码中，理解 CNC 的以上一些概念对理解 Grbl 代码有重要帮助。

第 2 章
Grbl 工作原理

本章将介绍 Grbl 的状态和操作、缓冲区、通信协议等内容，熟悉它们可以帮助用户更容易理解 Grbl 代码，掌握如何使用 Grbl 及如何开发上位机程序。本章内容参考了 Grbl 文档。

2.1 Grbl 的状态和操作

为了理解 Grbl 的状态和操作概念，图 2.1 展示出一个 CNC 面板。在面板上用户可以进行一些操作，如进给倍率、主轴倍率、循环启动、进给保持和冷却液开灯按钮的动作；也可展示 CNC 的休眠、报警、运行、停止等工作状态。Grbl 的状态和操作与 CNC 面板的状态和操作具有相同意思。尽管 Grbl 不包括该面板的所有功能，但是具备其主要功能。

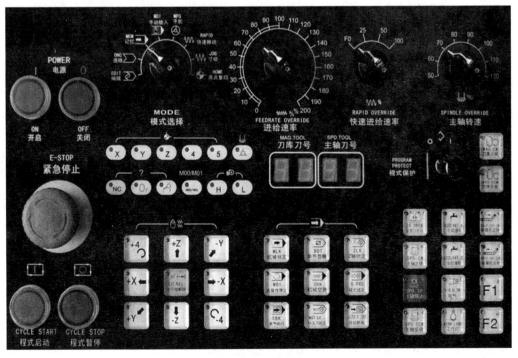

图 2.1　CNC 面板

1. 实时操作

在 Grbl 中，变量 sys_rc_exec_state 保存实时命令，该值在 system.c 文件中的 ISR(CONTROL_INT_vect)中断函数（相当于通过定义的硬件端口中断得到面板指令）和 serial.c 文件中的 ISR(SERIAL_RX)中断函数（意味从上位机获得的指令）中更新数值。在 Grbl 的循环函数中会调用 protocol_exec_rt_system()函数，根据 sys_rc_exec_state 的位状态做出相应的 CNC 实时操作（或动作）。sys_rc_exec_state 是 8 位整型，其每一位的定义如下：

- EXEC_STATUS_REPORT 状态打印   位 0
- EXEC_CYCLE_START 循环启动   位 1
- EXEC_CYCLE_STOP 循环停止   位 2
- EXEC_FEED_HOLD 进给保持   位 3
- EXEC_RESET 复位   位 4
- EXEC_SAFETY_DOOR 门开   位 5
- EXEC_MOTION_CANCEL 运动取消   位 6
- EXEC_SLEEP 休眠   位 7

Grbl 根据这些指令进入相应模式，并在不同的模式下，选择接收部分指令，屏蔽其他指令。

2. 系统模式（状态）

Grbl 的系统状态表示系统处于什么模式。Grbl 把数值保存在 sys.state 变量中，sys 是一个 system_t 的结构，state 是 uint8 整型，其每一位的定义如下：

- STATE_IDLE 空闲   0（state 等于 0 时，表示空闲）
- STATE_ALARM 报警   位 0
- STATE_CHECK_MODE 检测   位 1
- STATE_HOMING 回零   位 2
- STATE_CYCLE 循环运行   位 3
- STATE_HOLD 保持   位 4
- STATE_JOG 点动   位 5
- STATE_SAFETY_DOOR 门开   位 6
- STATE_SLEEP 休眠   位 7

3. 报警状态

在 system.h 文件中，还定义了多种报警状态，数值保存在变量 sys_rc_exec_alarm（uint8 整型）中，其数值的定义如下：

- EXEC_ALARM_HARD_LIMIT 硬限位   1
- EXEC_ALARM_SOFT_LIMIT 软限位   2
- EXEC_ALARM_ABORT_CYCLE 中止运行   3
- EXEC_ALARM_PROBE_FAIL_INITIAL 探头初始化   4

- EXEC_ALARM_PROBE_FAIL_CONTACT 探头接触　　　　　　　5
- EXEC_ALARM_HOMING_FAIL_RESET 回零复位　　　　　　　6
- EXEC_ALARM_HOMING_FAIL_DOOR 回零门检查　　　　　　　7
- EXEC_ALARM_HOMING_FAIL_PULLOFF 回零撤离　　　　　　　8
- EXEC_ALARM_HOMING_FAIL_APPROACH 回零靠近　　　　　　9
- EXEC_ALARM_HOMING_FAIL_DUAL_APPROACH 双轴回零　　　10

4．进给倍率

在 system.h 文件中，定义了多种进给倍率（解释见 config.h），保存在变量 sys_rt_exec_motion_override 中（uint8 整型），其每一位的定义如下：

- EXEC_FEED_OVR_RESET 倍率重置　　　　　　　　　　　　位 0
- EXEC_FEED_OVR_COARSE_PLUS 粗增倍率　　　　　　　　　位 1
- EXEC_FEED_OVR_COARSE_MINUS 粗减倍率　　　　　　　　位 2
- EXEC_FEED_OVR_FINE_PLUS 细增倍率　　　　　　　　　　位 3
- EXEC_FEED_OVR_FINE_MINUS 细减倍率　　　　　　　　　位 4
- EXEC_RAPID_OVR_RESET 快进倍率重置　　　　　　　　　位 5
- EXEC_RAPID_OVR_MEDIUM 中等快进倍率　　　　　　　　位 6
- EXEC_RAPID_OVR_LOW 低速快进倍率　　　　　　　　　　位 7
- EXEC_RAPID_OVR_EXTRA_LOW 不支持

5．附属倍率

附属倍率定义主轴转速倍率和冷却方式，保存在变量 sys_rt_exec_accessory_override 中（uint8 整型），其每一位的定义如下：

- EXEC_SPINDLE_OVR_RESET 倍率重置　　　　　　　　　　位 0
- EXEC_SPINDLE_OVR_COARSE_PLUS 粗增倍率　　　　　　　位 1
- EXEC_SPINDLE_OVR_COARSE_MINUS 粗减倍率　　　　　　位 2
- EXEC_SPINDLE_OVR_FINE_PLUS 细增倍率　　　　　　　　位 3
- EXEC_SPINDLE_OVR_FINE_MINUS 细减倍率　　　　　　　位 4
- EXEC_SPINDLE_OVR_STOP 停止　　　　　　　　　　　　位 5
- EXEC_COOLANT_FLOOD_OVR_TOGGLE 水（液）冷切换　　　位 6
- EXEC_COOLANT_MIST_OVR_TOGGLE 雾化切换　　　　　　位 7

6．暂停模式

Grbl 有多种暂停过程状态。Grbl 把数值保存在 sys.suspend 变量中，它也是 uint8 整型。其每一位的定义如下：

- SUSPEND_DISABLE 暂停无效　　　　　　　　　0　(sys.Suspend=0).
- SUSPEND_HOLD_COMPLETE 进给保持初始化完成　　　　位 0
- SUSPEND_RESTART_RETRACT 表示从驻车恢复过程中回撤开始　位 1

- SUSPEND_RETRACT_COMPLETE 表示门开后撤离和断电完成   位 2
- SUSPEND_INITIATE_RESTORE 标志循环启动恢复开门引起的暂停程序   位 3
- SUSPEND_RESTORE_COMPLETE 准备恢复正常操作   位 4
- SUSPEND_SAFETY_DOOR_AJAR 追踪门的状态   位 5
- SUSPEND_MOTION_CANCEL 取消运行   位 6
- SUSPEND_JOG_CANCEL 取消 JOG   位 7

除上面介绍的几个变量外，结构变量 sys 中还包括步进控制、当前倍率和转速等信息，这些信息在文件 system.h 文件中有介绍。

2.2 环缓冲区

Grbl 使用多个环缓冲区来处理不断更新的数据或消息链。在串口接收数据、规划器、插补器（步进）中都使用环缓冲区。环缓冲区的结构如图 2.2 所示。系统先开设一个固定尺寸的缓冲区，并设置两个、三个或多个指针，分别指向下一个数据要保存的地址（head 或翻译成"头"）、下一条即将处理的数据地址（tail 或翻译成"尾"），以及其他需要标记的地址。

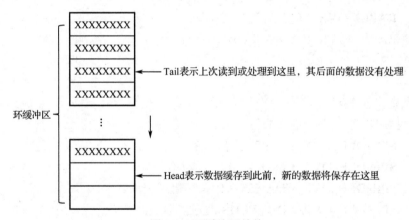

图 2.2　环缓冲区结构

在 Grbl 中主要包括以下环缓冲区：

- serial_rx_buffer[RX_RING_BUFFER]   串口接收数据缓冲区
- plan_block_t block_buffer[BLOCK_BUFFER_SIZE]   规划缓冲区
- serial_tx_buffer[TX_RING_BUFFER]   串口发送数据缓冲区
- st_block_t st_block_buffer[SEGMENT_BUFFER_SIZE-1]   步进缓冲区
- segment_t segment_buffer[SEGMENT_BUFFER_SIZE]   段缓冲区

1．串口接收数据缓冲区

在 Grbl 中，定义了串口接收数据缓冲区和串口发送数据缓冲区。接收数据缓冲区主要作用是把从串口得到的指令保存在规划缓冲区中，然后逐条处理。发送数据缓冲区是把要发送的反馈上位机信息保存在规划缓冲区中，然后逐条处理。Grbl 定义的地址指针（变量）如下：

- uint8_t serial_rx_buffer_head = 0   //接收数据缓冲区的 head
- volatile uint8_t serial_rx_buffer_tail = 0   //接收数据缓冲区的 tail
- uint8_t serial_tx_buffer_head = 0   //发送数据缓冲区的 head
- volatile uint8_t serial_tx_buffer_tail = 0   //发送数据缓冲区的 tail

2. 规划缓冲区

Grbl 循环，从串口接收数据缓冲区的 tail 地址读取数据，然后提取运动数据后保存在规划缓冲区 head 地址，并对 head 与 tail 之间的数据进行速度优化，最后优化的数据地址保存在 block_buffer_planned。

在规划缓冲区中（见图 2.3），除上面两个 head 和 tail 指针外，还包括一个指向刚刚优化过数据的地址。在环缓冲区中，新的数据保存后，head 指针+1，指向下一个地址；如果下一个地址超过了缓冲区尺寸，地址转到缓冲区的起始地址。在读取和处理数据的过程中，tail 指针的操作过程和 head 指针相似。

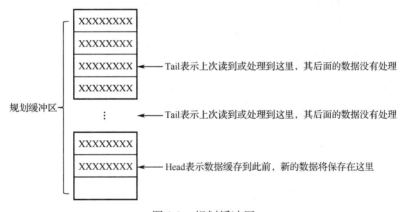

图 2.3　规划缓冲区

在 planner.c 文件中，定义以下变量用于保存地址：

- static uint8_t block_buffer_tail：指向规划器缓冲区的结尾，表示该地址的数据将用于插补器执行。
- static uint8_t block_buffer_head：指向缓冲区的首地址，用来保存从解释器得到直线指令数据或圆弧粗插补成直线指令的数据。
- static uint8_t next_buffer_head：指向缓冲区头块之后的下一个规划缓冲区块。当等于 block_buffer_tail 时，表示缓冲区已满。
- static uint8_t block_buffer_planned：指向 block_buffer_tail 和 block_buffer_head 之间的一个地址，表示最后一个速度优化缓冲块之后的第一个缓冲块。该指针用于速度优化，防止避免重新计算已经优化后的缓冲块。

plan_block_t block_buffer 数据缓冲区的数据为 plan_block_t 的结构类型，它的主要定义如下：

```
typedef struct {
    uint32_t steps[N_AXIS];              //每一个轴移动的脉冲数量
    uint32_t step_event_count;           //所有轴中，发出最多的脉冲数量.
    uint8_t direction_bits;              //定义每个轴的运动方向
    uint8_t condition;                   //定义本程序块的运行条件，从变量 pl_line_data 中复制得到
    float entry_speed_sqr;               //本程序块进入速度的平方(mm/min)^2
    float max_entry_speed_sqr;           //基于名义速度、拐角速度和倍率计算的最大允许速度的
                                           平方(mm/min)^2
    float acceleration;                  //本程序块的加速度(mm/min^2)
    float millimeters;                   //本程序块的运行距离(mm)
    float max_junction_speed_sqr;        //拐角速度的平方(mm/min)^2
    float rapid_rate;                    //本程序块的快进速度(mm/min)
    float programmed_rate;               //本程序块的名义速度(mm/min)
} plan_block_t;
```

Grbl 定义运行条件 condition 的种类如下：

- PL_COND_FLAG_RAPID_MOTION 快进运动   位 0
- PL_COND_FLAG_SYSTEM_MOTION 系统运动   位 1
- PL_COND_FLAG_NO_FEED_OVERRIDE 进给倍率无效   位 2
- PL_COND_FLAG_INVERSE_TIME 用时间表示进给速度   位 3
- PL_COND_FLAG_SPINDLE_CW 主轴顺时针转   位 4
- PL_COND_FLAG_SPINDLE_CCW 主轴逆时针转   位 5
- PL_COND_FLAG_COOLANT_FLOOD 水冷却   位 6
- PL_COND_FLAG_COOLANT_MIST 雾化冷却   位 7
- PL_COND_MOTION_MASK (PL_COND_FLAG_RAPID_MOTION|PL_COND_FLAG_ SYSTEM_MOTION|PL_COND_FLAG_NO_FEED_OVERRIDE) 组合
- PL_COND_SPINDLE_MASK (PL_COND_FLAG_SPINDLE_CW|PL_COND_FLAG_ SPINDLE_CCW) 组合
- PL_COND_ACCESSORY_MASK (PL_COND_FLAG_SPINDLE_CW|PL_COND_FLAG_ SPINDLE_CCW|PL_COND_FLAG_COOLANT_FLOOD|PL_COND_FLAG_COOLA NT_MIST) 组合

3. 步进缓冲区

Grbl 循环地从规划缓冲区的 tail 地址读取数据，然后保存在步进缓冲区。步进缓冲区是一个临时缓冲区，该缓冲区的数据经过分段计算后，把数据保存在段缓冲区。

Grbl 没有为步进缓冲区定义 head 和 tail 变量，但是在 stepper.c 文件中定义了以下变量，可以得到当前步进缓冲区索引地址。

- st.exec_block_index   正在执行的块索引
- st.exec_segment->st_block_index 正在执行的段索引（段的解释见后）
- prep.st_block_index   正在进行分段处理的块索引

st_block_buffer 数据缓冲区的数据为 st_block_t 的结构类型，它的主要定义如下：

```
typedef struct {
    uint32_t steps[N_AXIS]          //每个轴的脉冲数
    uint32_t step_event_count       //最大的脉冲数（所有轴）
    uint8_t direction_bits          //运动方向
} st_block_t;
```

4．段缓冲区

Grbl 循环地从步进缓冲区当前地址读取数据，然后将数据分割成小的时间段（DT_ SEGMENT），计算每个时间段的步进脉冲数和脉冲中断间隔时间，保存在段缓冲区。段缓冲区的数据会在 ISR(TIMER1_COMPA_vect)定时器中断函数中发出脉冲，修改定时时间。

- static volatile uint8_t segment_buffer_tail //中断函数读取该地址指向数据作为发送脉冲
- static uint8_t segment_buffer_head //新计算出的时间段数据放在此地址
- static uint8_t segment_next_head //指向 head 相邻的下一个地址

segment_t segment_buffer 数据缓冲区的数据为 segment_t 的结构类型，它的主要定义如下：

```
typedef struct {
    uint16_t n_step;                       //本段发出的脉冲数
    uint16_t cycles_per_tick;              //定时器 1 的定时时间
    uint8_t st_block_index;                //当前块的索引
    #ifdef ADAPTIVE_MULTI_AXIS_STEP_SMOOTHING
    uint8_t amass_level;                   //AMASS 等级
    #else
    uint8_t prescaler;
    #endif
} segment_t;
```

2.3 规划及插补

Grbl 规划包括两个功能：轨迹规划和速度规划。轨迹规划对圆弧线性化处理；速度规划计算直线段运动的最大进入速度，该速度是通过计算拐角速度、名义速度、系统定义的最大速度和前一段直线运动的退出速度，然后取最小的速度作为本直线段运动的最大进入速度。

1．轨迹规划

对于直线规划，Grbl 保存运动指令的目标点坐标，计算出该直线运动需要的总脉冲数和运动距离，以及求出各轴需要的脉冲数和运动距离，并保存在规划环缓冲区。该过程在 mc_line()函数和 plan_buffer_line()中完成。

对于圆弧规划（见图 2.4），Grbl 将圆弧粗插补为直线段，直线的长度由设置的误差允许参数控制，然后采用直线规划。

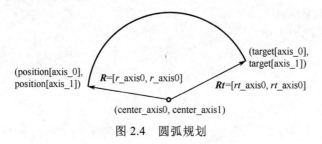

图 2.4　圆弧规划

在 Grbl 中，为了提高计算速度，要尽可能减少使用三角函数，因此其线性化的计算过程如下：

首先计算中心点到起始点的矢量 **R**，中心点到目标点的矢量 **Rt**（见图 2.4），然后计算这两个矢量的夹角，即

$$angula\_travel = atan2\left(\frac{r\_axis0 * rt\_axis1 - r\_axis1 * rt\_axis0}{r\_axis0 * rt\_axis0 + r\_axis1 * rt\_axis1}\right) \tag{2-1}$$

在 Grbl 中，为了减少由于单片机数字化所产生的半圆和正圆误差的影响，设置参数 ARC_ANGULAR_TRAVEL_EPSILON=5E-7，用于判断圆弧是顺时针整圆还是逆时针整圆。此外，settings.arc_tolerance 定义线性化的误差，Grbl 采用公式（2-2）近似得到圆弧的分段数目，即

$$segments = \left|\frac{angular\_travel \times radius}{2\sqrt{arc\_tolerance * (2 * radius - arc_{tolerance})}}\right| \tag{2-2}$$

最后利用分段数目，计算线性化后每一段的目标坐标（详细说明可参见第 4 章代码分析部分）。

对一些具有大量短线段的运动，如 G2/3 弧线或复杂的曲线，本规划算法可能使运动看起来移动缓慢。这是因为，在整个缓冲区内直线段的距离不能加速到额定速度，然后在缓冲区的末端减速到完全停止。如果希望缓解该问题，可以：（1）最大化机器（或驱动电机）的加速度，规划器能够在相同的距离内计算出更高的速度曲线；（2）设置理想的公差，最大化每个直线段的长度，规划器处理的直线段距离越大，它的速度就能越快；（3）最大化规划器的缓冲区大小，这也会增加规划器所能优化速度的距离（或直线段数量），当然，这也会增加规划器优化速度而必须进行的计算次数。Arduino 328P 版本的 Grbl 内存不太够用，但是未来的 ARM 版本应该有足够的内存和速度来实现多达 100 个或更多的前瞻块。

2．速度规划

（1）加速度和速度计算

速度规划保证整个运动程序行走得快速平稳。速度规划计算出程序指定的速度（加工程序中设置的速度或快进速度）和最大拐角速度（见下面内容解释），然后选择这两个中最小的值。此外，速度规划还需要通过向前（前瞻）和向后两种方式对已经保存在规划环缓

冲区的运动指令进行速度优化，其目的是保障速度和加速度不超过最大限制，同时两个相邻指令之间的速度一致。

各轴的最大速度和加速度计算过程如下：首先计算出本直线指令的移动方向矢量，然后利用加速度的分解，可以得到每个轴的分加速度，即

$$A \cdot i = A_x$$
$$A \cdot j = A_y$$
$$A \cdot k = A_z$$

根据 config.h 中设置的机器运动最大加速度 A_{max}，得

$$\mathbf{Max}(A_x, A_y, A_z) \le A_{max}$$

在加速度规划时，采取的反求法，得

$$A_x = A_y = A_z = A_{max}$$

然后，分别求出三个最大的 A，取最小的 A 为本次运动的最大加速度。

计算速度的原理与计算加速度相同，然后取本段运动的最大进入速度 max_entry_speed_sqr 为前一段名义速度、本段名义速度和最大拐角速度中的最小值。

（2）拐角（点）速度计算

Grbl 把圆分成直线段，然后对直线进行优化和插补。当两个相邻的直线不共线时，其交点为拐角（点），电机的特性导致拐角的加速度和速度受限。因此在 Grbl 中通过限制最大速度和加速度来优化拐角速度。

图 2.5 所示两直线，V_{Entry} 和 V_{Exit} 表示这两段直线的进入速度和退出速度。如果在拐角处的速度为零，可以保障系统按照严格的几何位置运动，但这会导致整个运动过程不连续。因此在轨迹规划时，通过牺牲位置精度，来提升运动过程的连续性，即尽可能保持 V_{Entry} 和 V_{Exit} 相等。

因为拐角的最大加速度和速度是由电机特性控制的，因此用最大加速度和速度来推算拐角的最大速度是最可行的方法。假设拐角的速度曲线是一个圆（这可以保证过程的连续性），根据公式 $a_{max} = v_j^2 / R$，可以知道，当系统的最大加速度设定后，拐角的最大速度 v_j 就可以求出，在 Grbl 中拐角的最大速度就是这样确定的。然而，如何确定 R 是一个问题。

在图 2.6 中，定义了一个误差 d，它表示拐角到圆的距离，如果 $d=0$，表示严格按照直线轨迹运行，d 越大，表示误差越大。

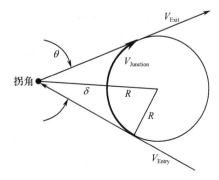

图 2.5 拐角到切圆的距离

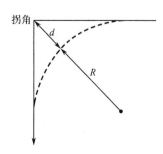

图 2.6 拐角圆角 R 大小的确定

按照几何关系，可以得到

$$\sin\left(\frac{\theta}{2}\right) = R/(R+d) \tag{2-3}$$

即

$$R = d\frac{\sin\left(\dfrac{\theta}{2}\right)}{1-\sin\left(\dfrac{\theta}{2}\right)} \tag{2-4}$$

将 R 和 a_{max} 带入 $a_{max} = v_j^2/R$，即可得到拐角的最大速度 v_j。

为了减少三角函数计算的时间，利用下面两个公式求得 $\sin\left(\dfrac{\theta}{2}\right)$。

$$\cos(\theta) = \frac{v_{Exit} \cdot v_{Entry}}{v_{Exit}v_{Entry}} \tag{2-5}$$

$$\sin(\theta/2) = \sqrt{\frac{1-\cos(\theta)}{2}} \tag{2-6}$$

在速度优化中，要求每个直线块运动的进入速度不超过拐角的最大速度 v_j，并尽可能达到最大，并在进入速度达到最大值时，标记该块运动速度优化完成，即将 block_buffer_planned 设置为该块地址。

（3）速度优化

在规划器中，对程序块的进入速度优化，其目的是保证以最优化进入速度连接两个程序块。其采用向前优化和向后优化两个过程完成。

● 向后优化（reverse pass）

向后优化是指从 head 指针的地址向 tail 指针的地址方向优化每一个数据（缓存块）。在这个过程中，从 head 地址往 tail 方向找到第一个没有优化的数据，标识为 next，然后与其相连的数据标识为 current（head 方向）。以 next 的进入速度为基础（计算方法如下一段内容所示），计算 current 的进入速度，然后用这个速度和 current 的最大允许速度进行比较（由拐角最大速度计算得到），取最小值。

在速度优化前，程序块的进入速度取最大进入速度 max_entry_speed_sqr 和在这块运动距离内按照最大加速度所能达到速度两者之中的最小值，即

entry_speed_sqr = min(max_entry_speed_sqr, 2* acceleration* millimeters)

从 next 的进入速度优化 current 的进入速度的工作原理如图 2.7 所示，它是从运动的结尾向运动开始方向反推速度。规划缓冲区的 tail 地址是 Grbl 即将进行步进插补的数据，head 地址是 Grbl 刚从串口读入，并写入规划缓冲区的运动指令数据。current 地址是正在进行优化的数据，current 的进入速度为

$$V_{current}^2 = V_{next}^2 + 2a_{current}s_{current} \tag{2-7}$$

其中，$a_{current}$ 是 current 指令的最大加速度，$s_{current}$ 是 current 指令的运动距离。其思想是以 next 进入速度为基础按最大加速度计算 current 所能达到的最大进入速度。然后 next= current，current =plan_prev_block_index()，循环计算。

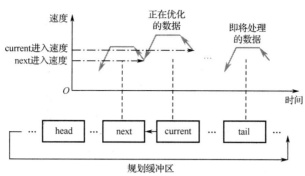

图 2.7 向后优化

● 向前优化（forward pass）

向前优化是指从 tail 指针的地址向 head 指针的地址方向优化每一个数据。它从运动开始向运动结尾方向正推（按照时间顺序）。按照图 2.7 所示，next 地址是正在进行优化的数据。向前优化是用 current 的进入速度计算 next 的进入速度。

$$V_{next}^2 = V_{current}^2 + 2a_{current}s_{current} \qquad (2-8)$$

其思想是以 current 的进入速度为基础，按最大加速度计算 next 所能达到的最大进入速度。如果 next 的进入速度=next 点的最大进入速度，则标记 next 为完成数据优化，current=next，next =plan_next_block_index()，循环计算。

（4）程序段速度轨迹划分和段插补规划

规划器仅对本程序段的进入速度进行优化，并没有规划本程序段的加速距离、巡航距离和减速距离（见图 2.8），这些部分的速度是执行步进算法时临时计算的，Grbl 把这些工作放在stepper.c 的 st_prep_buffer()函数中完成。此外，该函数还完成段插补规划工作。

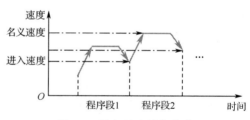

图 2.8 进入速度进行优化

根据速度的变化情况，每个程序段的速度轨迹只包括 7 种可能的轨迹类型（见图 2.9），即：仅巡航、巡航-减速、加速-巡航、仅加速、仅减速、全梯形和三角形（无巡航）。

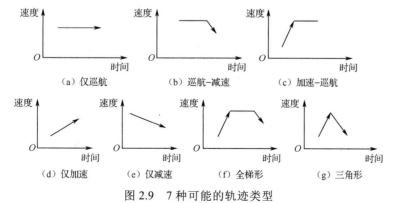

图 2.9 7 种可能的轨迹类型

● 程序段速度轨迹划分

根据当前系统的工作状态（condition）和本程序的数据，程序段速度轨迹划分过程为：

首先计算本程序段的进入速度轨迹是属于加速、减速还是巡航，然后计算一个时间段内的脉冲数、定时时间和下一时间段的速度轨迹是属于加速、减速还是巡航，循环此计算过程，直至计算到本程序段结束。

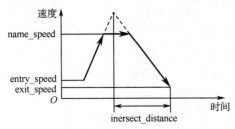

图 2.10   intersect_distance

在此期间，涉及参数 intersect_distance，它是线段加速和减速过程的曲线交点离线段末尾的距离，如图 2.10 所示。

程序段速度轨迹划分的流程图如图 2.11 所示。

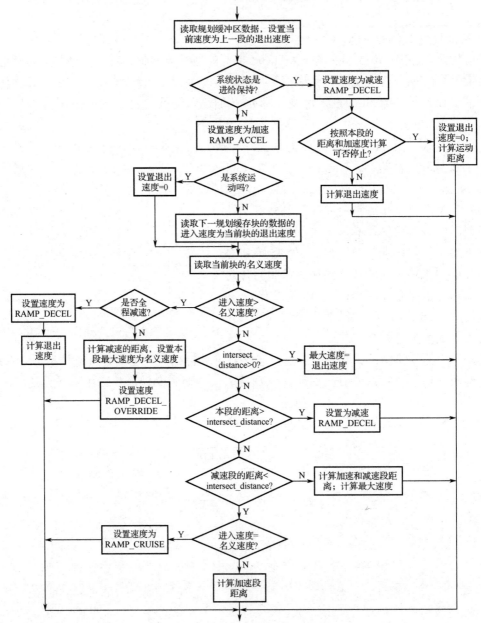

图 2.11   程序段速度轨迹划分的流程图

流程图 2.11 中涉及的变量含义参见图 2.12。

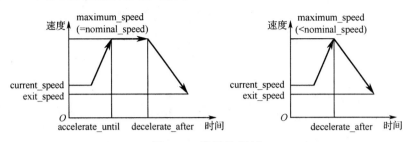

图 2.12　段插补规划

● 段插补规划

这部分的功能是将程序段分割成小的时间段，求每个时间段的脉冲数量和时间间隔。其功能代码流程紧接着图 2.11 所示的流程。需要注意的是：分段时间 DT_SEGMENT 的总运动距离用于计算分段的平均速度。代码首先尝试根据当前的运动轨迹创建一个完整的段，如果在分段时间内轨迹状态发生变化，分段时间 DT_SEGMENT 将分成两部分，一部分时间用于前一速度轨迹，剩余时间用于下一速度轨迹。例如，在一个分段时间 DT_ SEGMENT 内，如果轨迹从加速变为巡航，则计算加速需要的时间，然后 DT_SEGMENT 减去加速需要的时间，剩下的时间给巡航。另外要注意，由于脉冲频率太低，导致在分段时间 DT_ SEGMENT 内移动的距离可能为零，为了防止发生这种情况，倍数放大 DT_ SEGMENT 的值，直到移动的距离至少大于一步为止。

步进段缓冲区，它是步进算法执行步骤和规划器生成的速度曲线之间的一个中间缓冲接口，它计算执行块（正在插补）的速度曲线，并跟踪关键参数，以便步进算法准确地跟踪该曲线。这些关键参数如图 2.12 所示。

AMASS（步进平滑）功能用于平滑脉冲频率太慢的线段，如果 AMASS 功能使能，线段步数放大 MAX_AMASS_LEVEL 倍，定时器的定时间隔将缩短，相当于定时器中断加快了，更多的中断累积输出一个脉冲，这样输出脉冲就变得更平滑。

段插补规划流程图见图 2.13。

st_prep_buffer()函数涉及以上内容，其整个工作流程图见图 2.14。

（5）Bresenham 算法

Bresenham 算法是 DDA 算法的改进，它不容易受到数字四舍五入错误的影响，只需要快速的整数计数器，这意味着低计算开销和最大化 Arduino 的能力。然而，Bresenham 算法的缺点是，对于某些多轴运动，非主导轴可能会出现不平滑的阶梯脉冲序列。这在低步进频率（0～5kHz）下特别明显，或可能导致运动问题，但在高步进频率下通常不会有物理问题。为了提高 Bresenham 的多轴性能，Grbl 使用了我们称之为自适应多轴步进平滑（AMASS）的算法。在此算法上，AMASS 是通过对每个 AMASS 级别的 Bresenham 步长进行简单的位移来实现的。例如，在 1 级阶梯平滑阶段（AMASS 第 1 级），对 Bresenham 阶梯事件计数，进行位移，有效地将其乘以 2，而轴的阶梯计数保持不变，然后将步进器 ISR 频率加倍。在 AMASS 第 2 级，对 Bresenham 阶梯事件计数进行位移，有效地将其乘以 4。

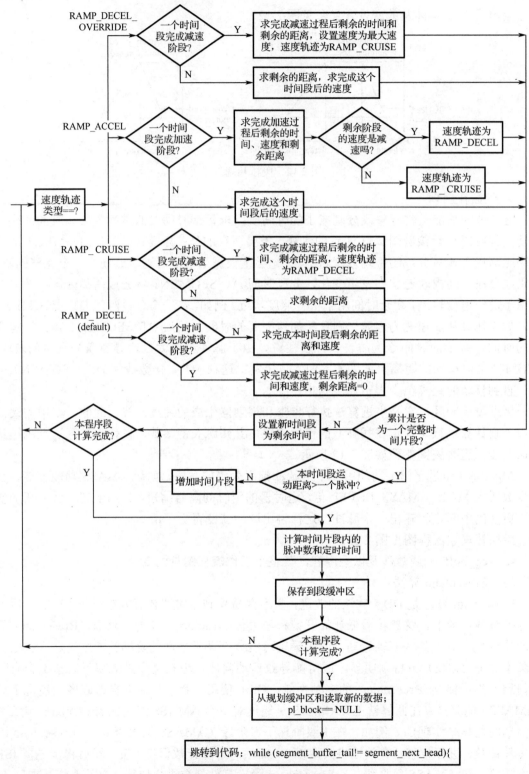

图 2.13　段插补规划流程图

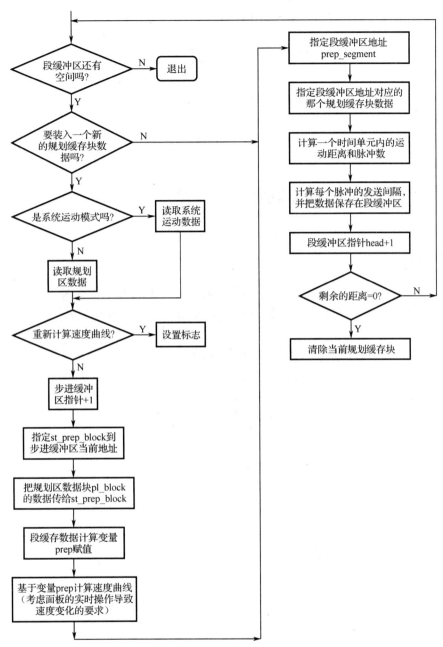

图 2.14 st_prep_buffer()函数的整个工作流程图

Bresenham 算法解释见图 2.15。以运动距离最长的方向为基准,图中 $x+1, y$ 的递增(减)0 或者 1 取决于 y 增加的距离 d, 如果 d 大于 0.5, $y+1$;如果 d 小于 0.5, y 保持不变。即

$$
\begin{cases}
x_{i+1} = x_i + 1 \\
y_{i+1} = \begin{cases} y_i + 1 & d > 0.5 \\ y_i & d \leq 0.5 \end{cases}
\end{cases}
$$

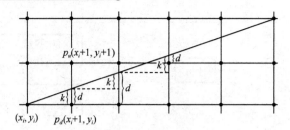

图 2.15　Bresenham 算法

2.4　驻车、回参考点（回零）和探测

1．驻车 Parking

在 Grbl 中加入了驻车功能。如果有一个轴被带入驻车状态，那么对于这个特定的轴，不会获取编码器的实际值。并且所有涉及它的监控功能（测量系统、静止、夹紧监控等）都被停用。

驻车在 Grbl 中只定义 Z 轴，其过程如图 2.16 所示。

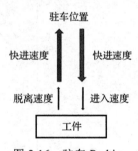

图 2.16　驻车 Parking

2．回零（或回参考点）Home

回零的过程为：每个轴以快进速度移动，找到开关，退后，然后按预期的进给速度接近回零点，找到开关后，再次退后。

（1）Z 轴回零的过程

● Z 轴将快速（设置参数\$25）向上移动（正）；

● 当 Z 轴原点开关被触发时，Z 轴短暂停止（\$26）并后退一段距离（\$27）；

● Z 轴将缓慢向上移动，利用它再次触及 Z 原点开关（\$24）；

● Z 轴退后一小段距离（\$27）。

（2）X、Y 轴回零的过程

● X、Y 轴都快速向回零方向移动（\$25）；

● 第一个轴触发开关后会停止，等待第二个轴触发开关；

● 当第二个轴触发开关时，两个轴都后退一段距离（\$27）；

- X 轴和 Y 轴将再次缓慢地向开关移动，直到两个开关再次被触发（$24）；
- X 轴和 Y 轴都会后退一小段距离（$27）.

为了防止轴在寻找零位过程中移动过大的距离，设置轴在 1.5 倍的最大行程距离后放弃寻找限位开关。最大移动距离由$130（用于 X）、$131（用于 Y）和$132（用于 Z）控制。注意，上面的参数（以$开头）都为系统参数，可参见 2.5 节。

Mega 版本默认 Pin 9、10 和 12 分别是 X、Y 和 Z 轴的限位/回零引脚。参数$22=1 回零使能，并用$H 指令触发回零。回零的方向由$23 参数设置（见表 2.1）。

表 2.1　回零的方向及参数

回 零 方 向	参数（$23）
X+Y+Z+	0
X−Y+Z+	1
X+Y−Z+	2
X−Y−Z−	3
X+Y+Z−	4
X−Y+Z−	5
X+Y−Z−	6
X−Y−Z−	7

（3）探头

探测目标命令用于对工件进行探测（或远离）以确定其精确位置。Grbl 中，探测功能利用以下 G 代码完成。

- G38.2 对目标进行探测，接触后停止，如果到达目标位置而没有触发探头，则发出错误信号。
- G38.3 对目标进行探测，接触后停止。如果未能触发探头，则不出现错误。
- G38.4 远离目标进行探测，并在接触断开时停止。如果到达目标位置而没有触发探头，则发出错误信号。
- G38.5 远离目标进行探测，在接触断开时停止。如果未能触发测头，则不会出现错误。

2.5　系统命令

Grbl 提供了系统命令，以便于上位机与 Grbl 的交互。上位机串行连接到 Grbl 的默认设置是：波特率 115200，8 位，无奇偶校验，1 个停止位。当 Grbl 连接到上位机后，此时，在串口输入$并按回车键，Grbl 打印返回一个帮助信息。注意，上位机传给 Grbl 的指令需要有换行符结尾。部分 Grbl 系统命令介绍如下。

（1）$#—读取 gcode 参数

Grbl 存储了 G54～G59 工作坐标、G28/G30 预定义位置、G92 坐标偏移、刀具长度偏移和探测的坐标偏移值。这些参数中的大多数在任何时候都会直接写入 EEPROM，并且是持久的，这意味着它们将保持不变，无论断电与否，直到它们被明确改变。非持久性参数是 G92、G43.1 刀具长度偏移和 G38.2 探测数据，这些参数在复位或断电时不会保留。

（2）$G—输出 G 代码组分析器报告

G 代码被划分为不同的组，这些组被称为"模态组"。在一行 G 代码指令中，同一组中只能使用一个。例如，单位模态组设置 G 代码程序是以英寸还是以毫米来解释。除了 G 代码和 M 代码，还有 T 工具编号、S 主轴速度和 F 进给率代码。

表 2.2 介绍了 Grbl 的模态组。注意，这个列表不包括非模态的 G 代码命令组，它们也没有被列在$G 分析器报告中，因为它们只影响命令的当前行。

表 2.2　Grbl 的模态组

模 态 组 名	代 码
Motion Mode	G0, G1, G2, G3, G38.2, G38.3, G38.4, G38.5, G80
Coordinate System Select	G54, G55, G56, G57, G58, G59
Plane Select	G17, G18, G19
Distance Mode	G90, G91
Arc IJK Distance Mode	G91.1
Feed Rate Mode	G93, G94
Units Mode	G20, G21
Cutter Radius Compensation	G40
Tool Length Offset	G43.1, G49
Program Mode	M0, M1, M2, M30
Spindle State	M3, M4, M5
Coolant State	M7, M8, M9

（3）$I—查看编译信息

向用户反馈 Grbl 的版本和源代码构建日期。

（4）$C—查看 gcode 模式

Grbl 的 G 代码解析器接收所有传入的块并完全处理它们，就像在正常操作一样，但它不移动任何轴，忽略驻车 Parking，并关闭主轴和冷却剂的电源。这旨在为用户提供一种检查新 G 代码程序在 Grbl 解释器中的手段，并监测任何错误（如果启用，还检查软限制的触发情况）。当切换为关闭时，Grbl 将执行自动软复位。

（5）$X—关闭报警锁定

Grbl 的报警锁定模式是当出现严重错误时的一种状态，例如在一个周期内出现硬限制或中止，或者 Grbl 不知道自己的位置。默认情况下，如果启用了系统的上电回零功能（即要求上电后，各轴先回零），此时给 Arduino 上电，Grbl 会进入报警锁定状态，因为它不知道自己的位置。报警锁定模式将锁定所有的 G 代码命令，直到执行了$H 回零循环。在特别情况下，如果必须在未回零前移动轴，如用户需要将轴从限位开关上移开，此时输入'$X'，即可解锁报警锁定，允许 G 代码功能工作。

这功能仅在紧急情况下使用。因为系统位置很可能已经丢失，而且 Grbl 可能不在你确认的位置。所以，建议使用 G91 增量模式来进行短距离移动。然后，紧接着执行回零循环或复位系统。

（6）实时命令

实时命令可以发送给 Grbl 单个控制字符，以实时改变参数或执行一个动作。这意味着命令可以在任何时候、任何地方被发送，Grbl 将立即做出反应，而不管它当时正在做什么。这些命令包括复位、进给保持、恢复、状态报告查询等。

- 0x18 (Ctrl-x)：软复位。立即停止并安全重置 Grbl，而不需要进行断电上电循环。在任何时候都可接受并执行此命令。如果在运动中复位，Grbl 将发出警报，表明位置可能从运动停止中丢失。如果在非运动状态下复位，位置将被保留，不需要重新回零。

- ?：状态报告查询。立即生成并发回带有状态报告的运行时间数据。除了在回零周期中和关键警报（硬/软极限错误）时，其他时候都可以接受和执行这个命令。

- ~：循环启动/恢复。从进给保持状态、门关闭时的安全门/驻车状态以及 M0 程序暂停状态恢复到循环运行状态。

- !：进给保持。使 Grbl 进入暂停或保持状态。如果处于运动状态，机器将减速到停止，然后被暂停。当 Grbl 处于 IDLE、RUN 或 JOG 状态时，命令会执行。否则，它将被忽略。如果是点动，进给保持将取消点动运动，并刷新规划缓冲器中所有剩余的点动运动。如果在进给保持期间被检测到是虚掩的，状态将从 JOG 返回到 IDLE 或 DOOR。根据机器控制的定义，进给保持不会影响主轴或冷却状态。

- 0x84：安全门。虽然通常连接到一个输入引脚来检测安全门的打开，但这个命令允许 GUI 用这个命令来制定安全门的行为。此命令将立即进入 DOOR 暂停状态，禁用主轴和冷却。如果是在运动中，机器将减速到停止，然后被暂停。如果在回零期间执行此命令，Grbl 将停止运动并发出回零警报。如果已经处于暂停状态或进给保持状态，DOOR 状态将取代它。如果启用了驻车（编译时的选项），Grbl 将把主轴停放到指定位置。当 Grbl 处于 IDLE、HOLD、RUN、HOMING 或 JOG 状态时，该命令会执行，否则，它将被忽略。如果是点动，安全门将取消点动和规划缓冲器中所有排队的动作。当安全门关闭并恢复时，Grbl 将返回到 IDLE 状态。

- 0x85：取消点动。立即取消当前的点动状态，通过进给保持和自动清除缓冲区中任何剩余的点动命令。如果不是处于 JOG 状态，或者如果已经调用了点动取消并且正在进行中，则命令被忽略。如果在取消过程中检测到安全门是打开的，则 Grbl 将返回到 IDLE 状态或 DOOR 状态。

- 进给倍率修改。立即改变进给倍率，但是不改变快进速率，包括 G0、G28 和 G30，或点动运动。进给倍率不能小于 10%或大于 200%。如果进给倍率没有变化，命令将被忽略。可以在 config.h 中改变进给倍率范围和增量，命令如下。

  > 0x90：设置 100%的速率
  > 0x91：增加 10%
  > 0x92：减少 10%

➢ 0x93：增加 1%

➢ 0x94：减少 1%.

● 快进倍率修改。立即改变快进倍率。只影响快进运动，包括 G0、G28 和 G30。如果快进速率没有改变，命令将被忽略。快进速率的设定值可以在 config.h 中改变，命令如下。

➢ 0x95：设置为 100%的全速率

➢ 0x96：设置为 50%的快进速率

➢ 0x97：设置为 25%的快进速率

● 主轴倍率修改。立即改变主轴速度的倍率。倍率可以在任何时候改变，无论主轴是启用还是禁用。主轴倍率不能小于 10%或大于 200%。如果主轴倍率没有改变，命令将被忽略。主轴倍率范围和增量可以在 config.h 中改变，命令如下。

➢ 0x99：设置 100%的编程主轴速度

➢ 0x9A：增加 10%

➢ 0x9B：减少 10%

➢ 0x9C：增加 1%

➢ 0x9D：降低 1%。

➢ 0x9E：拨动主轴停止

● 0xA0：切换水（液）冷却。切换冷却状态和改变引脚输出，并保持，直到下一个切换或 G 代码命令改变它。在 IDLE、RUN 或 HOLD 状态下，可以在任何时候执行该命令。

● 0xA1：切换雾化冷却。编译 Grbl 时，需要启用 ENABLE_M7 选项，默认状态为禁用。切换雾化冷却状态和改变引脚输出，并保持，直到下一次切换或 G 代码命令改变它。在 IDLE、RUN 或 HOLD 状态下，可以在任何时候执行该命令。

（7）$x=val 设置 x 参数

x 表示一个特定的参数（设置），而 val 是设置值。$x=val 命令可以保存或改变 Grbl 的设置，当通过串口终端程序连接到 Grbl 时，可以发送此命令手动完成设置，大多数 Grbl GUI 具有此功能。

例如，要手动改变微秒级的脉冲选项为 10us，可以输入以下内容，然后回车。

$0=10

如果一切顺利，Grbl 会以"ok"来回应，这个设置会被储存在 EEPROM 中，并将永久保留，或者直到下次改变。可以通过输入"$$"来再次查看系统设置，以检查 Grbl 是否正确接收和存储了新的设置。

x 设置和它们的含义如下。

● 0—步进脉冲，微秒

步进驱动器输出步进脉冲的时间。太小的时间可能导致驱动器不能正确检测到脉冲，如果脉冲时间太长，当系统以非常高的进给和脉冲速率运行时，步进脉冲可能会导致相互重叠。默认值为 10 微秒。

● 1—步进空闲延迟，毫秒

每次驱动器完成运动并停止时，Grbl 都会以这个值来延迟步进器的禁用。此值设置为最大值 255 毫秒，表示始终保持轴的使能（通电以保持位置），但这可能会导致电机过热。相反，如果忘记重新使能电机，则会导致发送运动指令时丢步而失去机床位置坐标。设置"$1=255"将保持所有轴始终处于启用状态。一般设置该值不小于 10。

● 2—步进端口反置，掩码

这个设置可以反置步进脉冲信号。默认情况下，步进信号从正常的低电平开始，并在步进脉冲事件中变为高电平。在$0 设定步进脉冲时间后，该引脚复位为低电平，直到下一个步进脉冲事件发生。当反置后，步进脉冲的行为从正常的高电平切换到脉冲期间的低电平，然后又回到高电平。大多数用户不需要使用这一设置，但对于某些有特殊要求的 CNC 步进驱动器来说，这是有用的。例如，可以通过反置步进针脚，在方向针脚和步进脉冲之间制造一个人为的延迟。

这个反置掩码是一个值，它把要反置的轴存储为位标志。用户只需要输入想反置的轴的设置值。例如，如果想要反置 X 轴和 Z 轴，可以向 Grbl 发送"$2=5"，即掩码为 00000101，见表 2.3。

表 2.3　步进端口反置掩码

设　置　值	掩　　码	反转 X	反转 Y	反转 Z
0	00000000	N	N	N
1	00000001	Y	N	N
2	00000010	N	Y	N
3	00000011	Y	Y	N
4	00000100	N	N	Y
5	00000101	Y	N	Y
6	00000110	N	Y	Y
7	00000111	Y	Y	Y

● 3—方向端口反置，掩码

这个设置可以反置每个轴的方向信号。默认情况下，Grbl 假设方向引脚信号为低电平时，轴以正方向移动；引脚为高电平时，轴以负方向移动。通常情况下，某些机器的轴并不是这样移动的。这个设置将为那些以相反方式移动的轴反转方向针信号。

这个反转掩码设置与步进端口反转掩码的工作原理完全相同，并将轴反置为位标志。要配置这个设置，只需要参考表 2.3 发送想反转的轴的值。例如，如果只想反转 Y 轴方向，可以向 Grbl 发送"$3=2"，然后检查设置，掩码为 0000000010。

● 4—步进使能反置，布尔值

默认情况下，步进使能引脚为高电平时禁用，低电平时启用。如果需要设置相反的功能，只需输入"$4=1"来反置步进使能引脚。输入"$4=0"将禁用该功能。可能需要重启电源来加载这个变化。

● 5—限位引脚反置，布尔值

默认情况下，限位引脚用 Arduino 的内部上拉电阻保持常高状态。当一个限位引脚为低电平时，Grbl 将其解释为被触发。对于相反的行为，只需通过输入"$5=1"来反置限位引脚。输入"$5=0"将禁用该功能。可能需要重启电源来加载这个变化。

注意：如果反置限位引脚，需要一个外部下拉电阻连接到所有的限位引脚，以防止引脚的电流过载而烧毁它们。

● 6—探针引脚反置，布尔值

默认情况下，探针是通过 Arduino 的内部上拉电阻保持常高状态。当探针为低电平时，Grbl 将其解释为被触发。对于相反的行为，只需通过输入"$6=1"来反置探针。输入"$6=0"将禁用该功能。可能需要重启电源来加载这个变化。

注意：如果反置探针引脚，需要一个外部下拉电阻连接到探针上，以防止电流过载而烧毁它。

● 10—状态报告，掩码

这个设置决定了在发送"?"状态报告时，Grbl 会向用户报告哪些实时数据。这些数据包括当前的运行状态、实时位置、实时进给率、引脚状态、当前的覆盖值、缓冲区状态以及当前执行的 G 代码行号（如果通过编译时启用选项）。

默认情况下，Grbl v1.1+中的新报告将包括标准状态报告中的所有内容。很多数据是隐藏的，只有当它发生变化时才会出现。这比旧的报告风格大大增加了效率，并允许获得更快的更新，同时还能获得更多的关于机器的数据。

位置类型可以被指定为显示机器位置（MPos）或工作位置（WPos），但不同时显示两者。在某些情况下，当 Grbl 直接通过串口终端进行交互时，启用工作位置是很有用的，但是机器位置报告应该被默认使用。默认有机器位置和没有缓冲数据的报告，设置为"$10=1"。如果需要工作位置和缓冲区数据，设置为"$10=2"。

● 11—拐角偏差，毫米

拐角偏差是用来确定在 G 代码程序路径的线段拐角上的移动速度。例如，如果 G 代码路径有一个即将到来的 10 度的急转弯，而机器正在全速移动，这个设置有助于确定机器需要放慢多少速度才能安全通过转角而不损失步数。

计算方法有点复杂，但是，一般来说，较高的数值可以使机器更快地通过弯道，同时增加丢失步数和定位的风险。较低的数值将导致缓慢过弯。因此，如果遇到机器试图快速过弯的问题，减小这个值，使它在进入弯道时放慢速度。如果想让机器更快地通过拐角，增大这个值来加快它的速度。

● $12—圆弧拟合公差，毫米

Grbl 将圆、弧细分为极小的直线，这个参数就是其拟合误差。默认值 0.002 毫米远远低于大多数数控机床的精度。但是，如果发现圆太粗糙或圆弧跟踪执行缓慢，可调整这个设置值。较低的值可以提供更高的精度，但可能会因为 Grbl 的细线过多而导致性能问题。另外，较高的值会导致较低的精度，但可以加快圆弧的性能，因为 Grbl 需要处理的线条较少。

● $13—单位选择英寸/毫米，布尔值

Grbl 具有实时定位报告功能，向用户反馈机器在当时的确切位置，以及坐标偏移和探测的参数。默认情况下，它被设置为以毫米为单位进行报告，通过发送"$13=1"命令，将这个布尔标志发送为真，这些报告将以英寸为单位进行报告。"$13=0"命令则将设置为以毫米为单位。

● $20—软限制，布尔值

软限制可以防止机器运动得太远，超过行程的极限，它通过设置每个轴的最大行程限制和 Grbl 在机器坐标中的位置来实现。每当一个新的 G 代码运动被发送到 Grbl 时，它会检查是否意外超出了运动行程。如果软限制触发，Grbl 将在任何地方立即发出进给保持，关闭主轴和冷却剂，然后发出系统报警。软限制触发之后机器位置将被保留，因为它不像硬限制那样立即强制停止。

注意：软限制需要启用回零功能和准确的轴最大行程设置，因为 Grbl 需要知道它在哪里。"$20=1"表示启用，"$20=0"表示禁用。

● #$21—硬限制，布尔值

硬限制的工作原理与软限制基本相同，但它使用物理开关来代替。在每个轴的行程终点附近，或者在程序不应该移动的地方移动太远可能会出现问题的地方，连接一些开关（机械的、磁性的或光学的）。当开关触发时，它将立即停止所有运动，关闭冷却和主轴（如果连接），并进入报警模式。

要使用 Grbl 的硬限位，限位引脚需要通过内部上拉电阻保持高电平状态，所以所要做的就是在引脚和地之间连接一个常开开关，用"$21=1"启用硬限位（"$21=0"禁用）。如果要对一个轴的两端行程进行限制，只需在引脚和地线上并联两个开关，如果其中任何一个开关跳闸，就会触发硬限制。

请记住，硬限位事件被认为是关键事件，步进器会立即停止，并且很可能失去步进。这时 Grbl 没有任何关于位置的反馈，所以它不能保证当前位置正确。因此，如果硬限制被触发，Grbl 将进入无限循环的 ALARM 模式，用户需要检查机器，重置 Grbl。

● $22—回零循环，布尔值

回零循环是在启动 Grbl 后，用来精确地定位机器的位置。假设在机器运行中，发生了断电，重新启动 Grbl 后，Grbl 不知道机床位置在哪里，此时需要回零，利用机器的零参考点来定位。

要为 Grbl 设置回零循环，需要在一个固定的位置设置限位开关。通常，它们被设置在每个轴的+X、+Y、+Z 的最远点，将限位开关与限位引脚和地线连接起来，就像使用硬限位一样，并启用回零。也可以将限位开关同时用于硬限位和回零，它们可以兼顾。

默认情况下，Grbl 的回零循环首先正向移动 Z 轴以清除工作空间，然后同时正向移动 X 轴和 Y 轴。另外，当回零被启用时，Grbl 将锁定所有的 G 代码命令，直到执行一个回零循环。这意味着没有轴的运动，除非锁定被禁用（$X）。

注意，config.h 为高级用户提供了更多的回零选项。在其中可以禁用启动时的回零锁定，配置在回零周期中哪个轴先移动，以什么顺序移动，等等。

● $24—回零进给率，毫米/分

回零循环首先以较高的寻找速度搜索限位开关，找到后，以较慢的回零进给率移动，精确找到机器零点的位置。

● $25—回零搜索速率，毫米/分

回零搜索速率是回零循环搜索速率，或首次尝试寻找极限开关的速度。可调整到任何能在足够短的时间内找到限位开关的速率。

● $26—回零滤波时间，毫秒

每当一个开关触发时，开关可能有电气或机械噪音，为了解决这个问题，需要对信号进行去抖，可以通过硬件的某种信号调节器，或者通过软件的短暂延迟，让信号稳定。将这个延迟值设置为开关需要的值，以获得可重复的回零。在大多数情况下，5～25毫秒即可。

● $27—回零后撤距离，毫米

为了与硬限位功能共享硬件资源，回零可以使用限位开关。回零周期完成后，将通过这个后撤离开限位开关。换句话说，它有助于防止在回零循环后意外地触发硬限位。

● 30—主轴最大速度，RPM

这里设置最大5V的PWM引脚输出的主轴速度。Grbl可以接受更高的编程主轴转速，但PWM引脚输出不会超过最大5V。默认情况下，Grbl将最大至最小RPM与5V至0.02V的PWM引脚输出线性关联。当PWM引脚读数为0V时，表示主轴禁用。请注意，在config.h中还有其他的配置选项可以用来调整这个操作方式。

● $31—最小主轴速度，RPM

这里设置最小0.02V PWM引脚输出的主轴速度（0V为禁用）。Grbl可以接受更低的RPM值，但PWM引脚输出不会低于0.02V，除非RPM为零。如果RPM为零，主轴被禁用，PWM引脚输出为0V。

● $32—激光模式，布尔值

当启用该模式时，Grbl将通过连续的G1、G2或G3运动指令连续运动，当编程为S主轴速度（激光功率）。主轴PWM针脚将在每次运动中即时更新，不会停止。

当禁用该模式时，Grbl在每一个S主轴速度命令下停止运动，即允许暂停，让主轴改变速度。

● $100、101和102—[X,Y,Z]，步/毫米

Grbl需要知道每一步在现实中会使刀具走多远。为了计算机器某一轴的步长，需要知道：
*步进电机每转一圈所移动的毫米数，这取决于皮带传动齿轮或导螺杆间距；
*步进电机每转的全部步数；
*控制器每步的细分数（通常是1、2、4、8或16）。注意，使用高的细分值（如16）会提高脉冲当量，但是降低了步进电机的扭矩，所以合理选择细分数，要兼顾轴的分辨率和运行特性。脉冲当量（步数/毫米）的计算公式为

每毫米步数=（每转步数*细分数）/每毫米步数

为每个轴计算这个数值，并将这些设置写入Grbl。

● $110, $111和$112—[X,Y,Z]最大速率，毫米/分

这里设置每个轴可以移动的最大速率。每当Grbl计划移动时，它都会检查该移动是否导致这些单独轴中的任何一个超过其最大速率。如果有超过，它将放慢运动速度，以确保没有一个轴超过其最大速率限制。这意味着每个轴都有自己的独立速度，这对于限制通常较慢的Z轴来说非常有用。

● $120, $121, $122—[X,Y,Z]加速度，毫米/秒²

这里设置轴的加速度。简单地说，加速度较低的值使 Grbl 缓慢地进入运动状态，而较高的值将产生更紧密的运动，并更快地达到所需的进给率。与最大速率设置一样，每个轴都有自己的加速度值，并且相互独立。这意味着，一个多轴运动将只以最低的速度来加速。

同样，像最大速率设置一样，确定该设置值的最简单方法是用缓慢增加的数值单独测试每个轴，直到电机停转。然后用一个比这个最大值低 10%～20%的值来最终确定加速度设置。这里还应该考虑到磨损、摩擦和质量惯性。

● $130, $131, $132—[X,Y,Z]最大行程，毫米

这里设置每个轴从头到尾的最大行程。它只有在启用了软限制（和回零）的情况下才有用，因为它被 Grbl 的软限制功能用来检查运动命令是否超过了机器的限制。

确定以上这些值的最简单方法是通过缓慢增加最大速率设置并移动轴，一次测试一个轴。例如，为了测试 X 轴，向 Grbl 发送类似"G0 X50"的信号，有足够的移动距离，使轴加速到其最大速度。当步进器失速时，就知道已经达到了最大速率的阈值。这将产生一些噪音，但不会伤害电机。输入一个比这个值低 10%～20%的设置，这样就可以考虑到磨损、摩擦和工件/工具的质量。然后，对其他轴同样设置。

注意，这个最大速率设置也设置了 G0 快进速率。

以上系统命令和参数见表 2.4。

表 2.4　指令码集

指　令　码	英 文 解 释	中 文 解 释
$$	View Grbl settings	显示 Grbl 运行参数配置
$#	View # parameters	显示一些特殊 G 代码需要的参数，有 G54～G59 的工作坐标偏移量、G28/G30 预设置的坐标、刀具长度偏移量、探针偏移等
$G	View parser state	显示此版本 Grbl 所有能够识别的特殊 G 代码
$I	View build info	显示版本信息
$N	View startup blocks	显示启动 G 代码，可以有多行
$x=value	Save Grbl setting	设置 Grbl 参数并保存到 Rom 中
$Nx=line	Save startup block	设置一条启动 G 代码指令并保存到 Rom 中
$C	Check gcode mode	检测 G 代码的运行过程
$X	Kill alarm lock	清除警告时的锁状态
$H	Run homing cycle	三轴回零（必须使能限位功能）
~	Cycle start	实时指令，循环运行
!	Feed hold	实时指令，进给保持
?	Current status	实时指令，返回当前的状态信息
Ctrl-x	Reset Grbl	实时指令，Grbl 复位

Grbl 参数配置说明如下：

$0=10	(steppulse, usec) 步进脉冲时间，建议 10us

$1=25	(step idle delay, msec) 步进电机除能延迟时间
$2=0	(stepport invert mask:00000000) 步进电机驱动端口有效位掩码
$3=6	(dirport invert mask:00000110) 步进电机驱动方向位掩码
$4=0	(stepenable invert, bool) 步进电机使能取反有效位设置
$5=0	(limit pins invert, bool) 限位 IO 口取反有效位设置
$6=0	(probe pin invert, bool) 探针 IO 口取反有效位设置
$10=3	(status report mask:00000011) 状态报告掩码
$11=0.020	(junction deviation, mm) 拐点偏差
$12=0.002	(arc tolerance, mm) 圆弧公差
$13=0	(report inches, bool) 位置坐标的单位设置
$20=0	(soft limits, bool) 软限位开关
$21=0	(hard limits, bool) 硬限位开关
$22=0	(homing cycle, bool) 归位使能位
$23=1	(homing dir invert mask:00000001) 归位方向位掩码
$24=50.000	(homing feed, mm/min) 归位进给速率
$25=635.000	(homing seek, mm/min) 归位快速速率
$26=250	(homing debounce, msec) 归位边界反弹时间
$27=1.000	(homing pull-off, mm) 归位点坐标离限位器触发点的距离
$100=314.961	(x, step/mm) x 轴速度转化参数 步/毫米
$101=314.961	(y, step/mm) y 轴速度转化参数 步/毫米
$102=314.961	(z, step/mm) z 轴速度转化参数 步/毫米
$110=635.000	(x max rate, mm/min) x 轴最大速率 毫米/分钟
$111=635.000	(y max rate, mm/min) y 轴最大速率 毫米/分钟
$112=635.000	(z max rate, mm/min) z 轴最大速率 毫米/分钟
$120=50.000	(x accel, mm/sec^2) x 轴加速度 毫米/(s*s)
$121=50.000	(y accel, mm/sec^2) y 轴加速度 毫米/(s*s)
$122=50.000	(z accel, mm/sec^2) z 轴加速度 毫米/(s*s)
$130=225.000	(x max travel, mm) x 轴最大行程
$131=125.000	(y max travel, mm) y 轴最大行程
$132=170.000	(z max travel, mm) z 轴最大行程

2.6 错误代码

Grbl 反馈信息的错误代码可以帮助找到系统问题，这些错误代码代号和意义如下：

- 错误 0 - STATUS_OK：一切顺利，表示没有错误。
- 错误 1 - STATUS_EXPECTED_COMMAND_LETTER：G 代码应该以字母开头，刚刚发送到 Grbl 的命令没有。
- 错误 2 - STATUS_BAD_NUMBER_FORMAT：G 代码的数字部分无效。
- 错误 3 - STATUS_INVALID_STATEMENT：通常是一个坏的 Grbl $指令。
- 错误 4 - STATUS_NEGATIVE_VALUE：预期的正值收到负值。
- 错误 5 - STATUS_SETTING_DISABLED：发出了对禁用功能的调用，如发出了$H 用于回零，但$20（回零启用）参数被设置为 0（关闭）。

- 错误 6 - STATUS_SETTING_STEP_PULSE_MIN：$0（步进脉冲时间）太短了，把它调回默认值，$0=10。
- 错误 7 - STATUS_SETTING_READ_FAIL：损坏的 EEPROM 值，需要重新配置所有的$值，因为它们已经被重置为默认值。
- 错误 8 - STATUS_IDLE_ERROR：发出了一个只有在机器活动状态为空闲时才允许的命令。例如在活动状态运行时发送了$$（工作正在进行中）。
- 错误 9 - STATUS_SYSTEM_GC_LOCK：机器在某种错误中被锁定，而试图发出一个移动命令。是否忘记了$X 机器？或者正压住了一个限位开关？
- 错误 10 - STATUS_SOFT_LIMIT_ERROR：如果试图启用软限制而不同时启用回零循环。除非先让机器回零，让它知道自己的位置，否则软限制就无法工作。
- 错误 11 - STATUS_OVERFLOW：GRBL 在一条命令中可以接受的最大字符数有限，它收到的字符数太长。当 CAM 软件在文件中加入长注释时经常发生。
- 错误 12 - STATUS_MAX_STEP_RATE_EXCEEDED：试图设置一个过高的步进率，看看$110, $111,$112 的值!
- 错误 13 - STATUS_CHECK_DOOR：打开了安全门的功能，但显示没有关闭。
- 错误 14 - STATUS_LINE_LENGTH_EXCEEDED：指令长度太长。
- 错误 15 - STATUS_TRAVEL_EXCEEDED：已经打开并配置了软限制，而试图运行的指令比 Grbl 的机器软限制大小要大。
- 错误 16 - STATUS_INVALID_JOG_COMMAND：发出的 JOG 指令无效，可能忘记了=...部分。
- 错误 17 - STATUS_SETTING_DISABLED_LASER：可能发生在打开$32 而没有启用 PWM 的时候。
- 错误 20 - STATUS_GCODE_UNSUPPORTED_COMMAND：发现不支持的或无效的 G 代码命令。
- 错误 21 - STATUS_GCODE_MODAL_GROUP_VIOLATION：现有相互冲突的 G 代码命令。
- 错误 22 - STATUS_GCODE_UNDEFINED_FEED_RATE：没有设置进给率，就发出运动指令。
- 错误 23 - STATUS_GCODE_COMMAND_VALUE_NOT_INTEGER：发送的命令包括一个非整数的值。
- 错误 24 - STATUS_GCODE_AXIS_COMMAND_CONFLICT：在程序块中检测到两个都需要使用 *XYZ* 轴字的 G 代码命令，如 X100X90。
- 错误 25 - STATUS_GCODE_WORD_REPEATED：在程序块中重复了一个 G 代码字。
- 错误 26 - STATUS_GCODE_NO_AXIS_WORDS：一个 G 代码命令在程序块中隐含或明确地要求 *XYZ* 轴字，但没有检测到。
- 错误 27 - STATUS_GCODE_INVALID_LINE_NUMBER：N 行数值不在 1～9,999,999 的有效范围内。
- 错误 28 - STATUS_GCODE_VALUE_WORD_MISSING：发送了一个 G 代码命令，

但在行中缺少一些必要的 P 值或 L 值。

- 错误 29 - STATUS_GCODE_UNSUPPORTED_COORD_SYS：Grbl 支持 G54～G59 六个工作坐标系。不支持 G59.1, G59.2 和 G59.3。
- 错误 30 - STATUS_GCODE_G53_INVALID_MOTION_MODE：G53 的 G 代码命令要求 G0 或 G1 进给的运动模式处于活动状态。
- 错误 31 - STATUS_GCODE_AXIS_WORDS_EXIST：块中有未使用的轴字，并且 G80 （G80 取消固定循环方式）运动模式取消处于激活状态。
- 错误 32 - STATUS_GCODE_NO_AXIS_WORDS_IN_PLANE：指示了一个 G2 或 G3 弧线，但在选定的平面内没有 *XYZ* 轴字来跟踪弧线。
- 错误 33 - STATUS_GCODE_INVALID_TARGET：该运动指令有一个无效的目标。如果弧线无法产生或探测目标是当前位置，G2、G3 和 G38.2 会产生这个错误。
- 错误 34 - STATUS_GCODE_ARC_RADIUS_ERROR：用半径定义追踪的 G2 或 G3 圆弧，在计算圆弧的几何形状时有一个数学错误。
- 错误 35 - STATUS_GCODE_NO_OFFSETS_IN_PLANE：用偏移定义追踪的 G2 或 G3 圆弧，在选定的平面内缺少 IJK 偏移字来追踪该圆弧。
- 错误 36 - STATUS_GCODE_UNUSED_WORDS：有未使用的、剩余的 G 代码字，没有被块中的任何命令使用。
- 错误 37 - STATUS_GCODE_G43_DYNAMIC_AXIS_ERROR：G43.1 动态刀具长度偏移命令不能对其配置轴以外的轴应用偏移。Grbl 的默认轴是 *Z* 轴。
- 错误 38 - STATUS_GCODE_MAX_VALUE_EXCEEDED：发送了一个比预期高的数值，也许在换刀时试图选择刀具 50000 或其他什么。

2.7 报警代码

Grbl 反馈信息的报警代码和意义如下：

- ALARM 1 - EXEC_ALARM_HARD_LIMIT：硬限位错误，限位开关被触发，这导致作业结束。限位开关应该只在回原点过程中被触发，在其他任何时候都会停止系统。机器可能在一个方向上走得太远并撞到了开关，或者限位开关线路受到电磁噪声的干扰。不要重新启动作业，除非重新回原点或重设/确认机器位置。
- ALARM 2 - EXEC_ALARM_SOFT_LIMIT：软限位错误，G 代码文件试图设置一些轴超出在$130、$131、$132 参数中设置的建议范围。
- ALARM 3 - EXEC_ALARM_ABORT_CYCLE：急停按钮按下。与硬限位相同，只是不同的按钮。查看上面有关报警 1 的详细信息。
- ALARM 4 - EXEC_ALARM_PROBE_FAIL_INITIAL：Grbl 在启动探针周期之前探针处于其他状态，比如工具已经接触到了探针或类似情况。
- ALARM 5 - EXEC_ALARM_PROBE_FAIL_CONTACT_Z：轴下降至指定高度但没有触碰到探针。防止进一步操作，可能忘记连接线路或其他故障导致无法正常工作。

- ALARM 6 - EXEC_ALARM_HOMING_FAIL_RESET：在回原点过程中，发生了重置操作，或者在系统/环境中出现电磁干扰误触发了急停按钮（如急停按钮连接到Abort 引脚而不是复位引脚）。
- ALARM 7 - EXEC_ALARM_HOMING_FAIL_DOOR：回原点过程中安全门开启，或者因为电磁干扰误触发。
- ALARM 8 - EXEC_ALARM_HOMING_FAIL_PULLOFF：Grbl 在回参考点过程中，碰到原点开关后，回退一个距离，然后第二次触发它（缓慢）。如果回退距离（$27 值）不足以使轴移动原点开关足够远，可以设置$27 值为 3mm～5mm。
- ALARM 9 - EXEC_ALARM_HOMING_FAIL_APPROACH：在回原点时，Grbl 在定位限位开关时不会超过参数$130、$131、$132 中的值。因此，即使关闭软限位，请确保这些值正确或大于机器设置。回原点失败，无法在搜索距离内找到限位开关。系统缺省定义搜索阶段最大长度为 1.5 * max_travel 和寻位阶段为 5 * pulloff。

第3章
ATMEGA328P 处理器及 AVR LIBC 基础

AVR LIBC 是一个免费软件（https://www.nongnu.org/avr-libc/），其目的是为 ATMEL AVR 微控制器上的 GCC 提供一个高质量的 C 库。avr-binutils、avr-gcc 和 avr-libc 共同构成了 ATMEL AVR 微控制器的自由软件工具链的核心。Grbl 的程序是基于 AVR LIBC 开发，因此在本章将介绍 AVR LIBC 中涉及 Grbl 的一些内容。

本章内容主要基于 ATMEGA328P 处理器编写，该处理器是 Arduino Uno 的处理核心，其文档下载地址：https://ww1.microchip.com/downloads/en/DeviceDoc/Atmel-7810-Automotive-Microcontrollers-ATMega328P_Datasheet.pdf。不同的处理器在硬件上有所不同，需要查阅相关技术文档进行了解。

3.1 AVR 端口变化中断

3.1.1 I/O 端口

ATMEGA328P 的多数 I/O 端口都是复用口，除了作为通用数字 I/O 使用，还有其第二功能，其引脚如图 3.1 所示。

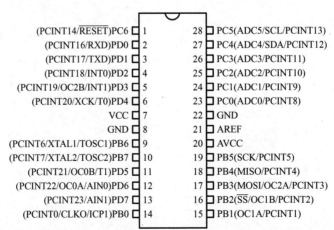

图 3.1 ATMEGA328P

下面介绍涉及 I/O 端口的基本寄存器及功能。

（1）MCUCR

MCUCR - MCU Control Register

Bit	7	6	5	4	3	2	1	0
MCUCR	-	BODS	BODSE	PUD	-	-	IVSEL	IVCE
R/W	R	R	R	R	R	R	R/W	R/W
Initial Value	0	0	0	0	0	0	0	0

寄存器 MCUCR（MCU Control Register）的第四位：PUD 用于设置上拉禁用。当该位被写为 1 时，即使 DDxn 和 PORTxn 寄存器被配置为启用上拉功能（{DDxn，PORTxn}=0b01），I/O 端口的上拉功能也会被禁用。

注意：DDxn 是指 DDRx 的第 n (n-0，1，2，…，7)位地址；PORTxn 指 PORTx (x=A，B，C，D)的第 n (n=0，1，2，…，7)位地址。

（2）DDRx、PINx 和 PORTx

DDRx 是方向寄存器，可读写。在写操作时用于制定 Px 口是作为输入口还是输出口；在读操作时，从 DDRx 寄存器读取的是端口的方向设定值。DDRx 寄存器的初始值为 0x00。

PORTx 是数据寄存器，可读写。在写操作时，从 PORTx 写入的数据存入内部锁存器，以确定端口的工作状态或者将写入的数据送到外部数据总线。PORTx 寄存器的初始值为 0x00。

PINx 用来访问端口 x 的逻辑值，且只允许读操作。从 PINx 读取的数据只是 x 口引脚的逻辑状态，其初始值为高阻态。

从 PINx 读出的端口 x 上的所有引脚，如需要判断哪个引脚的状态，可以采用如下代码判断：

```
if(PINx & (1 << n))      //n(0 - 7) 是要读取的位
```

或

```
if(!(PINx & (1 << n)))
```

如果要写入某个端口引脚的状态，可以采用如下代码实现：

```
PORTB = PORTB | (1 << n);      //n(0 - 7) 是要设置的位
PORTB = PORTB & ~(1 << n);     //n(0 - 7) 是要清除的位
```

3.1.2　I/O 端口变化中断

ATMEGA328P 引脚中的 PCINT 引脚都可以设置为中断模式。外部端口中断可由 INT0 和 INT1 引脚或任何 PCINT23…0 引脚触发。即使将 INT0 和 INT1 或 PCINT23…0 引脚配置为输出，中断也会被触发，此功能提供了生成软件中断的方法。

如果启用了任何 PCINT[23:16]引脚，则引脚变化中断 PCI2（PCICR 寄存器中的位）将触发；如果启用了任何 PCINT[14:8]引脚，则引脚更改中断 PCI1（PCICR 寄存器中的位）将触发；如果启用了任何 PCINT[7:0]引脚，则引脚更改中断 PCI0（PCICR 寄存器中的位）将触发。PCMSK2、PCMSK1 和 PCMSK0 寄存器控制哪些引脚对引脚变化中断有贡献。外部端口中断可由下降沿、上升沿或低电平触发。每次中断发生时，都会触发相关的 ISR（中断服务程序）。INT0 和 INT1 中断的 ISR 为 INT0_vect 和 INT0_vect；而一个端口（端口 B、C 和 D）上的所有引脚共享一个 ISR，分别对应 PCINT0_vect、PCINT1_vect 和 PCINT2_vect。而且，该端口上的一个引脚无论何时发生变化，它都会调用该端口的 ISR，然后决定是哪个引脚引起的中断。

1. INT0 和 INT1 中断功能

INT0 和 INT1 中断涉及以下寄存器。

（1）EICRA

EICRA - External Interrupt Control Register A

Bit	7	6	5	4	3	2	1	0
EICRA	-	-	-	-	ISC11	ISC10	ISC01	ISC00
R/W	R	R	R	R	R/W	R/W	R/W	R/W
Initial Value	0	0	0	0	0	0	0	0

该寄存器的 ISC11 和 ISC10 为一组，决定 INT1 如何被触发；ISC01 和 ISC00 为一组，决定 INT0 如何被触发，见表 3.1。

表 3.1 INTn 触发模式

ISCn1	ISCn0	功 能
0	0	INTn 低电平触发
0	1	INTn 电平任何变化触发
1	0	INTn 下降沿触发
1	1	INTn 上升沿触发

（2）EIMSK

EIMSK - External Interrupt Mask Register

Bit	7	6	5	4	3	2	1	0
EIMSK	-	-	-	-	-	-	INT1	INT0
R/W	R	R	R	R	R	R	R/W	R/W
Initial Value	0	0	0	0	0	0	0	0

该寄存器的 INTn 位用于屏蔽对应中断，0 为屏蔽中断；1 为使能中断。

（3）SREG

SREG - Status Register

Bit	7	6	5	4	3	2	1	0
SREG	I	T	H	S	V	N	Z	C
R/W	R/W	R/W	R/W	R/W	R/W	R/W	R/W	R/W
Initial Value	0	0	0	0	0	0	0	0

该寄存器的第 7 位为 1 时全局中断使能允许，单独的中断使能由对应的中断寄存器控

制；该位为 0 时则不论单独允许位是否置 1，所有中断都被禁止，系统将不响应任何中断。该位的设置在 avr-libc 代码中表示如下：

```
sei()    //开中断
cli ()   //关中断
```

（4）EIFR

EIFR - External Interrupt Flag Register

Bit	7	6	5	4	3	2	1	0
EIFR	-	-	-	-	-	-	INTF1	INTF0
R/W	R	R	R	R	R	R	R/W	R/W
Initial Value	0	0	0	0	0	0	0	0

当 INTn 引脚上的边缘或逻辑变化触发中断请求时，INTFn 被设置为 1。如果 SREG 中的 I（7）位和 EIMSK 中的 INT1 位都设置为 1，则处理器将跳转到相应的中断向量。当执行中断例程时，该标志被清除。

2．PCINT23…0 引脚中断功能

设置这些端口变化中断有以下三个步骤。

（1）打开针脚变化中断功能

PCICR 寄存器中的某些位用于开启引脚变化中断。第 0 位开启端口 B（PCINT0-PCINT7），第 1 位开启端口 C（PCINT8-PCINT14），第 2 位开启端口 D（PCINT16-PCINT23）。

PCICR-Pin Change Interrupt Control Register

Bit	7	6	5	4	3	2	1	0
PCICR	-	-	-	-	-	PCIE2	PCIE1	PCIE0
R/W	R	R	R	R	R	R/W	R/W	R/W
Initial Value	0	0	0	0	0	0	0	0

下面代码显示了如何使用它们：

```
PCICR |= 0b00000001;   //端口 B 中断使能
PCICR |= 0b00000010;   //端口 C 中断使能
PCICR |= 0b00000100;   //端口 D 中断使能
PCICR |= 0b00000111;   //所有端口中断使能
```

（2）选择要中断的引脚

由于 ATMEGA328P 有 3 个端口（也有三个掩码），PCMSK0、PCMSK1 和 PCMSK2。这些设置与 PCICR 寄存器的设置方式相同。

PCMSK0- Pin Change Mask Register 0

Bit	7	6	5	4	3	2	1	0
PCMSK0	PCINT7	PCINT6	PCINT5	PCINT4	PCINT3	PCINT2	PCINT1	PCINT0
R/W	R/W	R/W	R/W	R/W	R/W	R/W	R/W	R/W
Initial Value	0	0	0	0	0	0	0	0

PCMSK1-Pin Change Mask Register 1

Bit	7	6	5	4	3	2	1	0
PCMSK1	-	PCINT14	PCINT13	PCINT12	PCINT11	PCINT10	PCINT9	PCINT8
R/W	R	R/W	R/W	R/W	R/W	R/W	R/W	R/W
Initial Value	0	0	0	0	0	0	0	0

PCMSK2-Pin Change Mask Register 2

Bit	7	6	5	4	3	2	1	0
PCMSK2	PCINT23	PCINT22	PCINT21	PCINT20	PCINT19	PCINT18	PCINT17	PCINT16
R/W	R/W	R/W	R/W	R/W	R/W	R/W	R/W	R/W
Initial Value	0	0	0	0	0	0	0	0

下面代码显示了如何使用它们：

```
PCMSK0 |= 0b00000001;    //引脚 PB0 中断使能
PCMSK1 |= 0b00010000;    //引脚 PC4 中断使能
PCMSK2 |= 0b10000001;    //引脚 PD0 和 PD7 中断使能
```

（3）为这些引脚写一个 ISR

这一步是编写调用这些中断的 ISR。编写 ISR 的一般准则是使其尽可能短，并且不要在其中使用延迟。如果在这些 ISR 中使用变量，要定义变量为 volatile；这样是告诉编译器，它在任何时候可能都会改变，但每次改变后都要重新加载，而不是优化它。然后记得设置 SREG 寄存器第 7 位，开全局中断。

```
ISR(PCINT0_vect){}     //端口 B 中断函数
ISR(PCINT1_vect){}     //端口 C 中断函数
ISR(PCINT2_vect){}     //端口 D 中断函数
```

下面是一个例子，解释如何使用端口变化中断。

```
#include <avr/interrupt.h>
volatile int value = 0;
void setup(){
    cli();
    PCICR |= 0b00000011;       //端口 B 和 C 中断使能
    PCMSK0 |= 0b00000001;      //引脚 PCINT0 使能
    PCMSK1 |= 0b00001000;      //引脚 PCINT11 使能
    sei();   //开中断
}
void loop(){

}
ISR(PCINT0_vect) {             //端口 B 中断函数
    value++;

}
```

```
ISR(PCINT1_vect) {          //端口 C 中断函数
    value-;
}
```

3.2　AVR 定时器/计数器

定时器/计数器是 MCU 的重要组成部分。它是 MCU 内部的一个硬件单元，既可用作定时器，也可用作计数器。定时器/计数器是微控制器内的一个独立单元，它基本上是独立于 CPU 正在执行的任务而运行的。AtMega328P 有 3 个定时器单元，分别是定时器 0、定时器 1 和定时器 2。定时器 0 和定时器 2 是一个 8 位定时器，意味着它可以从 0 数到 255；定时器 1 是一个 16 位定时器。定时器/计数器主要应用于以下方面。

（1）内部定时器：作为一个内部定时器，该单元在振荡器的频率上变动。振荡器的频率可以直接输入到定时器中，即可以预设比例。在定时器模式下，它用于产生精确的延迟，或者作为精确的时间计数器。在外部计数器模式下，它用于计算 MCU 上特定外部引脚的事件。

（2）比较输出：持续地将 TCNTn 与输出比较寄存器（OCRnA 和 OCRnB）进行比较。每当 TCNTn 等于 OCRnA 或 OCRnB 时，比较器发出匹配信号。匹配将在下一个定时器时钟周期设置输出比较标志（OCFnA 或 OCFnB）。如果相应的被中断启用，输出比较标志将产生一个输出比较中断。当中断被执行时，输出比较标志会被自动清除。另外，也可以通过软件向其 I/O 位写逻辑 1 来清除该标志。波形发生器根据 WGMn2:0 位和比较输出模式（COMnx1:0）位设置的工作模式，使用匹配信号产生输出。波形发生器使用最大和最小信号来处理某些操作模式下极端值的特殊情况。

（3）脉冲宽度调制（PWM）发生器。PWM 用于电机的速度控制和其他多种应用。

3.2.1　定时器模式

ATMEGA328P 具有以下工作模式。

（1）Normal 模式：这是所有定时器模式中最简单的一种。在这种模式下，TCNT 只是为每个定时器时钟不断地增加它的值，直到它达到最大值。一旦达到最大值，定时器溢出标志（TOVx，在寄存器 TIFR 中）被设置，也可用来触发一个中断。这种模式可以用来触发周期性事件。

（2）CTC（Clear Timer on Compare Match）模式：其功能是在比较匹配时，清除定时器。如图 3.2 所示，在这种模式下，当寄存器 TCNTx 的值与寄存器 OCRx 的值相等时，TCNTx 的值会被重置为零，这个事件被称为输出比较匹配。当输出比较匹配发生时，OCx（输出比较寄存器）的值被改变，这个改变取决于 TCCR 寄存器的比较输出模式位（COMx1:0）中的设置。例如，如果比较输出模式位 COMx1:0=1，则在发生比较匹配时，切换 OCx 值，即会在 OCx 引脚产生方波。对于定时器 0 来说，方波是在 OC0 引脚上产生的，对于定时器 2 来说也是如此。但是由于定时器 1 是一个 16 位的定时器，有两个 OCR 寄存器，即 OCR1A

和 OCR1B，它们可以独立配置，在 ATMega 16 的 OCR1A 和 OCR1B 引脚上产生两个方波。假设比较匹配模式（COMx1:0 = 1）被设置为切换的定时器行为，TCNTx 的值等于 OCRx 的值。在这一瞬间，TCNTx 值被重置为零。

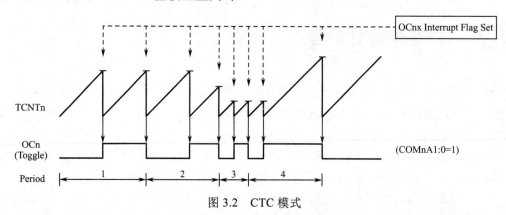

图 3.2　CTC 模式

（3）快速 PWM 模式（WGM02:0=3 或 7）：提供一个高频 PWM 波形的选择。如图 3.3 所示，快速 PWM 模式与其他 PWM 选项的不同之处在于其单斜率操作。计数器从下端计数到上端，然后从下端重新开始。当 WGM2:0=3 时，TOP 定义为 0xFF，当 WGM2:0=7 时，TOP 定义为 OCR0A。在非反相比较输出模式下，输出比较（OC0x）在 TCNT0 和 OCR0x 之间比较匹配时被清除，并在底部 0x00 时被设置。在反相比较输出模式下，输出比较（OC0x）在 TCNT0 和 OCR0x 之间比较匹配时被设置，并在底部 0x00 时被清除。由于是单斜率操作，快速 PWM 模式的工作频率可以是使用双相位校正 PWM 模式的两倍。这种高频率使得快速 PWM 模式很适合用于功率调节、整流和 DAC 应用。高频率允许使用物理上小尺寸的外部元件（线圈、电容），因此降低了系统的总成本。在快速 PWM 模式下，计数器被递增，直到计数器的值与 TOP 值相匹配。然后计数器在下一个时钟周期被清空。

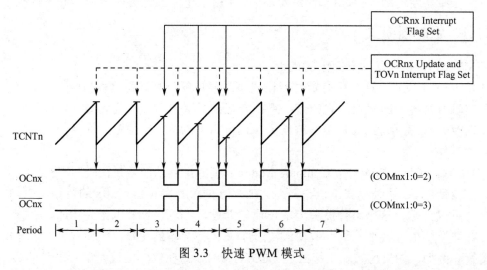

图 3.3　快速 PWM 模式

（4）相位校正 PWM 模式（WGM02:0=1 或 5）：提供一个高分辨率的相位校正 PWM 波形生成选项。如图 3.4 所示，相位校正 PWM 模式是基于双斜率的操作，计数器重复计数，从 0x00 到上端再到下端。当 WGM2:0=1 时，TOP 定义为 0xFF，当 WGM2:0=5 时，TOP 定义为 OCR0A。在非反相比较输出模式下，输出比较（OC0x）在 TCNT0 和 OCR0x 之间比较匹配时被清除，而在下行计数时被设置。在反相比较输出模式下，该操作是反转的。双斜率操作比单斜率操作的最大操作频率低，由于双斜率 PWM 模式的对称特性，该模式是电机控制应用的首选。

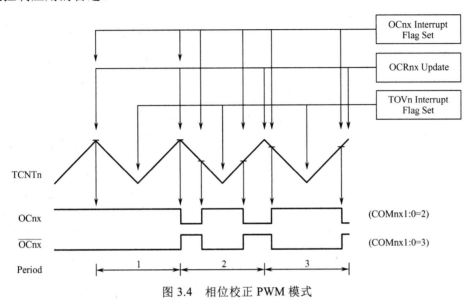

图 3.4 相位校正 PWM 模式

（5）输入捕获模式：输入捕获模式可用于测量 ICP 引脚（输入捕获引脚）上两个边沿之间的时间。一些外部电路制造的脉冲就可以使用这种模式。还可以用它来测量电机的转速，以及把它设置为测量引脚的上升或下降沿之间的时间。

3.2.2 定时器 0

8 位定时器 0 的时钟可以来自系统时钟、预分频系统时钟或外部引脚 T0。定时器 0 的结构如图 3.5 所示，当它从 0xFF 变成 0x00 时，溢出标志被设置，且定时器/计数器溢出中断标志被设置。如果 TIMSK（定时器中断屏蔽寄存器）中的相应位（TOIE0）被设置，并且全局中断被启用，微处理器将跳转到相应的中断向量。

TCNT0 寄存器保存着定时器 0 的计数，它在每个定时器触发时被递增。如果定时器溢出，定时器溢出标志（TOV）就会被设置。也可以在 TCNT0 中加载一个计数值，并从一个特定的计数值开始启动定时器。另一个功能是可以在输出比较寄存器（OCR0A 或 OCR0B）中设置一个值，每当 TCNT0 达到这个值时，输出比较标志（TIFR0 寄存器的 OCF0A 或 OCF0B 位）就被设置。输出比较寄存器 OCR0x 包含一个 8 位的值，并与计数器的值（TCNT0）进行连续比较。当匹配时可以用于产生一个输出比较中断，或者在 OC0x 引脚上产生一个输出。

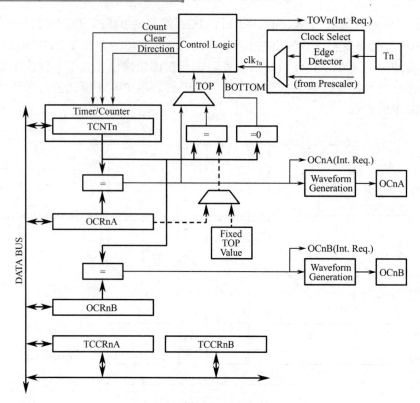

图 3.5 定时器 0 的结构

下面介绍定时器 0（TC0）涉及的寄存器。

1. TCCR0A 和 TCCR0B 寄存器

定时器的配置可以通过下面的 TCCR0A 和 TCCR0B 寄存器来设置。通过它，可以选择时钟源的频率（TCCR0B 寄存器中的 CS02、CS01、CS00 位），以及设置定时器的模式（TCCR0B 寄存器中的 WGM02，TCCR0B 寄存器中 WGM01 和 WGM00）。

TCCR0A-TC0 Control Register A

Bit	7	6	5	4	3	2	1	0
TCCR0A	COM0A1	COM0A0	COM0B1	COM0B0	-	-	WGM01	WGM00
R/W	R/W	R/W	R/W	R/W	R	R	R/W	R/W
Initial Value	0	0	0	0	0	0	0	0

TCCR0B-TC0 Control Register B

Bit	7	6	5	4	3	2	1	0
TCCR0B	FOC0A	FOC0B	-	-	WGM02	CS02	CS01	CS00
R/W	W	W	R	R	R/W	R/W	R/W	R/W
Initial Value	0	0	0	0	0	0	0	0

TCCR0B 寄存器中的 WGM02，TCCR0B 寄存器中 WGM01 和 WGM00 共同决定了定

时器的模式，如表 3.2 所示。注意，表中的 Mode 将在后面会使用到。

表 3.2 定时器的模式设置

Mode	WGM02	WGM01	WGM00	定时器模式
0	0	0	0	Normal
1	0	0	1	PWM，phase correct
2	0	1	0	CTC
3	0	1	1	Fast PWM
4	1	0	0	Reserved
5	1	0	1	PWM，phase correct
6	1	1	0	Reserved
7	1	1	1	Fast PWM

定时器 0 的输出动作由 TCCR0A 的 COM0x1 和 COM0x0 决定，即这些位控制输出比较引脚 OC0x（见引脚图）的行为。如果 COM0x1:0（表示 COM0x1、COM0x0）中的一个或两个位被设置，OC0x 的输出将覆盖它所连接的 I/O 引脚的正常端口功能。请注意，与 OC0x 引脚对应的数据方向寄存器(DDR)必须设置成与 OC0x 引脚相对应的位，以启用输出驱动器。当 OC0A 被连接到该引脚时，COM0x1:0 位的功能取决于 WGM02:0（表示 WGM02、WGM01、WGM00）位的设置，具体参见表 3.3～表 3.7。

表 3.3 WGM02:0=0 或 2（non-PWM Mode）

COM0A1	COM0A0	功 能
0	0	正常端口操作，OC0x 没有连接到端口
0	1	比较匹配时，触发 OC0x 取反
1	0	比较匹配时，清零 OC0x
1	1	比较匹配时，置位 OC0x

表 3.4 WGM02:0=3 或 7（Fast PWM Mode）

COM0A1	COM0A0	功 能
0	0	正常端口操作，OC0A 没有连接到端口
0	1	WGM02 = 0：正常的端口操作，OC0A 断开连接。 WGM02 = 1：比较匹配时，切换 OC0A
1	0	比较匹配时，清除 OC0A；当计数器变成 0x00 时，置位 OC0A。（非反转模式）
1	1	比较匹配时，置位 OC0A；当计数器变成 0x00 时，清除 OC0A。（反转模式）

表 3.5 WGM02:0=1 或 5（Phase Correct PWM Mode）

COM0A1	COM0A0	功 能
0	0	正常端口操作，OC0A 没有连接到端口

COM0A1	COM0A0	功　能
0	1	WGM02 = 0：正常的端口操作，OC0A 断开连接。 WGM02 = 1：比较匹配时，切换 OC0A
1	0	向上计数时，在比较匹配时清除 OC0A；向下计数时，在比较匹配时设置 OC0A
1	1	向上计数时，在比较匹配时置位 OC0A；向下计数时，在比较匹配时清零 OC0A

表 3.6　WGM02:0=3 或 7（Fast PWM Mode）

COM0B1	COM0B0	功　能
0	0	正常端口操作，OC0B 没有连接到端口
0	1	保留
1	0	比较匹配时，清除 OC0B；计数器变成 0x00 时，置位 OC0B。（非反相模式）
1	1	比较匹配时，置位 OC0B；计数器变成 0x00 时，清除 OC0B。（反相模式）

表 3.7　WGM02:0=1 或 5（Phase Correct PWM Mode）

COM0B1	COM0B0	功　能
0	0	正常端口操作，OC0B 没有连接到端口
0	1	保留
1	0	向上计数时，在比较匹配时清除 OC0B；向下计数时，在比较匹配时设置 OC0B
1	1	向上计数时，在比较匹配时置位 OC0B；向下计数时，在比较匹配时清零 OC0B

TCCR0B 寄存器中的 FOC0x 和 FOC0A 位。FOC0x，强制输出比较，FOC0x 位只有在 WGM 位指定非 PWM 模式时才有效。然而，为了确保与未来器件的兼容性，在 PWM 模式下工作时，这个位必须被设置为零。当向 FOC0A 位写入逻辑 1 时，会强制进行比较匹配。OC0x 的输出根据其 COM0x1:0 位的设置而改变。FOC0x 位置 1 不会产生任何中断，也不会在使用 OCR0x 作为 TOP 的 CTC 模式下清除定时器。FOC0x 位总是被读为零。

选择时钟源的频率会用到 TCCR0B 寄存器中的 CS02、CS01、CS00 位，其对应钟源的频率见表 3.8。

表 3.8　钟源的频率

CS02	CS01	CS00	钟源（Clock source）
0	0	0	No Clock（停止）
0	0	1	CLK
0	1	0	CLK/8
0	1	1	CLK/64
1	0	0	CLK/256
1	0	1	CLK/1024
1	1	0	CLK/T0-下降沿（外部源）
1	1	1	CLK/T0-上升沿（外部源）

2. TIFR0 寄存器

TC0 的 TIFR0（中断标志寄存器）包括两个基本标志 OCF0x（比较匹配标志位）和 TOV0（定时器 0 溢出标志位），执行相应的中断处理向量标志自动清零。

TIFR0 -Timer/Counter0 Interrupt Flag Register

Bit	7	6	5	4	3	2	1	0
TIFR0	-	-	-	-	-	OCF0B	OCF0A	TOV0
R/W	R	R	R	R	R	R/W	R/W	R/W
Initial Value	0	0	0	0	0	0	0	0

3. TIMSK0 寄存器

TIMSK0 是 TC0 中断掩码寄存器。TOIE0 是定时器/计数器溢出中断允许位，OCIE0x 是定时器/计数器输出比较匹配中断允许位。

TIMSK0- Timer/Counter Interrupt mask Register0

Bit	7	6	5	4	3	2	1	0
TIMSK0	-	-	-	-	-	OCIE0B	OCIE0A	TOIE0
R/W	R	R	R	R	R	R/W	R/W	R/W
Initial Value	0	0	0	0	0	0	0	0

定时器 0 使用示例：16MHz 板载晶振的 Explore Ultra AVR 开发板，在正常模式下，使用带 1024 预分频器的定时器 0，每 100 毫秒切换连接到 PD4 的 LED，编写程序。

（1）求定时器 0 溢出产生的最大延迟。

因为是 8 位定时器，最大数值为 255，当使用最高的 1024 个预分频值，每次定时器 0 溢出都能产生延迟为

$$Total=255×1024/16MHz=255×1/15.625K =16ms$$

（2）定时器溢出多少次才能产生大约 100ms 的延迟。

$$OverFlowCount = 100ms/16ms = 6.25 ≈ 6$$

（3）代码。

```
#include<avr/io.h>
#define LED PD4
int main()
{
    uint8_t timerOverflowCount=0;
    DDRD=0xff;          //PORTD 设置为输出
    TCNT0=0x00;         //计数器初值=0
    TCCR0A=0x00;        //计数器正常模式
    TCCR0B = (1<<CS00) | (1<<CS02);   //预分频器=CLK/1024
    While(1){
        while ((TIFR & 0x01) == 0);      //判断是否定时器 0 溢出
        TCNT0 = 0x00;                     //重新设置计数器初值=0
        TIFR=0x01;                        //清除定时器 0 中断标志
```

```
            timerOverflowCount++;
            if (timerOverflowCount>=6){
                PORTD ^= (0x01 << LED);
                timerOverflowCount=0;
            }
        }
    }
```

3.2.3 定时器1

定时器1（TC1）的结构如图3.6所示。

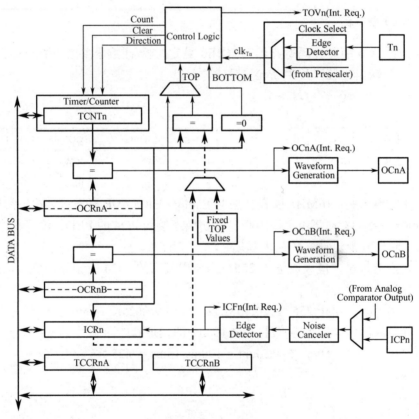

图 3.6 定时器 1 的结构

　　TCNT1、OCR1A/B 和 ICR1 是 16 位寄存器，可由 AVR 通过 8 位数据总线访问。16 位寄存器必须使用两个读或写操作进行字节访问。每个 16 位的定时器都有一个 8 位的寄存器，用于临时存储高字节，临时存储 16 位访问的高字节。同一个临时寄存器在每个 16 位定时器的所有 16 位寄存器之间共享。在每个 16 位定时器中都共享同一个临时寄存器。对低字节的访问会触发 16 位的读或写操作。当一个 16 位寄存器的低字节被 CPU 写入时，存储在临时寄存器中的高字节和写入的低字节都会被复制到同一时钟周期内，16 位寄存器的高字节和低字节被复制到寄存器中。当 CPU 读取一个 16 位寄存器的低字节时，该 16 位寄存器的高字节被复制到临时寄存器中。

寄存器的高字节在读取低字节的同时被复制到临时寄存器中。不是所有的16位访问都使用临时寄存器的高字节。读取OCR1A/B的16位寄存器并不涉及使用临时寄存器。使用临时寄存器进行16位写操作，高字节必须在低字节之前写入。对于16位寄存器的读取，低字节必须在高字节之前被读取。

TC1具有一个相位和频率校正的PWM模式（见图3.7），该模式的内涵是：相位和频率校正脉冲宽度调制，或相位和频率校正的PWM模式（WGM13:0=8或9）提供了一个高分辨率的相位和频率校正PWM波形生成选项。相位和频率校正的PWM模式与相位校正的PWM模式一样，都是基于双斜率的操作。计数器重复计数，从底部（0x0000）到顶部，然后从顶部到底部。在非反相比较输出模式下，输出比较（OC1x）在TCNT1和OCR1x之间比较匹配时被清零，而在下降计数时被设置。在反相比较输出模式下，操作是反转的。与单斜率操作相比，双斜率操作的最大操作频率较低。相位校正与相位和频率校正PWM模式之间的主要区别在于OCR1x寄存器被OCR1x缓冲寄存器更新的时间。

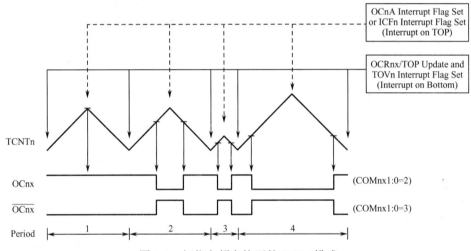

图3.7 相位和频率校正的PWM模式

下面介绍其涉及的控制寄存器。

（1）TCCR1A、TCCR1B和TCCR1C。

TCCR1A- Timer/Counter1 Control Register A

Bit	7	6	5	4	3	2	1	0
TCCR1A	COM1A1	COM1A0	COM1B1	COM1B0	-	-	WGM11	WGM10
R/W	R/W	R/W	R/W	R/W	R	R/W	R/W	R/W
Initial Value	0	0	0	0	0	0	0	0

TCCR1B- Timer/Counter1 Control Register B

Bit	7	6	5	4	3	2	1	0
TCCR1B	ICNC1	ICES1	-	WGM13	WGM12	CS12	CS11	CS10
R/W	R/W	R/W	R	R/W	R/w	R/W	R/W	R/W
Initial Value	0	0	0	0	0	0	0	0

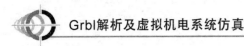

TCCR1C- Timer/Counter1 Control Register C

Bit	7	6	5	4	3	2	1	0
TCCR1C	FOC1A	FOC1B	-	-	-	-	-	-
R/W	R/W	R/W	R	R	R	R	R	R
Initial Value	0	0	0	0	0	0	0	0

WGM10、WGM11、WGM12 和 WGM13 决定了定时器（TC1）的工作模式（见表 3.9）。

表 3.9　定时器的工作模式

Mode	WGM13	WGM12	WGM11	WGM10	TOP	定时器模式
0	0	0	0	0	0xFFFF	Normal
1	0	0	0	1	0X00FF	PWM, phase correct, 8-bit
2	0	0	1	0	0X01FF	PWM, phase correct, 9-bit
3	0	0	1	1	0X03FF	PWM, phase correct, 10-bit
4	0	1	0	0	OCR1A	CTC
5	0	1	0	1	0X00FF	Fast PWM, 8-bit
6	0	1	1	0	0X01FF	Fast PWM, 9-bit
7	0	1	1	1	0X03FF	Fast PWM, 10-bit
8	1	0	0	0	ICR1	PWM, phase and frequency correct
9	1	0	0	1	OCR1A	PWM, phase and frequency correct
10	1	0	1	0	ICR1	PWM, phase correct
11	1	0	1	1	OCR1A	PWM, phase correct
12	1	1	0	0	ICR1	CTC
13	1	1	0	1	-	Reserved
14	1	1	1	0	ICR1	Fast PWM
15	1	1	1	1	OCR1A	Fast PWM

当使用固定的 TOP 值时，使用 ICR1 寄存器来定义 TOP，效果很好。通过使用 ICR1，OCR1A 寄存器可以自由地用在 OC1A 上产生 PWM 输出。然而，如果基本的 PWM 频率被改变（通过改变 TOP 值），使用 OCR1A 作为 TOP 显然是一个更好的选择，因为它具有双缓冲器的特性。

输出比较引脚（OC1x）的动作由 COM1x1:0 控制。如果 COM1x1:0 的一个或两个位被写为 1，OC1x 的输出将覆盖它所连接的 I/O 引脚的正常端口功能。注意，与 OC1x 引脚相对应的数据方向寄存器（DDR）位必须被设置，以启用输出。当 OC1x 被连接到引脚时，COM1x1:0 位的功能取决于 WGM13:0（表示 WGM13、WGM12、WGM11、WGM10）位的设置。相关功能解释见表 3.10～表 3.12。

表 3.10 WGM13:0=0 或 4 或 12（non-PWM Mode）

COM1x1	COM1x0	功　能
0	0	正常端口操作，OC1x 没有连接到端口
0	1	比较匹配时，触发 OC1x 取反
1	0	比较匹配时，清零 OC1x
1	1	比较匹配时，置位 OC1x

表 3.11 WGM13:0=5、6、7、14 或 15（Fast PWM Mode）

COM1x1	COM1x0	功　能
0	0	正常端口操作，OC1x 没有连接到端口
0	1	WGM13:0 = 14 或 15。比较匹配时切换 OC1A；OC1B 断开连接（正常端口）。对于所有其他 WGM1 设置，正常端口操作，OC1A/OC1B 断开连接
1	0	比较匹配时，清除 OC1x；计数器变成 0x00 时，置位 OC1x。（非反相模式）。
1	1	比较匹配时，置位 OC1x；计数器变成 0x00 时，清除 OC1x。（反相模式）。

表 3.12 WGM13:0=1-3 或 8-11（Phase Correct and Phase and Frequency Correct PWM）

COM0A1	COM0A0	功　能
0	0	正常端口操作，OC1x 没有连接到端口
0	1	WGM13:0 = 9 或 11。比较匹配时切换 OC1A；OC1B 断开连接（正常端口）。对于所有其他 WGM1 设置，正常端口操作，OC1A/OC1B 断开连接
1	0	向上计数时，在比较匹配时清除 OC1x；向下计数时，在比较匹配时设置 OC1x
1	1	向上计数时，在比较匹配时置位 OC1x；向下计数时，在比较匹配时清零 OC1x

下面对 TCCR1A、TCCR1B 和 TCCRC 三个寄存器中其他位的功能进行解释。

● TCCR1B 寄存器的 Bit 7-ICNC1：输入捕获噪声抑制器

设置该位可以激活输入捕获噪声抑制功能。当噪声抑制功能被激活时，来自输入捕获引脚 ICP1（PB0）的输入被滤波。噪声抑制功能需要对 ICP1 引脚进行连续四个采样，如果四个采样值都相等，则信号被输出。因此，当噪声抑制器被激活时，输入捕获被延迟四个振荡器周期。

● TCCR1B 寄存器的 Bit 位 6-ICES1：输入捕获边沿方式选择

该位选择输入捕获引脚（ICP1）上的哪种边沿方式用于触发一个捕获事件。当 ICES1 位被置为 0 时，一个下降边沿信号触发输入捕获。当 ICES1 位被置为 1 时，一个上升边沿信号触发输入捕获。根据 ICES1 的设置，当触发捕获时，计数器的值被复制到输入捕获寄存器中（ICR1）。该捕获事件也将置位输入捕获标志（ICF1），如果该功能中断被使能，则触发输入捕获中断。

● TCCR1C 寄存器的 FOC1A/FOC1B 位

该位只有在 WGM13:0 位指定为非 PWM 模式时才有效。当 FOC1A/FOC1B 位写入逻辑 1 时，波形生成单元将被强制进行即时比较匹配。OC1A/OC1B 的输出是根据其 COM1x1:0 来改变的。注意，COM1x1:0 位上的值决定了 FOC1A/FOC1B 位强制比较的效果。一个 FOC1A/FOC1B 的选通不会产生任何中断，也不会在使用 OCR1A 作为 TOP 值的比较匹配（CTC）模式下清除定时器。FOC1A/FOC1B 位总是被置为零。

（2）TIFR1 寄存器

TC1 的 TIFR1 寄存器（中断标志寄存器）包括两个基本标志 OCF1x（比较匹配标志位）和 TOV1（定时器 1 溢出标志位）。执行相应的中断处理向量标志自动清零功能。

TIFR1-Timer/Counter Interrupt 1 Flag Register

Bit	7	6	5	4	3	2	1	0
TIFR1	-	-	ICF1	-	-	OCF1B	OCF1A	TOV1
R/W	R	R	R	R	R	R/W	R/W	R/W
Initial Value	0	0	0	0	0	0	0	0

Bit 5 - ICF1: Timer/Counter1，输入捕获标志。当 ICP1 引脚上发生捕获事件时，该标志被设置。当输入捕获寄存器(ICR1)被 WGM13:0 设置为计数器的 TOP 值，计数器达到上位值时，ICF1 标志被置位。当输入捕获中断矢量被执行时，ICF1 自动清除。另外，ICF1 也可以通过在其位上写一个逻辑 1 来清除。

（3）TIMSK1 寄存器

TIMSK1 寄存器是 TC1 的中断掩码寄存器。TOIE1 为溢出中断允许位，OCI10x 为输出比较匹配中断允许位。

TIMSK1- Timer/Counter Interrupt mask Register1

Bit	7	6	5	4	3	2	1	0
TIMSK1	-	-	ICIE1	-	-	OCIE1B	OCIE1A	TOIE1
R/W	R	R	R	R	R	R/W	R/W	R/W
Initial Value	0	0	0	0	0	0	0	0

此外，Bit 5 - ICIE1: 定时器 1 输入捕获中断启用。如果这个位被置为 1，并且状态寄存器中的 I 标志被设置（中断全局启用），那么定时器 1 的输入捕获中断被启用。

例程 1：定时器 1 实现 1s 定时。

```
#include< avr/io.h >
#include< avr/interrupt.h>
#define LED PD4
ISR (TIMER1_OVF_vect) {      //Timer1 ISR
    PORTD ^= (1 << LED);     //异或
    TCNT1 = 63974;           //定时 1s（16 MHz 晶振）
}
int main(){
    DDRD = (0x01 << LED);    //PORTD4 输出
    TCNT1 = 63974;           //定时 1s（16 MHz 晶振）
    TCCR1A = 0x00;
    TCCR1B = (1<<CS10) | (1<<CS12);      //预分频器=CLK/1024
    TIMSK = (1 << TOIE1);                //定时器 1 中断使能
```

```c
    sei();                          //开中断
    while(1) ;
}
```

例程2：PWM（比较输出）模式。

```c
#include <avr/io.h>
void InitPort(void) {
    DDRB|=(1<<PB1)|(1<<PB2);         //设置 PB1/OC1A 和 PB2/OC1B 引脚输出
}
void InitTimer1(void) {             //初始化定时器 1
    TCNT1=0;                        //定时器 1 初值=0
    TCCR1A|=(1<<COM1A1)|(1<<COM1B1)|(1<<COM1B0);  //OC1A 非反转，OC1B 反转
    ICR1=0x00FF;                    //TOP 值= ICR1
    TCCR1B|=(1<<WGM13);             //设置 corrcet phase and frequency PWM mode（Mode=8）
    OCR1A=0x0064;                   //设置比较值
    OCR1B=0x0096;                   //设置比较值
}
void StartTimer1(void) {           //预分频= 64
    TCCR1B|=(1<<CS11)|(1<<CS10);
}
int main(void) {
    InitPort();
    InitTimer1();
    StartTimer1();
    while(1) ;
}
```

例程3：利用捕获功能计算占空比。

```c
#include <avr/io.h>
#include <avr/interrupt.h>
volatile uint16_t T1Ovs1, T1Ovs2;    //保存周期信号高低电平期间的定时器溢出次数
volatile uint16_t Capt1, Capt2, Capt3; //保存开始采集到的上升沿信号、下降沿信号和再次上升沿
                                        //信号的计数器数值
volatile uint8_t Flag;                //捕获 Flag
void InitTimer1(void) {               //定时器初始化
    TCNT1=0;                          //定时器 1 初值=0
    TCCR1B|=(1<<ICES1);               //捕获上升沿
    TIMSK1|=(1<<ICIE1)|(1<<TOIE1);    //捕获和定时器溢出中断使能
}
void StartTimer1(void) {
    TCCR1B|=(1<<CS10);                //没有预分频
    sei();//开中断
}
ISR(TIMER1_CAPT_vect) {               //捕获中断 ISR
    if (Flag==0) {                    //还没有捕获到信号
        Capt1=ICR1;                   //当引脚 ICP1 捕获信号后，计数值自动保存在 ICR1
```

```
            TCCR1B&=~(1<<ICES1);              //改成下降沿捕获
            T1Ovs2=0;                         //初始化计数溢出次数
        }
        if (Flag==1) {                        //已经捕获到上升沿信号
            Capt2=ICR1;
            TCCR1B|=(1<<ICES1);               //改成上升沿捕获
            T1Ovs1=T1Ovs2;                    //保存高电平期间的溢出次数
        }
        if (Flag==2) {                        //已经捕获到下降沿信号
            Capt3=ICR1;
            TIMSK1&=~((1<<ICIE1)|(1<<TOIE1));         //停止捕获中断
        }
        Flag++;                               //计数捕获次数
}
ISR(TIMER1_OVF_vect) {                        //溢出中断 ISR
    T1Ovs2++;                                 //溢出次数
}
int main(void) {
    volatile uint8_t DutyCycle;
    InitTimer1();
    StartTimer1();
    while(1) {
        if (Flag==3) {                        //如果采集完成
            DutyCycle=(uint8_t)(((((uint32_t)(Capt2-Capt1)+((uint32_t)T1Ovs1*0x10000L))*100L)
             /((uint32_t)(Capt3-Capt1)+((uint32_t)T1Ovs2*0x10000L)))); //计算占空比
            Flag=0;                           //初始采集标志
            T1Ovs1=0;                         //初始化溢出次数变量;
            T1Ovs2=0;
            TIFR1=(1<<ICF1)|(1<<TOV1);        //清除中断标志
            TIMSK1|=(1<<ICIE1)|(1<<TOIE1);    //再次开中断
        }
    }
}
```

3.3 EEPROM

avr-libc 库包含用于 EEPROM 的访问和操作，以简化其在应用中的使用。在使用之前，需要用到预处理器指令#include <avr/eeprom.h>。有 5 种主要的 EEPROM 访问类型：字节、字、双字、float 和块。每种类型都有 3 种函数：一种是写，一种是更新，另一种是读的变体。

uint8_t	eeprom_read_byte (const uint8_t *__p) __ATTR_PURE__
uint16_t	eeprom_read_word (const uint16_t *__p) __ATTR_PURE__
uint32_t	eeprom_read_dword (const uint32_t *__p) __ATTR_PURE__

```
float        eeprom_read_float (const float *__p) __ATTR_PURE__
void         eeprom_read_block (void *__dst, const void *__src, size_t __n)
void         eeprom_write_byte (uint8_t *__p, uint8_t __value)
void         eeprom_write_word (uint16_t *__p, uint16_t __value)
void         eeprom_write_dword (uint32_t *__p, uint32_t __value)
void         eeprom_write_float (float *__p, float __value)
void         eeprom_write_block (const void *__src, void *__dst, size_t __n)
void         eeprom_update_byte (uint8_t *__p, uint8_t __value)
void         eeprom_update_word (uint16_t *__p, uint16_t __value)
void         eeprom_update_dword (uint32_t *__p, uint32_t __value)
void         eeprom_update_float (float *__p, float __value)
void         eeprom_update_block (const void *__src, void *__dst, size_t __n)
```

例如，读取 EEPROM 内存位置 46 的一个字节，代码如下：

```
#include <avr/eeprom.h>
void main(void) {
    uint8_t ByteOfData;
    ByteOfData = eeprom_read_byte((uint8_t*)46);
}
```

又例如，EEPROM 字（两个字节大小）可以用同样的方式写入和读取，只是它们需要一个指向 int 的指针，代码如下：

```
#include <avr/eeprom.h>
void main(void) {
    uint16_t WordOfData;
    WordOfData = eeprom_read_word((uint16_t*)46);
}
```

写入 EEPROM 数据与读取 EEPROM 数据适用相同的原则，但需要提供要写入的数据作为 EEPROM 函数的第二个参数。使用 EEPROM 更新函数而不是旧的写入函数，以尽可能地延长 EEPROM 的寿命。例如：

```
#include <avr/eeprom.h>
void main(void) {
    uint8_t ByteOfData;
    ByteOfData = 0x12;
    eeprom_update_byte((uint8_t*)46, ByteOfData);
}
```

又如，向 EEPROM 写入数据：

```
#include <avr/eeprom.h>
void main(void) {
    uint16_t WordOfData;
    WordOfData = 0x1232;
    eeprom_update_word((uint16_t*)46, WordOfData);
```

```
}
```

如果读多个字节块，可采用：

```
#include <avr/eeprom.h>
    void main(void) {
    uint8_t StringOfData[10];
    eeprom_read_block((void*)StringOfData , (const void*)12, 10);
}
```

写字节块：

```
#include <avr/eeprom.h>
void main(void) {
    uint8_t StringOfData[10] = "TEST";
    eeprom_update_block((const void*)StringOfData , (void*)12, 10);
}
```

3.4 FLASH

avr-libc 对 FLASH 存储器的读写支持 API 和宏在头文件 pgmspace.h 中定义。AVR GCC 使用变量属性来声明程序存储器中的一个变量。如：

```
int mydata[] __attribute__((__progmem__))
```

此外，avr-libc 也为变量属性提供了一个方便的宏。如：

```
#include <avr/pgmspace.h>
int mydata[] PROGMEM = ...
//注意：PROGMEM 宏要求包括<avr/pgmspace.h>
#define    PROGMEM  __ATTR_PROGMEM__
#define PGM_P    const char *
#define PGM_VOID_P  const void *
#define    PSTR(s)   ((const PROGMEM char *)(s))
#define pgm_read_byte_near(address_short) __LPM((uint16_t)(address_short))
#define pgm_read_word_near(address_short) __LPM_word((uint16_t)(address_short))
#define pgm_read_dword_near(address_short) __LPM_dword((uint16_t)(address_short))
#define pgm_read_float_near(address_short) __LPM_float((uint16_t)(address_short))
#define pgm_read_ptr_near(address_short) (void*)__LPM_word((uint16_t)(address_short))
#define pgm_read_byte_far(address_long) __ELPM((uint32_t)(address_long))
#define pgm_read_word_far(address_long) __ELPM_word((uint32_t)(address_long))
#define pgm_read_dword_far(address_long) __ELPM_dword((uint32_t)(address_long))
#define pgm_read_float_far(address_long) __ELPM_float((uint32_t)(address_long))
#define pgm_read_ptr_far(address_long)  (void*)__ELPM_word((uint32_t)(address_long))
#define pgm_read_byte(address_short)   pgm_read_byte_near(address_short)
#define pgm_read_word(address_short)   pgm_read_word_near(address_short)
```

```
#define pgm_read_dword(address_short)   pgm_read_dword_near(address_short)
#define pgm_read_float(address_short)   pgm_read_float_near(address_short)
#define pgm_read_ptr(address_short)  pgm_read_ptr_near(address_short)
#define pgm_get_far_address(var)
```

本模块功能为程序访问存储在设备程序空间（闪存）中的数据提供接口。为了使用这些功能，目标设备必须支持 LPM 或 ELPM 指令。

常量表尽量放在低 64KB 处，使用 pgm_read_byte_near() 或 pgm_read_word_near() 来代替 pgm_read_byte_far() 或 pgm_read_word_far()，因为这样更有效率。

在程序存储器内的数据定义使用关键字 __attribute__((__progmem__))。在 pgmspace.h 中它被定义成符号 PROGMEM。

FLASH 变量定义格式为：数据类型 变量名 PROGMEM = 值；
例如：

```
char val8   PROGMEM = 1 ;
int   val16   PROGMEM = 1 ;
long val32   PROGMEM =1 ;
const unsigned char flash_array[] RROGMEM = {0,1,2,3,4,5,6,7,8,9};
```

另外，在 pgmspace.h 中定义的 8 位整数类型 prog_char、prog_uchar 分别指定在 FLASH 内的 8 位有符号整数和 8 位无符号整数。例如：

```
const prog_uchar flash_array[] = {0,1,2,3,4,5,6,7,8,9};
```

例如，读取 FLASH 变量值到 RAM 变量：

```
char ram_val;                          //RAM 内的变量
const   prog_char   flash_val = 1;     //FLASH 内变量
void fn(void) {
    ram_val=pgm_read_byte(&flash_val);     //读 FLASH 变量值到 RAM 变量
}
```

又如，读取多个字节：

```
const prog_uchar flash_array[] = {0,1,2,3,4,5,6,7,8,9};
unsigend char I, ram_val;
for(I=0 ; I<10 ;I ++){                    //循环读取每一字节
    ram_val = pgm_read_byte(flash_array + I);
}
```

FLASH 字符串变量的应用。PSTR() 不仅告诉 avr-gcc 字符串字头 s 应该保存在程序内存中，而且允许程序将其转换为 const char *s PROGMEM 变量，换句话说，它创建了一个 PROGMEM 变量，这样就可以将其作为参数传递给一些 PROGMEM 的感知函数。

```
#include <avr/io.h>
#include <avr/pgmspace.h>
#include <stdio.h>
const char flash_str1[] PROGMEM= "全局定义字符串";
```

```
int main(void) {
    int I;
    char *flash_str2=PSTR("函数内定义字符串");
    while(1){
        scanf("%d",&I);
        printf_P(flash_str1);
        printf("\n");
        printf_P(flash_str2);
        printf("\n");
    }
}
```

3.5　USART

USART 是 Universal Synchronous and Asynchronous serial Receiver and Transmitter 的首字母缩写。USART 模块使用系统时钟来产生 BAUD 速率，并以一些特定的频率对进入的 RX 和送出的 TX 进行采样。简单地说，为了实现完美的 USART 通信，AVR 必须以可整除 1.8432MHz 的频率为时钟。这就是为什么需要找到 7.3728MHz 这样的晶体的原因。数据手册显示，频率可以不同，但波特率误差不能超过 0.5%，以保持可靠的通信。如果使用的是 16MHz 晶体，则大多数波特率误差不超过 0.5%。

下面介绍其涉及的主要控制寄存器。

1．UCSR0A、UCSR0B 和 UCSR0C

（1）UCSR0A

UCSR0A - USART Control and Status Register 0 A

Bit	7	6	5	4	3	2	1	0
UCSR0A	RXC0	TXC0	UDRE0	FE0	DOR0	UPE0	U2X0	MPCM0
R/W	R	R/W	R	R	R	R	R/W	R/W
Initial Value	0	0	0	0	0	0	0	0

● 位 7—RXC0：USART 接收完成标志位

当接收缓冲区中存在未读数据时，此标志位将被置位；当接收缓冲区为空（即不包含任何未读数据）时，此标志位则会被清除。如果禁用了接收器，则会刷新接收缓冲区，从而使 RXC0 位变为零。RXC0 标志位可用于接收完成中断。

● 位 6—TXC0：USART 发送完成标志位

当传输寄存器中的整个帧已经移出，并且发送缓冲区（UDR0）中当前没有新数据时，将设置此标志位。当传输中断时，TXC0 标志位自动清除，或者可以通过向其位位置写入 1 来清除它。TXC0 标志位可生成传输中断。

● 位 5—UDRE0：USART 数据寄存器空闲标志位

UDRE0 标志位指示发送缓冲区（UDR0）是否准备好接收新数据。如果 UDRE0 等于 1，则表示缓冲区为空，则可以进行写入操作。UDRE0 标志位可生成数据寄存器空闲中断。在复位后，UDRE0 将被设置为已准备好。

● 位 4—FE0：帧错误标志位

如果接收缓冲区中的下一个字符在接收时存在帧错误，则设置此位。在读取接收缓冲区（UDR0）之前，此位是有效的。当接收到数据的停止位为 1 时，FEn 位为零。在写入 UCSR0A 时，始终将此位设置为零。

● 位 3—DOR0：数据溢出标志位

如果检测到数据溢出条件，则设置此位。当接收缓冲区已满（两个字符），并且等待新的字符进入寄存器时，并且检测到了新的起始位，就会发生数据溢出。在读取接收缓冲区（UDR0）之前，此位是有效的。在写入 UCSR0A 时，始终将此位设置为零。

● 位 2—UPE0：USART 奇偶校验错误标志位

如果接收缓冲区中的下一个字符在接收时存在奇偶校验错误，并且在该点启用了奇偶校验检查（UPM01 = 1），则设置此位。在读取接收缓冲区（UDR0）之前，此位是有效的。在写入 UCSR0A 时，始终将此位设置为零。

● 位 1—U2X0：USART 传输速度加倍

此位仅在异步操作中有效。使用同步操作时请将此位设置为零。

● 位 0—MPCM0：多处理器通信模式

此位启用多处理器通信模式。当将 MPCMn 位设置为 1 时，USART 接收器接收到的不包含地址信息的所有传入帧都将被忽略。发射不受 MPCM0 设置的影响。

（2）UCSR0B

UCSR0B - USART Control and Status Register 0 B

Bit	7	6	5	4	3	2	1	0
UCSR0B	RXCIE0	TXCIE0	UDRIE0	RXEN0	TXEN0	UCSZ02	RXB80	TXB80
R/W	R/W	R/W	R/W	R/W	R/W	R/W	R	R/W
Initial Value	0	0	0	0	0	0	0	0

● 位 7—RXCIE0：RX 完成中断使能

将该位置为 1 会启用对 RXC0 标志的中断。仅当将 RXCIE0 位置为 1、SREG 中的全局中断标志被置为 1 且 UCSR0A 中的 RXC0 位被置为 1 时，才会生成 USART 接收完成中断。

● 位 6—TXCIE0：TX 完成中断使能

将该位置为 1 会启用对 TXC0 标志的中断。仅当将 TXCIE0 位置为 1、SREG 中的全局中断标志被置为 1 且 UCSR0A 中的 TXC0 位被置为 1 时，才会生成 USART 发送完成中断。

● 位 5—UDRIE0：USART 数据寄存器空中断使能

将该位置为 1 会启用对 UDRE0 标志的中断。仅当将 UDRIE0 位置为 1、SREG 中的全局中断标志被置为 1 且 UCSR0A 中的 UDRE0 位被置为 1 时，才会生成数据寄存器空中断。

● 位 4—RXEN0：接收器使能 0

将该位置为 1 会启用 USART 接收器。当启用该接收器时，接收器将覆盖 RxDn 引脚的正常端口操作。禁用接收器刷新接收缓冲区，使 FE0、DOR0 和 UPE0 标志失效。

- 位 3—TXEN0：发射机使能 0

将该位置为 1 会启用 USART 发射机。当启用发射机时，发射机将覆盖 TxD0 引脚的正常端口操作。禁用发射机（将 TXEN0 置为零）将在进行中的待处理传输完成时生效（即当传输移位寄存器和传输缓冲寄存器不包含要传输的数据时）。禁用发射机后，发射机将不再覆盖 TxD0 端口。

- 位 2—UCSZ02：字符大小

UCSZ02 位与 UCSR0C 中的 UCSZ0[1:0]位组合，用于设置接收器和发射机使用的帧中数据位（字符大小）的位数。

- 位 1—RXB80：接收数据位 8

在使用具有 9 个数据位的串行帧进行操作时，RXB80 是接收字符的第 9 个数据位。在从 UDR0 读取低位之前必须先读取它。

- 位 0—TXB80：传输数据位 8

在使用具有 9 个数据位的串行帧进行操作时，TXB80 是要传输的字符中的第 9 个数据位。在写入低位到 UDR0 之前必须先写入它。

（3）UCSR0C

UCSR0C - USART Control and Status Register 0 C

Bit	7	6	5	4	3	2	1	0
UCSR0C	UMSEL0 [1:0]	UPM0 [1:0]	USBS0	UCSZ01 / UDORD0	UCSZ00/ UCPHA0	UCPOL0	UMSEL0 [1:0]	UPM0 [1:0]
R/W	R	R/W	R/W	R/W	R/W	R/W	R/W	R/W
Initial Value	0	0	0	0	0	1	1	0

- 位 7：6—UMSEL0 [1:0]：USART 模式选择

这些位选择 USART0 的操作模式。00—同步 USART；01—异步 USART；10—保留；11—MSPIM。

- 位 5：4—UPM0 [1:0]：USART 奇偶校验模式

这些位启用并设置奇偶校验生成和检查的类型。如果启用它，则发送器将在每个帧内自动生成和发送传输数据位的奇偶校验。接收器将为传入数据生成奇偶校验值并将其与 UPM0 设置进行比较。如果检测到不匹配，将在 UCSR0A 中设置 UPE0 标志。00—无效；01—保留；10—偶校验；11—奇校验。

- 位 3—USBS0：USART 停止位选择

该位设置由发射插入的停止位数。接收操作忽略此设置。

- 位 2—UCSZ01/UDORD0：USART 字符大小/数据顺序

UCSZ0[1:0]：USART 模式，UCSZ0[1:0]位与 UCSR0B 中的 UCSZ02 位相结合，设置接收器和发送器在帧中使用的数据位数（字符大小）。UDPRD0：主 SPI 模式，当设置为 1 时，数据字的 LSB 首先传输；当设置为零时，数据字的 MSB 首先传输。有关详细信息，参阅 SPI 模式下的 USART-帧格式。

- 位 1—UCSZ00/UCPHA0：USART 字符大小/时钟相位

UCSZ00：USART 模式，请参考 UCSZ01。UCPHA0：主 SPI 模式，UCPHA0 位设置

确定数据是在 XCK0 的前沿（第一个）还是尾部（最后一个）采样。有关详细信息，参阅 SPI 数据模式和时间。

● 位 0—UCPOL0：时钟极性 0

USART0 模式：此位仅用于同步模式。当使用异步模式时，将此位置为零。UCPOL0 位设置数据输出变化与数据输入采样以及同步时钟（XCK0）之间的关系。主 SPI 模式：UCPOL0 位设置 XCK0 时钟的极性。UCPOL0 和 UCPHA0 位设置的组合确定数据传输的定时。

2. UBRR

UBRR0H - UBRR Baud Rate 0 Register High byte

Bit	15	14	13	12	11	10	9	8
UBRR0H					UBRR0[11:8]			
R/W					R/W	R/W	R/W	R/W
Initial Value					0	0	0	0

UBRR0L - UBRR Baud Rate 0 Register Low byte

Bit	7	6	5	4	3	2	1	0
UBRR0L	UBRR0[7:0]							
R/W	R/W	R/W	R/W	R/W	R/W	R/W	R/W	R/W
Initial Value	0	0	0	0	0	0	0	0

● 位 11 至 0—UBRR0 [11:0]：USART 波特率

这是一个12位寄存器，包含 USART 波特率。UBRR0H 包含 4 个最高有效位，而 UBRR0L 包含 USART 0 波特率的 8 个最低有效位。如果更改波特率，则发射器和接收器正在进行的传输将会受到破坏。写入 UBRR0L 将立即触发波特率分频器的更新。

3. UDR0

UDR0- USART I/O Data Register 0

Bit	7	6	5	4	3	2	1	0
UBRR0L	TXB / RXB[7:0]							
R/W	R/W	R/W	R/W	R/W	R/W	R/W	R/W	R/W
Initial Value	0	0	0	0	0	0	0	0

USART 发送数据缓冲寄存器和 USART 接收数据缓冲寄存器共享相同的 I/O 地址，即 UDR0。发送数据缓冲寄存器（TXB）将写入 UDR0 寄存器位置的数据目的地，读取 UDR0 寄存器位置，返回接收数据缓冲寄存器（RXB）的内容。

只有当 UCSR0A 寄存器中的 UDRE0 标志被置为 1 时，才能写入传输缓冲区。当 UDRE0 标志未设置时，写入 UDR0 的数据将被 USART 发射器忽略。当数据被写入发送缓冲区并且启用了发射器，转移寄存器为空时，发射器将载入数据。然后数据将在 TxD0 引脚上进行串行传输。

接收缓冲区由两个级别的 FIFO 组成。每当访问接收缓冲区时，FIFO 都会更改其状态。

一旦向这个寄存器写入数据，数据传输就会自动开始。为了发送下一个数据字节，程序必须等待数据传输完成。它是通过检查 UCSR0A 寄存器中的传输缓冲区空标志 UDRE0 来完成的。因此，在写入另一个数据字节之前，必须确定数据是否已经被发送完成，代码如下：

```
while(!(UCSR0A&(1<<UDRE0))){}; //检查 UCSR0A 寄存器中的传输缓冲区空标志
UDR0 = u8Data; //Transmit data
```

在接收数据时，情况也是如此。需要检查 RXC0 标志，当数据接收完成后，接收缓冲区内有数据时，UCSR0A 对应位置 1。

```
while(!(UCSR0A&(1<<RXC0)) ){};
return UDR0;
```

例程 1：

```
#include <avr/io.h>                                    //引入库
#define USART_BAUDRATE 9600                            //定义波特率
#define UBRR_VALUE (((F_CPU / (USART_BAUDRATE * 16UL))) - 1)    //计算 UBRR 值，F_CPU=
系统时钟
void USART0Init(void) {
    UBRR0H = (uint8_t)(UBRR_VALUE>>8);                 //写入波特率高位
    UBRR0L = (uint8_t)UBRR_VALUE;                      //写入波特率低位
    UCSR0C |= (1<<UCSZ01)|(1<<UCSZ00);                 //数据 8 位，无奇偶校验，1 个停止位
    UCSR0B |= (1<<RXEN0)|(1<<TXEN0);                   //启动接受和发送数据中断
}
void USART0SendByte(uint8_t u8Data) {
    while(!(UCSR0A&(1<<UDRE0))){
    };                                                //检查 UCSR0A 寄存器中的传输缓冲区空标志
    UDR0 = u8Data;                                    //发送数据
}
uint8_t USART0ReceiveByte() {
    while(!(UCSR0A&(1<<RXC0))){
    };                                                //检查 RXC0 标志
    return UDR0;                                      //返回数据
}
int main (void) {
    uint8_t u8TempData;
    USART0 USART0Init();
    while(1) {
        u8TempData = USART0ReceiveByte();
        u8TempData++;
        USART0SendByte(u8TempData);
    }
}
```

例程 2：

如果需要，可以采用中断驱动的 USART。ATMEGA328P 的 USART0 有如下 3 个中断源。

- TX 完成；
- TX 数据寄存器清空；
- RX 完成。

需要先定义结构数据类型，用于创建缓冲区。

```
#define BUF_SIZE 20              //定义缓冲区大小
typedef struct{
    uint8_t buffer[BUF_SIZE];    //开设缓冲区
    uint8_t index;               //缓冲区指针
}u8buf;
void BufferInit(u8buf *buf) {     //初始化缓冲区，指针清零
    buf->index=0;
}
uint8_t BufferWrite(u8buf *buf, uint8_t u8data)
 {                               //写缓冲区
    if (buf->index<BUF_SIZE)     //如果缓冲区未满，写入数据
    {
        buf->buffer[buf->index] = u8data;
        buf->index++;
        return 0;
    }
    else return 1;
}
uint8_t BufferRead(u8buf *buf, volatile uint8_t *u8data)
 {                               //读缓冲区
    if(buf->index>0)
    {                            //如果缓冲区有数据
        buf->index--;
        *u8data=buf->buffer[buf->index];
        return 0;
    }
    else return 1;
}
void USART0Init(void) {                      //初始化 USART0 通信
    UBRR0H = (uint8_t)(UBRR_VALUE>>8);       //设置波特率
    UBRR0L = (uint8_t)UBRR_VALUE;
    UCSR0C |= (1<<UCSZ01)|(1<<UCSZ00);       //数据格式，8 位，没有奇偶校验，1 个停止位
    UCSR0B |= (1<<RXEN0)|(1<<RXCIE0);        //USART0 引脚接收使能，且接收中断使能
}
ISR(USART_RX_vect)
 {                                           //接收器中断服务程序
    uint8_t u8temp;
    u8temp=UDR0;   //读入数据
    if ((BufferWrite(&buf, u8temp)==1)||(u8temp=='.'))      //检查写完后缓冲区是否满，以及是否有
```

一个周期'.'字符存在，这意味着接收结束

```
    {
        UCSR0B &= ~((1<<RXEN0)|(1<<RXCIE0));        //USART0 引脚接收和接收中断无效
        UCSR0B |= (1<<TXEN0)|(1<<UDRIE0);           //USART0 引脚发送和发送中断使能
    }
}
ISR(USART_UDRE_vect)
    {                                               //发送中断服务程序
    if (BufferRead(&buf, &UDR0)==1)
        {                                           //发送数据，直到缓冲区没有数据
        BufferInit(&buf);   //重新初始化缓冲区
        UCSR0B &= ~((1<<TXEN0)|(1<<UDRIE0));
        UCSR0B |= (1<<RXEN0)|(1<<RXCIE0);           //启动接收和发送数据中断
        }
    }
```

AVR LIBC 具有的函数和 ATMEGA328P 的功能远不止本章所述内容，但是 Grbl 所涉及的内容基本已包括，如果对 AVR LIBC 编程和 ATMEGA328P 功能有更多的需求，可以查阅相关手册。

第4章
代码解析

本章将对 Grbl 的主要代码进行解析。随着 AI 技术的发展，大量的机器翻译和代码转流程软件出现，用户可以采用这些先进的方法对代码进行分析。

4.1　main.c

Grbl 主程序，即程序入口。自检后进入 Grbl 主循环 protocol_main_loop()。程序及代码解析如下：

```
system_t sys;                              //系统变量，在 system.h 中定义
int32_t sys_position[N_AXIS];              //保存 CNC 实时位置数据（脉冲数）
int32_t sys_probe_position[N_AXIS];        //探头采集的机床坐标系位置（脉冲数）
volatile uint8_t sys_probe_state;          //探头状态，用于探头采集过程（ISR）控制）
volatile uint8_t sys_rt_exec_state;        //用于状态管理的全局实时运行标志位变量
volatile uint8_t sys_rt_exec_alarm;        //用于设置不同警告的全局实时运行标志位变量
volatile uint8_t sys_rt_exec_motion_override;   //用于速度倍率的全局实时运行标志位变量
volatile uint8_t sys_rt_exec_accessory_override;//用于主轴转速倍率/冷却的全局实时运行标志位变量
int main(void)
{
//Initialize system upon power-up.
  serial_init();      //串口波特率和中断设置，见 serial.c
  settings_init();    //从 EEPROM 读取 Grbl 设置，见 settings.c，缺省设置为：const __flash settings_t
                        defaults
  stepper_init();     //配置步进电机控制端口和中断时间，见 stepper.c
  system_init();      //配置系统控制端口及中断，见 system.c
  memset(sys_position,0,sizeof(sys_position)); //设置系统位置（变量）为 0
  sei(); //开中断
#ifdef FORCE_INITIALIZATION_ALARM      //如果定义了 ORCE_INITIALIZATION_ALARM
                                        强制 Grbl 上电报警（即需要回零或复位操作）
  sys.state = STATE_ALARM;
#else
  sys.state = STATE_IDLE;              //系统状态为空闲
#endif
```

/*启动脚本（startup）将在成功完成回零后运行，但是在禁用报警锁后不会运行。警报锁定了所有的 G 代码命令，包括启动脚本，但允许访问设置和内部命令，只有一个回零操作'$H'或消除警报锁'$X'可以解除警报。如果启用了回零功能，HOMING_INIT_LOCK 会使 Grbl 在上电时进入报警状态。这就迫使用户在做其他事情之前必须执行回零循环（或覆盖锁）。这是一个安全功能，提醒用户回零，因为位置对 Grbl 来说是未知的*/

```
    #ifdef HOMING_INIT_LOCK
//如果定义了 HOMING_INIT_LOCK，且回零使能，则系统上电后处于报警状态
    if (bit_istrue(settings.flags,BITFLAG_HOMING_ENABLE)) { sys.state = STATE_ALARM; }
    #endif
```

　　/*上电或系统中止情况下，Grbl 初始化环。对于后者，所有操作都会进入下面程序段，以便干净地重新初始化*/

```
    for(;;) {
    //重新设置系统变量
    uint8_t prior_state = sys.state;                          //仅保留系统状态，其他变量清零
    memset(&sys, 0, sizeof(system_t));
    sys.state = prior_state;
    sys.f_override = DEFAULT_FEED_OVERRIDE;                   //设置系统进给倍率 100%
    sys.r_override = DEFAULT_RAPID_OVERRIDE;                  //设置系统快进倍率 100%
    sys.spindle_speed_ovr = DEFAULT_SPINDLE_SPEED_OVERRIDE;   //设置主轴倍率 100%
    memset(sys_probe_position,0,sizeof(sys_probe_position));  //探头采集数据清零
    sys_probe_state = 0;
    sys_rt_exec_state = 0;
    sys_rt_exec_alarm = 0;
    sys_rt_exec_motion_override = 0;
    sys_rt_exec_accessory_override = 0;
    //重置 Grbl.
    serial_reset_read_buffer();  //清空串口缓存数据
    gc_init();                   //g 代码解释器置缺省状态（除了坐标系设置，其余 gc_state 数据置零）
    spindle_init();              //重置端口和状态
    coolant_init();              //重置端口和状态
    limits_init();               //重置端口和状态
    probe_init();                //重置端口和状态
    plan_reset();                //规划器置缺省状态（planner_t 变量初始设置）
st_reset();                      //重置和清除步进子系统的变量，包括端口
    /*设置同步规划器和 g 代码解释器中位置为系统位置（sys_position）。sys_position 保存步进系统
运动距离，即当前位置*/
    plan_sync_position();
    gc_sync_position();
    report_init_message();       //打印欢迎信息
    protocol_main_loop();        //Grbl 主循环
    }
    return 0;    /* Never reached */
    }
```

主程序的主要流程可以表示成图 4.1 所示。

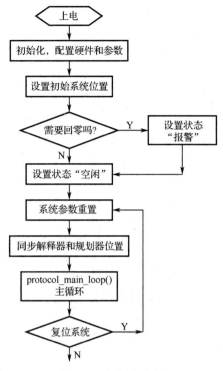

图 4.1 主程序流程

图 4.2 所示为 Grbl 中主要函数的关系。

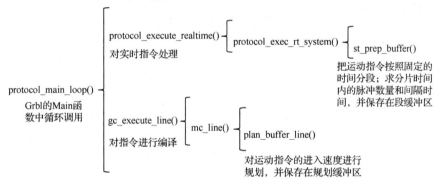

图 4.2 Grbl 中主要函数的关系

4.2 protocol

protocal 类文件主要用于处理外部输入，并作出相应响应。

4.2.1 protocol.h

protocal 类 h 文件，代码解析如下：

```
#define LINE_BUFFER_SIZE 80 //定义一行指令缓存大小
```

4.2.2 protocol.c

protocal 类 c 文件，代码解析如下：

```
#define LINE_FLAG_OVERFLOW bit(0)          //超出 LINE_BUFFER_SIZE 设置长度
#define LINE_FLAG_COMMENT_PARENTHESES bit(1) //表明指令中注释开始标志，即"("
#define LINE_FLAG_COMMENT_SEMICOLON bit(2)    //表明指令中";"符号开始标志
static char line[LINE_BUFFER_SIZE];        //将要执行的指令
static void protocol_exec_rt_suspend();    //处理 Grbl 系统的暂停程序，如进给保持、安全门和驻车
                                             运动系统
//将进入这个循环，为暂停任务创建局部变量，然后返回到调用暂停的函数
void protocol_main_loop()                  //protocol_main_loop()流程图如图 4.3 所示
```

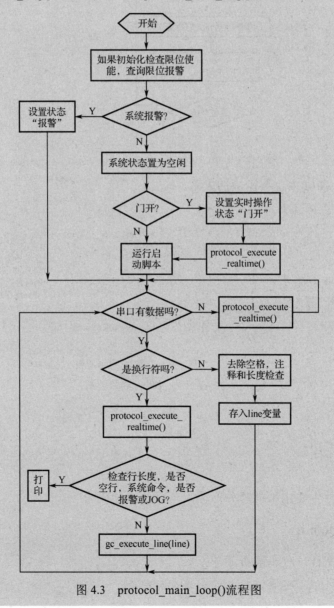

图 4.3 protocol_main_loop()流程图

```
{
    /*如果定义了初始检测限位（CHECK_LIMITS_AT_INIT），并设置了系统硬限位使能，硬限位触发，
设置系统状态报警（STATE_ALARM），打印 MESSAGE_CHECK_LIMITS*/
    #ifdef CHECK_LIMITS_AT_INIT
      if (bit_istrue(settings.flags, BITFLAG_HARD_LIMIT_ENABLE)) {
        if (limits_get_state()) {
          sys.state = STATE_ALARM;    //Ensure alarm state is active
          report_feedback_message(MESSAGE_CHECK_LIMITS);
        }
      }
    #endif
    /*在复位、出错或初始上电后，检查并报告报警状态。注意：睡眠模式禁用了步进驱动器，位置
无法保证。将睡眠状态重新初始化为报警模式，以确保用户回零或确认*/
    if (sys.state & (STATE_ALARM | STATE_SLEEP))
    {
        report_feedback_message(MESSAGE_ALARM_LOCK);
        sys.state = STATE_ALARM;        //Ensure alarm state is set
    }
    else {
    sys.state = STATE_IDLE;             //设置系统状态空闲
    if (system_check_safety_door_ajar()) {
    //如果门打开，设置实时状态变量= EXEC_SAFETY_DOOR
        bit_true(sys_rt_exec_state, EXEC_SAFETY_DOOR);
        protocol_execute_realtime();    //执行实时控制
        }
        system_execute_startup(line);   //运行启动脚本（程序）
    }
    //以下是主循环，等待指令。如果系统中止，则返回 main()复位系统
    uint8_t line_flags = 0;             //特殊字符标志
    uint8_t char_counter = 0; 字节索引
    uint8_t c;
    for (;;) {
        //从串行缓冲区的数据结尾索引读取一个字节，串口缓冲区见 serial.c 文件
        while((c = serial_read()) != SERIAL_NO_DATA) {  //SERIAL_NO_DATA=0xff,
          if ((c == '\n') || (c == '\r')) {  //如果读取的字节是'\n'或'\r'，表示读取了一行指令
            protocol_execute_realtime(); //检查并执行实时指令。因为在一个 while 语句，所以需要循环
                                          检查是不是有实时指令
            if (sys.abort) { return; }   //如果系统中止，回到 Main()
            line[char_counter] = 0;      //设置字符串中止符号
            #ifdef REPORT_ECHO_LINE_RECEIVED
              report_echo_line_received(line);
            #endif
            if (line_flags & LINE_FLAG_OVERFLOW) {
                //如果指令行超过最大设置（LINE_FLAG_OVERFLOW），打印错误
                report_status_message(STATUS_OVERFLOW);
```

```
      } else if (line[0] == 0) {
         //如果空行或注释行，打印信息
         report_status_message(STATUS_OK);
      } else if (line[0] == '$') {
         //Grbl 系统命令（'$'开头），执行该系统命令，并打印执行结果信息
         report_status_message(system_execute_line(line));        //见 system.c 文件
      } else if (sys.state & (STATE_ALARM | STATE_JOG)) {
         //如果系统处于报警或 JOG 状态（STATE_ALARM | STATE_JOG）
         report_status_message(STATUS_SYSTEM_GC_LOCK);
      } else {
         /*解释 G 代码。执行一行以 0 为结尾的 G 代码，该行被认为只包含大写字母和有符号的浮
点值（没有空白）。注释块删除字符已被删除。在这个函数中，所有单位和位置都被转换，并分别以(mm,
mm/min)和绝对机器坐标的形式输出到 Grbl 的内部函数*/
         report_status_message(gc_execute_line(line));
      }
      //为读取下一行指令或 G 代码做准备
      line_flags = 0;
      char_counter = 0;
   } else { //
      if (line_flags) {//如果已经存在特殊符号
        if (c == ')') {
         //如果字符是 ')'，且特殊符号是" ("（LINE_FLAG_COMMENT_PARENTHESES），
             取消 LINE_FLAG_COMMENT_PARENTHESES 标志
           if (line_flags & LINE_FLAG_COMMENT_PARENTHESES) {
line_flags &= ~(LINE_FLAG_COMMENT_PARENTHESES); }
        }
      } else {
        if (c <= ' ') {
         //去除空格符和控制符
        } else if (c == '/') {
         //不支持
        } else if (c == '(') {
         //注释开始，设置特殊符 LINE_FLAG_COMMENT_PARENTHESES
           line_flags |= LINE_FLAG_COMMENT_PARENTHESES;
        } else if (c == ';') {
         //设置特殊符 LINE_FLAG_COMMENT_SEMICOLON
           line_flags |= LINE_FLAG_COMMENT_SEMICOLON;
        //TODO: Install '%' feature
        //} else if (c == '%') {
         //不支持
        } else if (char_counter >= (LINE_BUFFER_SIZE-1)) {
         //指令行的字符数超出 LINE_FLAG_OVERFLOW
           line_flags |= LINE_FLAG_OVERFLOW;
        } else if (c >= 'a' && c <= 'z') {     //大写变小写
           line[char_counter++] = c-'a'+'A';
```

```
        } else {
            line[char_counter++] = c;        //把串口缓冲区数据存在 line 变量中
        }
      }
    }
  }
```
/*如果在串口读取缓冲区中没有字符需要处理和执行，这表明 G 代码已经填满了规划器缓冲区或已经都规划完成了。在这两种情况下，如果自动循环启用，则执行缓冲区排队的动作*/
```
    protocol_auto_cycle_start();              //如果规划器缓冲区不为空，则设置 sys_rt_exec_state 状态
                                               为 EXEC_CYCLE_START
    protocol_execute_realtime();              //执行实时指令
    if (sys.abort) { return; }                //系统中断返回 main()
  }
  return; /* Never reached */
}
```
//缓存同步。阻断规划器缓存数据写入，直到所有缓存数据被执行。在同步调用过程中，如果应该发生的话，与进给保持一起工作。同时，等待干净的循环结束
```
void protocol_buffer_synchronize()
{
  //如果规划器缓冲区不为空，则设置 sys_rt_exec_state 状态为 EXEC_CYCLE_START
  protocol_auto_cycle_start();
  do {
    protocol_execute_realtime();            //执行实时指令
    if (sys.abort) { return; }              //系统中断返回 main()
  } while (plan_get_current_block() || (sys.state == STATE_CYCLE));
  //如果规划缓冲区有空间，返回 head 索引，并且系统处于循环运行状态（STATE_CYCLE）
}
```
/*自动循环启动触发。注意：这个函数只从主循环、缓冲区同步和 mc_line() 中调用。下面条件满足即执行该函数：①没有更多的块（指令）发送（即流媒体完成，单条命令）；②需要调用缓冲区同步；③计划器缓冲区已满，准备就绪*/
```
void protocol_auto_cycle_start()
{
  if (plan_get_current_block() != NULL) {             //如果规划缓冲区不为空
  system_set_exec_state_flag(EXEC_CYCLE_START);       //开始循环运行（即运行程序）
  //sys_rt_exec_state= EXEC_CYCLE_START
  }
}
```
/* Grbl 的实时运行程序。注意，sys_rt_exec_state 变量标志是由任何进程、步骤或串行中断、引脚、限制开关或主程序设置的*/
```
void protocol_execute_realtime()
{
  protocol_exec_rt_system();                          //执行实时命令
  if (sys.suspend) { protocol_exec_rt_suspend(); }    //处理暂停
}
void protocol_exec_rt_system()//执行实时命令。protocol_exec_rt_system()流程图如图 4.4 所示
```

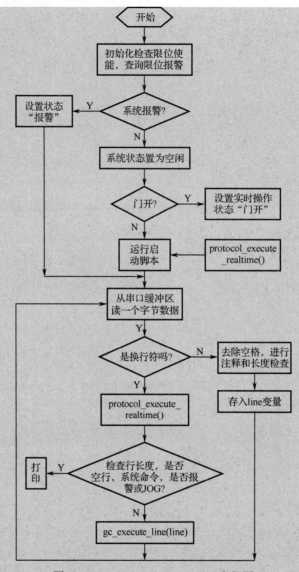

图 4.4 protocol_exec_rt_system()流程图

```
{
  uint8_t rt_exec;
  rt_exec = sys_rt_exec_alarm;
  if (rt_exec) {                          //如果实时运行报警
    sys.state = STATE_ALARM;              //设置系统报警状态
    report_alarm_message(rt_exec);
    //判断报警原因，如果是硬限位或软限位
    if ((rt_exec == EXEC_ALARM_HARD_LIMIT) || (rt_exec == EXEC_ALARM_SOFT_LIMIT)) {
      report_feedback_message(MESSAGE_CRITICAL_EVENT);
      system_clear_exec_state_flag(EXEC_RESET); //sys_rt_exec_state 清除 EXEC_RESET 位
//清除现有的复位操作
      do {
```

```
        /*进入循环，直到用户发出复位操作或重启系统。系统复位使用函数 mc_reset()，它被串口中
断和 IO 端口中断调用，不会受此循环影响*/
      } while (bit_isfalse(sys_rt_exec_state,EXEC_RESET));
    }
    system_clear_exec_alarm();            //清除报警，sys_rt_exec_alarm=0
  }
  rt_exec = sys_rt_exec_state;            //复制现有实时操作
  if (rt_exec) {
    //如果操作时复位，系统中止
    if (rt_exec & EXEC_RESET) {
      sys.abort = true;                   //Only place this is set true.
      return;                             //Nothing else to do but exit.
    }
    //如果操作时打印状态
    if (rt_exec & EXEC_STATUS_REPORT) {
      report_realtime_status();           //打印实时运行状态，用户可以根据这里的信息编写上位机
      system_clear_exec_state_flag(EXEC_STATUS_REPORT);
    }
    //如果操作是运动取消，进给保持、门开或休眠
    if (rt_exec & (EXEC_MOTION_CANCEL | EXEC_FEED_HOLD | EXEC_SAFETY_DOOR |
EXEC_SLEEP)) {
      //如果系统状态不是 STATE_ALARM | STATE_CHECK_MODE
      if (!(sys.state & (STATE_ALARM | STATE_CHECK_MODE))) {
        //系统状态是 STATE_CYCLE | STATE_JOG
        if (sys.state & (STATE_CYCLE | STATE_JOG)) {
          if (!(sys.suspend & (SUSPEND_MOTION_CANCEL | SUSPEND_JOG_CANCEL))) {
      //如果不是处于 SUSPEND_MOTION_CANCEL | SUSPEND_JOG_CANCEL 暂停情况
            st_update_plan_block_parameters();    //设置步进模块重新计算标志
            sys.step_control = STEP_CONTROL_EXECUTE_HOLD;    //步进控制设置暂停标志
            if (sys.state == STATE_JOG) {
      //如果是 SJTATE_JOG 状态，且不是系统休眠操作，设置系统 SUSPEND_JOG_CANCEL
              if (!(rt_exec & EXEC_SLEEP)) { sys.suspend |= SUSPEND_JOG_CANCEL; }
            }
          }
        }
        //如果是系统空闲状态，设置系统暂停状态 SUSPEND_HOLD_COMPLETE
        if (sys.state == STATE_IDLE) { sys.suspend = SUSPEND_HOLD_COMPLETE; }
        //如果操作时运动取消（EXEC_MOTION_CANCEL）
        if (rt_exec & EXEC_MOTION_CANCEL) {
          //如果不是系统 STATE_JOG 状态，设置暂停状态 SUSPEND_MOTION_CANCEL，
            意味在循环运行状态下
          if (!(sys.state & STATE_JOG)) { sys.suspend |= SUSPEND_MOTION_CANCEL; }
        }
        //如果是系统进给保持操作
        if (rt_exec & EXEC_FEED_HOLD) {
```

```
            //系统状态不是 STATE_SAFETY_DOOR | STATE_JOG | STATE_SLEEP，设置系统状态
            STATE_HOLD
            if (!(sys.state & (STATE_SAFETY_DOOR | STATE_JOG | STATE_SLEEP))) { sys.state =
STATE_HOLD; }
        }
        //如果操作是门打开
        if (rt_exec & EXEC_SAFETY_DOOR) {
        report_feedback_message(MESSAGE_SAFETY_DOOR_AJAR);
            //如果系统不是 SUSPEND_JOG_CANCEL 暂停状态
            if (!(sys.suspend & SUSPEND_JOG_CANCEL)) {
            //如果系统状态是 STATE_SAFETY_DOOR
            if (sys.state == STATE_SAFETY_DOOR) {
                if (sys.suspend & SUSPEND_INITIATE_RESTORE) {    //正处于暂停恢复中
                #ifdef PARKING_ENABLE
                //如果系统处于步进控制（STEP_CONTROL_EXECUTE_SYS_MOTION）
                if (sys.step_control & STEP_CONTROL_EXECUTE_SYS_MOTION) {
                    st_update_plan_block_parameters();              //设置步进模块重新计算标志
                    sys.step_control = (STEP_CONTROL_EXECUTE_HOLD | STEP_CONTROL_
EXECUTE_SYS_ MOTION);                                 //设置步进控制标志为暂停运动
                    sys.suspend &= ~(SUSPEND_HOLD_COMPLETE);//暂停未完成
                }
                #endif
    //设置暂停状态为没有暂停，重新开始回撤（SUSPEND_RESTART_RETRACT）
                    sys.suspend &= ~(SUSPEND_RETRACT_COMPLETE | SUSPEND_INITIATE_
RESTORE | SUSPEND_RESTORE_COMPLETE);
                    sys.suspend |= SUSPEND_RESTART_RETRACT;
                }
            }
        //如果系统状态不是空闲，设置状态 STATE_SAFETY_DOOR
                if (sys.state != STATE_SLEEP) { sys.state = STATE_SAFETY_DOOR; }
            }
            /*注意：这个标志在门关闭时不会改变，与 sys.state 不同，其确保在门关闭且状态返回到
HOLD 时执行任何驻车动作*/
            sys.suspend |= SUSPEND_SAFETY_DOOR_AJAR;      //设置暂停状态为门开
        }
        }
        //如果在系统状态为 STATE_ALARM，执行休眠操作（EXEC_SLEEP），设置暂停状态
        if (rt_exec & EXEC_SLEEP) {
            if (sys.state == STATE_ALARM) { sys.suspend |= (SUSPEND_RETRACT_COMPLETE
|SUSPEND_HOLD_COMPLETE); }
            sys.state = STATE_SLEEP;
        }
        /*清除系统实时操作（sys_rt_exec_state）EXEC_MOTION_CANCEL | EXEC_FEED_HOLD |
        EXEC_SAFETY_DOOR | EXEC_SLEEP*/
            system_clear_exec_state_flag((EXEC_MOTION_CANCEL    | EXEC_FEED_HOLD    |
```

```
EXEC_SAFETY_DOOR | EXEC_SLEEP));
    }
    //如果操作是循环运行
    if (rt_exec & EXEC_CYCLE_START) {
        /*如果没有操作 EXEC_FEED_HOLD | EXEC_MOTION_CANCEL | EXEC_SAFETY_DOOR*/
        if (!(rt_exec & (EXEC_FEED_HOLD | EXEC_MOTION_CANCEL | EXEC_SAFETY_DOOR))) {
            /*当系统状态是 TATE_SAFETY_DOOR，暂停状态是 SUSPEND_SAFETY_DOOR_AJAR*/
            if ((sys.state == STATE_SAFETY_DOOR) && !(sys.suspend & SUSPEND_SAFETY_DOOR_
AJAR)) {
                if (sys.suspend & SUSPEND_RESTORE_COMPLETE) {
                    sys.state = STATE_IDLE;
                    //如果暂停状态是 SUSPEND_RESTORE_COMPLETE，设置系统状态为 STATE_IDLE
                } else if (sys.suspend & SUSPEND_RETRACT_COMPLETE) {
                    /*如果被 SAFETY_DOOR 禁用，则标志着重新给供电元件通电并恢复原位。注意：对于
安全门的恢复，开关必须关闭，如 HOLD 状态所示，并且回缩执行完毕，这意味着初始进给保持没有激
活。为了恢复正常操作，必须由以下标志启动恢复程序。一旦它们完成了，就会自动调用 CYCLE_START
来恢复程序，并退出暂停*/
                    sys.suspend |= SUSPEND_INITIATE_RESTORE;
                    //设置暂停状态是 SUSPEND_INITIATE_RESTORE
                }
            }
            //仅当空闲，或当保持完成并准备恢复时，循环启动
            if ((sys.state == STATE_IDLE) || ((sys.state & STATE_HOLD) && (sys.suspend &
SUSPEND_HOLD _COMPLETE))) {
                if (sys.state == STATE_HOLD && sys.spindle_stop_ovr) {
                    sys.spindle_stop_ovr |= SPINDLE_STOP_OVR_RESTORE_CYCLE;
                    //设置主轴倍率停止状态为 SPINDLE_STOP_OVR_RESTORE_CYCLE
                } else {
                    //只有当规划器缓冲区内存在排队的动作，且动作未被取消时，才开始循环
                    sys.step_control = STEP_CONTROL_NORMAL_OP; //将步进控制恢复到正常操作
                    if (plan_get_current_block() && bit_isfalse(sys.suspend,SUSPEND_MOTION_CANCEL)) {
                        sys.suspend = SUSPEND_DISABLE; //中止暂停状态
                        sys.state = STATE_CYCLE;
                        st_prep_buffer();    //在开始循环前初始化准备阶段缓冲器
                        st_wake_up();        //开启插补定时器
                    } else {                 //设置状态空闲
                        sys.suspend = SUSPEND_DISABLE;
                        sys.state = STATE_IDLE;
                    }
                }
            }
        }
        system_clear_exec_state_flag(EXEC_CYCLE_START);//清除循环开始操作标志
    }
    if (rt_exec & EXEC_CYCLE_STOP) {          //如果是循环停止操作
```

/* 重新初始化循环计划和步进系统,在进给保持后恢复。被主程序中的实时命令执行所调用,确保规划器安全地重新规划。注意:Bresenham 算法变量在计划器和步进周期重新初始化过程中仍然保持。步进路径应该继续进行,就像什么都没有发生过一样。EXEC_CYCLE_STOP 是由步进子系统在一个周期或进给保持完成后设置的*/

```
    if ((sys.state & (STATE_HOLD|STATE_SAFETY_DOOR|STATE_SLEEP)) && !(sys.soft_limit)
&& !(sys.suspend & SUSPEND_JOG_CANCEL)) {
```
　　　　//如果系统状态是 STATE_HOLD|STATE_SAFETY_DOOR|STATE_SLEEP 之一,并且软限位没有触发,并暂停状态不是 SUSPEND_JOG_CANCEL(JOG 取消需要重新规划)
```
        plan_cycle_reinitialize();          //重置规划器的输入速度和缓冲区指针
        if (sys.step_control & STEP_CONTROL_EXECUTE_HOLD) { sys.suspend |= SUSPEND_HOLD
_COMPLETE; }    //如果插补控制状态是 STEP_CONTROL_EXECUTE_HOLD,设置系统暂停状态
                    SUSPEND_HOLD_COMPLETE
           bit_false(sys.step_control,(STEP_CONTROL_EXECUTE_HOLD  |  STEP_CONTROL_
EXECUTE_SYS_MOTION));                  //设置插补控制状态的保持和运行状态为0
    } else {
```
　　　　/*运动完成。包括 CYCLE/JOG/HOMING 状态和点动取消/运动取消/软限制事件。注意,运动和点动取消在保持完成后都立即回到空闲状态*/
```
        if (sys.suspend & SUSPEND_JOG_CANCEL) {          //JOG 取消,复位缓存和同步位置
          sys.step_control = STEP_CONTROL_NORMAL_OP;
          plan_reset();
          st_reset();
          gc_sync_position();
          plan_sync_position();
        }
        if (sys.suspend & SUSPEND_SAFETY_DOOR_AJAR) { //暂停状态为门开
          sys.suspend &= ~(SUSPEND_JOG_CANCEL);          //清除 SUSPEND_JOG_CANCEL
          sys.suspend |= SUSPEND_HOLD_COMPLETE;          //设置暂停状态
          sys.state = STATE_SAFETY_DOOR;                 //系统状态门开
        } else {
          sys.suspend = SUSPEND_DISABLE;                 //设置暂停状态无效
          sys.state = STATE_IDLE;                        //系统状态空闲
        }
      }
    }
    system_clear_exec_state_flag(EXEC_CYCLE_STOP);        //清除 EXEC_CYCLE_STOP 操作
  }
}
//进给操作
//如果有进给倍率操作,清除 sys_rt_exec_motion_override,以便下次判断是否有改变
rt_exec = sys_rt_exec_motion_override;
  if (rt_exec) {
system_clear_exec_motion_overrides();
//下面函数根据操作的动作,设置不同的进给倍率,并保证进给倍率设置在最大值和最小值之间
    uint8_t new_f_override = sys.f_override;
    if (rt_exec & EXEC_FEED_OVR_RESET) { new_f_override = DEFAULT_FEED_OVERRIDE; }
    if (rt_exec & EXEC_FEED_OVR_COARSE_PLUS)
```

```
{ new_f_override += FEED_OVERRIDE_ COARSE_INCREMENT; }
    if (rt_exec & EXEC_FEED_OVR_COARSE_MINUS)
{ new_f_override -= FEED_OVERRIDE _COARSE_INCREMENT; }
    if (rt_exec & EXEC_FEED_OVR_FINE_PLUS)
{ new_f_override += FEED_OVERRIDE _FINE_INCREMENT; }
    if (rt_exec & EXEC_FEED_OVR_FINE_MINUS)
{ new_f_override -= FEED_OVERRIDE _FINE_INCREMENT; }
        new_f_override = min(new_f_override,MAX_FEED_RATE_OVERRIDE);
        new_f_override = max(new_f_override,MIN_FEED_RATE_OVERRIDE);
//设置新快进倍率
        uint8_t new_r_override = sys.r_override;
        if (rt_exec & EXEC_RAPID_OVR_RESET) { new_r_override = DEFAULT_RAPID _OVERRIDE; }
        if (rt_exec  &  EXEC_RAPID_OVR_MEDIUM) { new_r_override = RAPID_OVERRIDE
_MEDIUM; }
        if (rt_exec & EXEC_RAPID_OVR_LOW) { new_r_override = RAPID_OVERRIDE_LOW; }
//更新进给和快进倍率，然后下一个循环打印倍率更新信息
        if ((new_f_override != sys.f_override) || (new_r_override != sys.r_override)) {
            sys.f_override = new_f_override;
            sys.r_override = new_r_override;
            sys.report_ovr_counter = 0;                   //Set to report change immediately
            plan_update_velocity_profile_parameters();    //进给倍率修改，需要重新计算规划参数
            plan_cycle_reinitialize();                    //重置规划器的输入速度和缓冲区指针
        }
    }
    rt_exec = sys_rt_exec_accessory_override;          //附属功能倍率设置变量
    if (rt_exec) {
        system_clear_exec_accessory_overrides();       //如果倍率设置触发
        uint8_t last_s_override = sys.spindle_speed_ovr; //获得主轴转速倍率
    if (rt_exec & EXEC_SPINDLE_OVR_RESET)
{ last_s_override = DEFAULT_SPINDLE _SPEED_ OVERRIDE; }           //设置缺省转速倍率
    if (rt_exec & EXEC_SPINDLE_OVR_COARSE_PLUS)
{ last_s_override += SPINDLE_ OVERRIDE_ COARSE_INCREMENT; }       //设置主轴粗倍率增量
    if (rt_exec & EXEC_SPINDLE_OVR_COARSE_MINUS)
{ last_s_override -= SPINDLE_ OVERRIDE_ COARSE_INCREMENT; }       //设置主轴粗倍率减量
    if (rt_exec & EXEC_SPINDLE_OVR_FINE_PLUS)
{ last_s_override += SPINDLE_ OVERRIDE_ FINE_INCREMENT; }         //设置主轴微倍率增量
    if (rt_exec & EXEC_SPINDLE_OVR_FINE_MINUS)
{ last_s_override -= SPINDLE_ OVERRIDE_ FINE_INCREMENT; }         //设置主轴微倍率减量
//倍率设置保证在最大值和最小值之间
        last_s_override = min(last_s_override,MAX_SPINDLE_SPEED_OVERRIDE);
        last_s_override = max(last_s_override,MIN_SPINDLE_SPEED_OVERRIDE);
        if (last_s_override != sys.spindle_speed_ovr) {   //如果倍率变化，设置新倍率
            sys.spindle_speed_ovr = last_s_override;
            //gc_state.modal.spindle 设置为 M3,M4,M5 之一。下面表示设置转速
            if (sys.state == STATE_IDLE) { spindle_set_state(gc_state.modal.spindle, gc_state.modal.spindle_speed); }
```

```
//如果差补控制中，设置转速更新
    else { bit_true(sys.step_control, STEP_CONTROL_UPDATE_SPINDLE_PWM); }
    sys.report_ovr_counter = 0; //设置下一个循环函数 report_realtime_status 打印转速变化
  }
  if (rt_exec & EXEC_SPINDLE_OVR_STOP) {      //主轴转速倍率停止操作
    //如果系统处于保持
    if (sys.state == STATE_HOLD) {
      //如果 SPINDLE_STOP_OVR_DISABLED，设置状态 SPINDLE_STOP_OVR_INITIATE
      if (!(sys.spindle_stop_ovr)) { sys.spindle_stop_ovr = SPINDLE_STOP_OVR_INITIATE; }
      //否则，如果 SPINDLE_STOP_OVR_ENABLED，设置状态 SPINDLE_STOP_OVR_RESTORE
      else if (sys.spindle_stop_ovr & SPINDLE_STOP_OVR_ENABLED)
{ sys.spindle_stop_ovr |= SPINDLE_STOP_OVR_RESTORE; }
    }
  }

  /*注意，由于冷却状态每当发生变化时总是执行计划者同步，因此可以通过检查解释器的状态来
确定当前的运行状态。冷却剂覆盖只在 IDLE、CYCLE、HOLD 和 JOG 状态下运行，否则将被忽略*/
    if (rt_exec & (EXEC_COOLANT_FLOOD_OVR_TOGGLE | EXEC_COOLANT_MIST_OVR_
TOGGLE)) {
      if ((sys.state == STATE_IDLE) || (sys.state & (STATE_CYCLE | STATE_HOLD | STATE _JOG))) {
        uint8_t coolant_state = gc_state.modal.coolant;
        #ifdef ENABLE_M7      //M7 冷却雾化开，切换雾化开关
          if (rt_exec & EXEC_COOLANT_MIST_OVR_TOGGLE) {
            if (coolant_state & COOLANT_MIST_ENABLE) {
  bit_false(coolant_state,COOLANT_MIST_ENABLE);
  }
            else { coolant_state |= COOLANT_MIST_ENABLE; }
          }
//冷却开，切换冷却开关
          if (rt_exec & EXEC_COOLANT_FLOOD_OVR_TOGGLE) {
            if (coolant_state & COOLANT_FLOOD_ENABLE) { bit_false(coolant_state,
COOLANT_FLOOD_ ENABLE); }
            else { coolant_state |= COOLANT_FLOOD_ENABLE; }
          }
        #else
          if (coolant_state & COOLANT_FLOOD_ENABLE) {
  bit_false(coolant_state,COOLANT_FLOOD_ENABLE);
  }
          else { coolant_state |= COOLANT_FLOOD_ENABLE; }
        #endif
//设置冷却状态和模态
        coolant_set_state(coolant_state); //Report counter set in coolant_set_state().
        gc_state.modal.coolant = coolant_state;
      }
    }
  }
```

```
#ifdef DEBUG
    if (sys_rt_exec_debug) {
      report_realtime_debug();
      sys_rt_exec_debug = 0;
    }
#endif
    /*如果状态是 TATE_CYCLE | STATE_HOLD | STATE_SAFETY_DOOR | STATE_HOMING |
STATE_SLEEP| STATE_JOG，Reload step segment buffer */
    if (sys.state & (STATE_CYCLE | STATE_HOLD | STATE_SAFETY_DOOR | STATE_HOMING |
STATE_SLEEP| STATE_JOG)) {
      st_prep_buffer();//准备插补缓存
    }
  }
```

/*处理 Grbl 系统的暂停程序，如进给保持、安全门和驻车运动。系统将进入这个循环，为暂停任务创建局部变量，并返回到调用暂停的任何函数，这样 Grbl 就恢复了正常运行。这个函数是以促进自定义驻车动作的方式编写的，只需将此作为一个模板*/

```
    static void protocol_exec_rt_suspend()
    {
    #ifdef PARKING_ENABLE
      //驻车临时变量初始化，parking 意味着不能工作
      float restore_target[N_AXIS];                      //恢复时的位置
      float parking_target[N_AXIS];                      //parking 的位置
      float retract_waypoint = PARKING_PULLOUT_INCREMENT;    //回撤的方式
      plan_line_data_t plan_data;
      plan_line_data_t *pl_data = &plan_data;            //保存规划器缓冲区数据的地址
      memset(pl_data,0,sizeof(plan_line_data_t));        //初始化
        pl_data->condition  =  (PL_COND_FLAG_SYSTEM_MOTION|PL_COND_FLAG_NO_FEED_
OVERRIDE);
        #ifdef USE_LINE_NUMBERS                          //设置系统运动行号为 0
          pl_data->line_number = PARKING_MOTION_LINE_NUMBER;
        #endif
      #endif
      plan_block_t *block = plan_get_current_block();    //得到规划器缓冲区的当前块数据
      uint8_t restore_condition;
      #ifdef VARIABLE_SPINDLE                            //如果定义变转速
        float restore_spindle_speed;
        if (block == NULL) {                             //获得主轴和冷却模态（M 代码）及转速
          restore_condition = (gc_state.modal.spindle | gc_state.modal.coolant);
          restore_spindle_speed = gc_state.spindle_speed;
        } else {                                         //如果块不为空，从块中得到主轴和冷却模态及转速
          restore_condition = (block->condition & PL_COND_SPINDLE_MASK) | coolant_get_state();
          restore_spindle_speed = block->spindle_speed;
      }
        #ifdef DISABLE_LASER_DURING_HOLD                 //该选项将在进给保持期间自动禁用激光器
          if (bit_istrue(settings.flags,BITFLAG_LASER_MODE)) {
```

```
        system_set_exec_accessory_override_flag(EXEC_SPINDLE_OVR_STOP);
      }
    #endif
  #else                        //如果非变转速，设置块为空和非空时主轴和冷却模态
    if (block == NULL) { restore_condition = (gc_state.modal.spindle | gc_state.modal.coolant); }
    else { restore_condition = (block->condition & PL_COND_SPINDLE_MASK) | coolant_get_state(); }
  #endif
  while (sys.suspend) {                        //暂停状态进行循环
    if (sys.abort) { return; }
    //如果暂停子状态为 SUSPEND_HOLD_COMPLETE（表示有保持或暂停的操作，如门开）
    if (sys.suspend & SUSPEND_HOLD_COMPLETE) {
      //如果系统状态是门开和休眠
      if (sys.state & (STATE_SAFETY_DOOR | STATE_SLEEP)) {
        //如果还没有驻车完成（回撤）
        if (bit_isfalse(sys.suspend,SUSPEND_RETRACT_COMPLETE)) {
          //主轴倍率无效
          sys.spindle_stop_ovr = SPINDLE_STOP_OVR_DISABLED;
          #ifndef PARKING_ENABLE        //如果没有定义驻车点使能，主轴和冷却无效
            spindle_set_state(SPINDLE_DISABLE,0.0);        //De-energize
            coolant_set_state(COOLANT_DISABLE);        //De-energize
          #else
```
/*将系统位置转成机床位置，如果暂停状态是 SUSPEND_RESTART_RETRACT，计算驻车位置（Z 轴），Z 坐标+PARKING_PULLOUT_INCREMENT（5.0），由于系统设置负坐标是工作空间，需要计算最小的 Z 轴位置作为驻车点*/
```
            system_convert_array_steps_to_mpos(parking_target,sys_position);
            if (bit_isfalse(sys.suspend,SUSPEND_RESTART_RETRACT)) {
              memcpy(restore_target,parking_target,sizeof(parking_target));
              retract_waypoint += restore_target[PARKING_AXIS];
              retract_waypoint = min(retract_waypoint,PARKING_TARGET);
            }
```
/*执行缓慢的拉出驻车缩回动作。驻车需要启用回零功能，当前位置不超过驻车目标位置，并且禁用激光模式。注意：状态将保持为门，直到断电和缩回完成*/
```
            #ifdef ENABLE_PARKING_OVERRIDE_CONTROL //如果定义驻车进给倍率
                if ((bit_istrue(settings.flags,BITFLAG_HOMING_ENABLE)) &&(parking_target
[PARKING_AXIS] < PARKING_TARGET) &&bit_isfalse(settings.flags,BITFLAG_LASER_MODE) &&
(sys.override_ctrl == OVERRIDE_PARKING_MOTION)) {
            #else        //如果没有定义驻车进给倍率
                if ((bit_istrue(settings.flags,BITFLAG_HOMING_ENABLE)) && (parking_target
[PARKING_AXIS] < PARKING_TARGET) &&bit_isfalse(settings.flags,BITFLAG_LASER_MODE)) {
            #endif
              //按拉出距离缩回主轴。确保回缩运动远离工件，航点运动不超过驻车目标位置
              if (parking_target[PARKING_AXIS] < retract_waypoint) {
                parking_target[PARKING_AXIS] = retract_waypoint;
                pl_data->feed_rate = PARKING_PULLOUT_RATE;
                pl_data->condition |= (restore_condition & PL_COND_ACCESSORY_MASK);
```

//保留辅助功能状态
  pl_data->spindle_speed = restore_spindle_speed; //主轴转速
  mc_parking_motion(parking_target, pl_data);   //驻车运动规划
 }
 //缩回后和中止恢复运动后清除附件状态
  pl_data->condition = (PL_COND_FLAG_SYSTEM_MOTION|PL_COND_FLAG_ NO_ FEED_OVERRIDE);
  pl_data->spindle_speed = 0.0;
  spindle_set_state(SPINDLE_DISABLE,0.0);   //主轴无效
  coolant_set_state(COOLANT_DISABLE);   //冷却无效

  //执行快速驻车缩回动作到驻车目标位置。设置进给速率，规划路径
  if (parking_target[PARKING_AXIS] < PARKING_TARGET) {
   parking_target[PARKING_AXIS] = PARKING_TARGET;
   pl_data->feed_rate = PARKING_RATE;
   mc_parking_motion(parking_target, pl_data);
  }
 } else {
/*驻车运动不可能。只需禁用主轴和冷却剂。注意：激光模式不启动停放运动，以确保激光立即停止*/

  spindle_set_state(SPINDLE_DISABLE,0.0);   //De-energize
  coolant_set_state(COOLANT_DISABLE);   //De-energize
 }
 #endif
 sys.suspend &= ~(SUSPEND_RESTART_RETRACT); //置没有恢复标志
 sys.suspend |= SUSPEND_RETRACT_COMPLETE; //回撤完成标志
} else {
/*如果系统状态是休眠，设置主轴和冷却无效，插补器停止，进入循环执行 protocol_exec_ rt_system()，直到系统中止触发*/
 if (sys.state == STATE_SLEEP) {
  report_feedback_message(MESSAGE_SLEEP_MODE);
  spindle_set_state(SPINDLE_DISABLE,0.0);
  coolant_set_state(COOLANT_DISABLE);
  st_go_idle();
  while (!(sys.abort)) { protocol_exec_rt_system(); }
  return;
 }
 //允许从驻车或安全门恢复。主动检查安全门是否关闭，并准备恢复
 if (sys.state == STATE_SAFETY_DOOR) {
  if (!(system_check_safety_door_ajar())) {
   sys.suspend &= ~(SUSPEND_SAFETY_DOOR_AJAR); //如果门关闭，置门关状态
  }
 }
 //处理驻车恢复和安全门恢复
 if (sys.suspend & SUSPEND_INITIATE_RESTORE) { //如果驻车恢复开始

```
#ifdef PARKING_ENABLE            //如果驻车使能
/* 执行快速恢复运动到拉出位置，驻车需要启用回零功能*/
#ifdef ENABLE_PARKING_OVERRIDE_CONTROL//如果定义了驻车倍率
  if (((settings.flags & (BITFLAG_HOMING_ENABLE|BITFLAG_LASER_MODE)) ==
BITFLAG_ HOMING_ENABLE) &&
        (sys.override_ctrl == OVERRIDE_PARKING_MOTION)) {
#else
  if ((settings.flags & (BITFLAG_HOMING_ENABLE|BITFLAG_LASER_MODE)) ==
BITFLAG_ HOMING_ENABLE) {
#endif
  //检查恢复点位置，规划路径
  if (parking_target[PARKING_AXIS] <= PARKING_TARGET) {
    parking_target[PARKING_AXIS] = retract_waypoint;
    pl_data->feed_rate = PARKING_RATE;
    mc_parking_motion(parking_target, pl_data);
  }
}
#endif
//延迟的任务。重新启动主轴和冷却剂，延迟到开机，然后恢复循环
if (gc_state.modal.spindle != SPINDLE_DISABLE) {
  //如果安全门在先前的恢复行动中重新打开，则进行阻断
  if (bit_isfalse(sys.suspend,SUSPEND_RESTART_RETRACT)) {
    if (bit_istrue(settings.flags,BITFLAG_LASER_MODE)) {
      //当处于激光模式时，忽略主轴旋转延迟。设置为周期开始时开启激光
      bit_true(sys.step_control, STEP_CONTROL_UPDATE_SPINDLE_PWM);
    } else {
      spindle_set_state((restore_condition & (PL_COND_FLAG_SPINDLE_CW |
PL_COND_FLAG_ SPINDLE_CCW)), restore_spindle_speed);
      delay_sec(SAFETY_DOOR_SPINDLE_DELAY, DELAY_MODE_SYS_SUSPEND);
    }
  }
}
if (gc_state.modal.coolant != COOLANT_DISABLE) {
  //如果安全门在之前的恢复行动中重新打开，则进行阻断
  if (bit_isfalse(sys.suspend,SUSPEND_RESTART_RETRACT)) {
    //注意，激光模式将尊重这一延迟。排气系统通常由这个引脚控制
    coolant_set_state((restore_condition & (PL_COND_FLAG_COOLANT_FLOOD |
PL_COND_FLAG_ COOLANT_MIST)));
    delay_sec(SAFETY_DOOR_COOLANT_DELAY, DELAY_MODE_SYS_SUSPEND);
  }
}
#ifdef PARKING_ENABLE
//从拉出位置到恢复位置，执行缓慢的俯冲运动
#ifdef ENABLE_PARKING_OVERRIDE_CONTROL
  if (((settings.flags & (BITFLAG_HOMING_ENABLE|BITFLAG_LASER_MODE)) ==
```

```
BITFLAG_ HOMING_ENABLE) &&
                (sys.override_ctrl == OVERRIDE_PARKING_MOTION)) {
        #else
            if ((settings.flags & (BITFLAG_HOMING_ENABLE|BITFLAG_LASER_MODE)) ==
BITFLAG_HOMING_ENABLE) {
            #endif
            //如果安全门在之前的恢复行动中重新打开，则进行阻断
            if (bit_isfalse(sys.suspend,SUSPEND_RESTART_RETRACT)) {
                /*不管缩回停放动作是否有效或安全的动作，恢复停放动作在逻辑上应该是有效
的，要么通过有效的机器空间返回到原来的位置，要么根本就不移动*/
                pl_data->feed_rate = PARKING_PULLOUT_RATE;
                    pl_data->condition |= (restore_condition & PL_COND_ACCESSORY_MASK);
//Restore accessory state
                pl_data->spindle_speed = restore_spindle_speed;
                mc_parking_motion(restore_target, pl_data);              //规划路径
            }
          }
        #endif
        if (bit_isfalse(sys.suspend,SUSPEND_RESTART_RETRACT)) { //如果不是再次回撤
          sys.suspend |= SUSPEND_RESTORE_COMPLETE;
          system_set_exec_state_flag(EXEC_CYCLE_START);              //设置继续运行程序
        }
      }
    }
  } else {
    //进给保持管理器。控制主轴停止的超控状态。注意，在暂停程序开始时，通过条件检查以
      确保保持
    if (sys.spindle_stop_ovr) {
      //主轴状态设置
      if (sys.spindle_stop_ovr & SPINDLE_STOP_OVR_INITIATE) {     //主轴倍率停止开始
        if (gc_state.modal.spindle != SPINDLE_DISABLE) {
          spindle_set_state(SPINDLE_DISABLE,0.0); //De-energize
          sys.spindle_stop_ovr = SPINDLE_STOP_OVR_ENABLED;     //主轴倍率停止使能
        } else {
          sys.spindle_stop_ovr = SPINDLE_STOP_OVR_DISABLED;     //主轴倍率停止无效
        }
      //主轴状态恢复
      } else if (sys.spindle_stop_ovr & (SPINDLE_STOP_OVR_RESTORE | SPINDLE_STOP_
OVR_RESTORE_CYCLE)) {          //主轴倍率停止恢复或暂停程序恢复，并循环启动
        if (gc_state.modal.spindle != SPINDLE_DISABLE) {
          report_feedback_message(MESSAGE_SPINDLE_RESTORE);
          if (bit_istrue(settings.flags,BITFLAG_LASER_MODE)) {
            //当处于激光模式时，忽略主轴旋转延迟。设置为循环开始时打开激光器
            bit_true(sys.step_control, STEP_CONTROL_UPDATE_SPINDLE_PWM);
          } else {
```

```
            spindle_set_state((restore_condition & (PL_COND_FLAG_SPINDLE_CW | PL_COND_
FLAG_SPINDLE_CCW)), restore_spindle_speed);
            }
          }
        if (sys.spindle_stop_ovr & SPINDLE_STOP_OVR_RESTORE_CYCLE) {
          system_set_exec_state_flag(EXEC_CYCLE_START);            //设置循环启动
          }
        sys.spindle_stop_ovr = SPINDLE_STOP_OVR_DISABLED;         //主轴倍率停止无效
        }
      } else {
    //在保持期间处理主轴状态。注意：在保持状态下，主轴速度覆盖可能会被改变
      //注意，STEP_CONTROL_UPDATE_SPINDLE_PWM 在步骤发生器中恢复时自动复位
        if (bit_istrue(sys.step_control, STEP_CONTROL_UPDATE_SPINDLE_PWM)) {
            spindle_set_state((restore_condition  &  (PL_COND_FLAG_SPINDLE_CW   |
PL_COND_FLAG_SPINDLE_CCW)), restore_spindle_speed);
          bit_false(sys.step_control, STEP_CONTROL_UPDATE_SPINDLE_PWM);
        }
      }
    }
  }
  protocol_exec_rt_system();  //实时操作处理
  }
}
```

4.3 planner

该类程序主要实现 Grbl 的速度规划。

4.3.1 planner.h

planner 类的 h 文件，代码解析如下：

```
//设置块缓冲区的大小
#ifndef BLOCK_BUFFER_SIZE
  #ifdef USE_LINE_NUMBERS
    #define BLOCK_BUFFER_SIZE 15
  #else
    #define BLOCK_BUFFER_SIZE 16
  #endif
#endif
#define PLAN_OK true                //规划器规划成功
#define PLAN_EMPTY_BLOCK false       //空块（没有运动指令）
//定义规划条件（快进、系统运动、倍率无效、反比进给、顺时转、逆时转、水冷雾化）
#define PL_COND_FLAG_RAPID_MOTION          bit(0)
```

```
#define PL_COND_FLAG_SYSTEM_MOTION        bit(1)
#define PL_COND_FLAG_NO_FEED_OVERRIDE     bit(2)
#define PL_COND_FLAG_INVERSE_TIME         bit(3)
#define PL_COND_FLAG_SPINDLE_CW           bit(4)
#define PL_COND_FLAG_SPINDLE_CCW          bit(5)
#define PL_COND_FLAG_COOLANT_FLOOD        bit(6)
#define PL_COND_FLAG_COOLANT_MIST         bit(7)
#define    PL_COND_MOTION_MASK            (PL_COND_FLAG_RAPID_MOTION|PL_COND_FLAG_
SYSTEM_MOTION|PL_COND_FLAG_NO_FEED_OVERRIDE) //定义与运动有关的掩码
#define      PL_COND_SPINDLE_MASK         (PL_COND_FLAG_SPINDLE_CW|PL_COND_FLAG_
SPINDLE_CCW)
    //定义与主轴转向有关的掩码
#define      PL_COND_ACCESSORY_MASK       (PL_COND_FLAG_SPINDLE_CW|PL_COND_FLAG_
SPINDLE_CCW|PL_COND_FLAG_COOLANT_FLOOD|PL_COND_FLAG_COOLANT_MIST)
    //定义与辅助功能有关的掩码，该结构存储一个 G 代码的线性块运动数据
    typedef struct {
        uint32_t steps[N_AXIS];           //一个直线运动的脉冲数（把距离转成脉冲数）
        uint32_t step_event_count;        //steps[N_AXIS]之中最大的数
        uint8_t direction_bits;           //steps[N_AXIS]的运动方向（参考*_DIRECTION_BIT config.h）
        uint8_t condition;                //规划条件（从 pl_line_data 中复制）
        #ifdef USE_LINE_NUMBERS
          int32_t line_number;            //块的行号
        #endif

        float entry_speed_sqr;            //进入拐角的速度平方 (mm/min)^2
        float max_entry_speed_sqr;        //进入拐角的最大速度平方 (mm/min)^2
        float acceleration;               //加速度
        float millimeters;                //还有多长距离运行完成这段 (mm)，这个值在插补器中会改变
        float max_junction_speed_sqr;     //根据运动矢量和相邻运动计算出最大拐角速度
        float rapid_rate;                 //最大速度 (mm/min)
        float programmed_rate;            //编程进给速度 (mm/min).
        #ifdef VARIABLE_SPINDLE
          float spindle_speed;            //主轴速度
        #endif
    } plan_block_t;
    //G 代码中模态数据，如果没有改变，可以传给下一段运动。以下保存了这些数据
    typedef struct {
        float feed_rate;                  //进给速度
        float spindle_speed;              //主轴速度
        uint8_t condition;                //条件
        #ifdef USE_LINE_NUMBERS
          int32_t line_number;            //行号
        #endif
    } plan_line_data_t;
```

4.3.2 planner.c

planner 类的 c 文件，代码解析如下：

```
static plan_block_t block_buffer[BLOCK_BUFFER_SIZE];        //运动指令环缓冲区
static uint8_t block_buffer_tail;              //要处理的数据块地址索引
static uint8_t block_buffer_head;              //下一个要保存在环缓冲区的数据块地址索引
static uint8_t next_buffer_head;               //block_buffer_head 后面块的索引
static uint8_t block_buffer_planned;           //已经优化过的最后一个块索引
//规划器需要用的变量
typedef struct {
  int32_t position[N_AXIS];                    //脉冲数定义的位置
.  float previous_unit_vec[N_AXIS];            //前一个直线运动的方向矢量
  float previous_nominal_speed;                //前一个运动的名义速度
} planner_t;
static planner_t pl;

//获取下一个块地址
uint8_t plan_next_block_index(uint8_t block_index)
{
  block_index++;
  if (block_index == BLOCK_BUFFER_SIZE) { block_index = 0; }
  return(block_index);
}
//获取前一个块地址
static uint8_t plan_prev_block_index(uint8_t block_index)
{
  if (block_index == 0) { block_index = BLOCK_BUFFER_SIZE; }
  block_index--;
  return(block_index);
}
//规划优化计算
static void planner_recalculate()
{
  //读前一个块数据
  uint8_t block_index = plan_prev_block_index(block_buffer_head);
  //如果前一个块已经优化了，返回
  if (block_index == block_buffer_planned) { return; }

  /*粗略地最大化所有可能的加速曲线，从缓冲区的最后一个区块开始反向规划。当达到最后一个最
优计划或尾部指针时，停止计划。注意：正向通道以后将完善和修正反向通道，以创建一个最佳计划*/
  float entry_speed_sqr;
  plan_block_t *next;
  plan_block_t *current = &block_buffer[block_index];
```

/*认为块最后的退出速度为 0，按照块的加速度和移动距离计算出最大速度，这个速度和这个块的进入速度比较，取最小值*/

current->entry_speed_sqr = min(current->max_entry_speed_sqr, 2*current->acceleration* current->millimeters);

/*读取前一个块数据。后面的循环程序从后往前计算每个块的进入速度，即计算块是不是减速，如果是减速（小于 max_entry_speed_sqr），设置进入速度= entry_speed_sqr，如果大于 max_entry_speed_sqr，表示这一段不是全程减速*/

```
block_index = plan_prev_block_index(block_index);
if (block_index == block_buffer_planned) {          //如果这个块已经优化了
//如果这个块是 block_buffer_tail，更新 step buffer
if (block_index == block_buffer_tail) { st_update_plan_block_parameters(); }
  } else {
    while (block_index != block_buffer_planned) {     //只要没有优化，循环计算速度
      next = current;
      current = &block_buffer[block_index];
      block_index = plan_prev_block_index(block_index);
      //如果这个块是 block_buffer_tail，更新 step buffer
      if (block_index == block_buffer_tail) { st_update_plan_block_parameters(); }
speed.
      if (current->entry_speed_sqr != current->max_entry_speed_sqr) {
        entry_speed_sqr = next->entry_speed_sqr + 2*current->acceleration*current->millimeters;
        if (entry_speed_sqr < current->max_entry_speed_sqr) {
          current->entry_speed_sqr = entry_speed_sqr;
        } else {
          current->entry_speed_sqr = current->max_entry_speed_sqr;
        }
      }
    }
  }
```

/*向前推算优化速度。从几经优化的块出发，按照加速过程计算，如果推算的进入速度小于 next->entry_speed_sqr，设置进入速度= entry_speed_sqr，进行优化*/

```
. next = &block_buffer[block_buffer_planned];          //Begin at buffer planned pointer
  block_index = plan_next_block_index(block_buffer_planned);
  while (block_index != block_buffer_head) {
    current = next;
    next = &block_buffer[block_index];
    if (current->entry_speed_sqr < next->entry_speed_sqr) {
      entry_speed_sqr = current->entry_speed_sqr + 2*current->acceleration*current->millimeters;
      if (entry_speed_sqr < next->entry_speed_sqr) {
        next->entry_speed_sqr = entry_speed_sqr;
        block_buffer_planned = block_index;
      }
    }
  }
//如果进入速度已经是 max_entry_speed_sqr，没有优化的空间了，置优化标志
```

```
    if (next->entry_speed_sqr == next->max_entry_speed_sqr) { block_buffer_planned = block_index; }
      block_index = plan_next_block_index( block_index );
    }
  }
//规划器重置
void plan_reset()
{
  memset(&pl, 0, sizeof(planner_t));                //清除规划器
  plan_reset_buffer();
}
//重置运动指令环缓冲区
void plan_reset_buffer()
{
  block_buffer_tail = 0;
  block_buffer_head = 0;
  next_buffer_head = 1;
  block_buffer_planned = 0;
}
//删除当前的块
void plan_discard_current_block()
{
  if (block_buffer_head != block_buffer_tail) {    //如果环缓冲区不为空
    uint8_t block_index = plan_next_block_index( block_buffer_tail );
    //如果优化块索引和尾块索引相同，同时修改优化块索引
    if (block_buffer_tail == block_buffer_planned) { block_buffer_planned = block_index; }
    block_buffer_tail = block_index;
  }
}
/*插补器在程序控制运动时会读取 block_buffer_tail 的数据，但是在系统运动时，会读取
block_buffer_head 的数据*/
  plan_block_t *plan_get_system_motion_block()
  {
    return(&block_buffer[block_buffer_head]);
  }
//获得 block_buffer_tail 数据
plan_block_t *plan_get_current_block()
{
  if (block_buffer_head == block_buffer_tail) { return(NULL); }      //Buffer empty
  return(&block_buffer[block_buffer_tail]);
}
//获得 entry_speed_sqr 数据
float plan_get_exec_block_exit_speed_sqr()
{
  uint8_t block_index = plan_next_block_index(block_buffer_tail);
  if (block_index == block_buffer_head) { return( 0.0 ); }
```

```
      return( block_buffer[block_index].entry_speed_sqr );
    }
//环缓冲区是否满，满=True
uint8_t plan_check_full_buffer()
    {
      if (block_buffer_tail == next_buffer_head) { return(true); }
      return(false);
    }


//根据倍率和运行条件计算名义速度，系统运动不受倍率控制
float plan_compute_profile_nominal_speed(plan_block_t *block)
    {
      float nominal_speed = block->programmed_rate;    //名义速度=编程速度
        if  (block->condition  &  PL_COND_FLAG_RAPID_MOTION)  {  nominal_speed  *=
(0.01*sys.r_override); }
        else {
          if (!(block->condition  &  PL_COND_FLAG_NO_FEED_OVERRIDE)) {  nominal_speed  *=
(0.01*sys.f_override); }
          if (nominal_speed > block->rapid_rate) { nominal_speed = block->rapid_rate; }
        }
      if (nominal_speed > MINIMUM_FEED_RATE) { return(nominal_speed); }
      return(MINIMUM_FEED_RATE);
    }
//计算并更新该拐角的最大进入速度
static  void  plan_compute_profile_parameters(plan_block_t  *block,  float  nominal_speed,  float
prev_nominal_speed)
    {
      //取 prev_nominal_speed, nominal_speed 和 max_entry_speed_sqr 中最小值的平方
        if (nominal_speed  >  prev_nominal_speed)  {  block->max_entry_speed_sqr  =  prev_nominal_
speed*prev_nominal_speed; }
        else { block->max_entry_speed_sqr = nominal_speed*nominal_speed; }
        if (block->max_entry_speed_sqr > block->max_junction_speed_sqr) { block->max_entry_speed_sqr =
block->max_junction_speed_sqr; }
    }


//倍率变化后，修改规划速度
void plan_update_velocity_profile_parameters()
    {
      uint8_t block_index = block_buffer_tail;
      plan_block_t *block;
      float nominal_speed;
      float prev_nominal_speed = SOME_LARGE_VALUE;     //设置极大值
//从 block_buffer_tail 索引开始往下，一直到 block_buffer_head
      while (block_index != block_buffer_head) {
        block = &block_buffer[block_index];
```

```
        nominal_speed = plan_compute_profile_nominal_speed(block);
        plan_compute_profile_parameters(block, nominal_speed, prev_nominal_speed);
        prev_nominal_speed = nominal_speed;
        block_index = plan_next_block_index(block_index);
    }
    pl.previous_nominal_speed = prev_nominal_speed; //Update prev nominal speed for next incoming
block.
    }
```

/* 添加一个新的线性运动到缓冲区。target[N_AXIS]是有符号的、绝对的目标位置，单位是毫米。以毫米为单位。进给率指定运动的速度。如果进给率是倒置的，进给速率是指"频率"，并将在 1/feed_rate 分钟内完成操作。所有传递给规划器的位置数据必须是机器的位置，以保持规划器独立于任何坐标系统的变化和偏移，这些都是由 G 代码解析器处理的。

注意，假设缓冲区是可用的。缓冲区的检查由 motion_control 在更高层次上处理。换句话说，缓冲区的头部永远不等于缓冲区的尾部。另外，进给率输入值有三种使用方式：如果 invert_feed_rate 为假，则作为正常的进给率；如果 invert_feed_rate 为真，则作为反转时间；invert_feed_rate 为真，或者如果 feed_rate 值为负数，则作为寻求或快速率（并且 invert_feed_rate 总是假的）。系统运动条件告诉规划器在总是未使用的块缓冲区中规划一个运动。它避免了改变规划器的状态，并保留了缓冲区以确保后续的 G 代码运动仍然被正确规划，而步进模块只指向块缓冲头来执行特殊的系统运动*/

```
    uint8_t plan_buffer_line(float *target, plan_line_data_t *pl_data)
    {
    //准备并初始化新块。复制相关的 pl_data 用于区块执行
    plan_block_t *block = &block_buffer[block_buffer_head];
    memset(block,0,sizeof(plan_block_t));              //初始化数据
    block->condition = pl_data->condition;             //赋值行指令条件
    #ifdef VARIABLE_SPINDLE
        block->spindle_speed = pl_data->spindle_speed;  //主轴转速
    #endif
    #ifdef USE_LINE_NUMBERS
        block->line_number = pl_data->line_number;      //行号
    #endif

    int32_t target_steps[N_AXIS], position_steps[N_AXIS];
    float unit_vec[N_AXIS], delta_mm;
    uint8_t idx;

    //如果是系统运动
    if (block->condition & PL_COND_FLAG_SYSTEM_MOTION) {
    #ifdef COREXY                    //COREXY 机构设备
        position_steps[X_AXIS] = system_convert_corexy_to_x_axis_steps(sys_position);
        position_steps[Y_AXIS] = system_convert_corexy_to_y_axis_steps(sys_position);
        position_steps[Z_AXIS] = sys_position[Z_AXIS];
    #else
        memcpy(position_steps, sys_position, sizeof(sys_position));    //使用系统当前位置
    #endif
```

```
} else { memcpy(position_steps, pl.position, sizeof(pl.position)); }      //使用规划器的目标位置
#ifdef COREXY         //如果是 COREXY 结构，设置 A 轴和 B 轴目标位置（脉冲数）
  target_steps[A_MOTOR] = lround(target[A_MOTOR]*settings.steps_per_mm[A_MOTOR]);
  target_steps[B_MOTOR] = lround(target[B_MOTOR]*settings.steps_per_mm[B_MOTOR]);
  block->steps[A_MOTOR] = labs((target_steps[X_AXIS]-position_steps[X_AXIS]) + (target_steps
[Y_AXIS]-position_steps[Y_AXIS]));
    block->steps[B_MOTOR] = labs((target_steps[X_AXIS]-position_steps[X_AXIS]) - (target_steps
[Y_AXIS]-position_steps[Y_AXIS]));
  #endif

  for (idx=0; idx<N_AXIS; idx++) {
    //计算目标位置的绝对步数，并确定所有轴的最大步数
    #ifdef COREXY //如果是 COREXY 结构
      if ( !(idx == A_MOTOR) && !(idx == B_MOTOR) ) {
    //如不是 A 轴或 B 轴，计算其目标位置和移动距离
        target_steps[idx] = lround(target[idx]*settings.steps_per_mm[idx]);
        block->steps[idx] = labs(target_steps[idx]-position_steps[idx]);
      }
    //获得所有轴的最大移动距离
      block->step_event_count = max(block->step_event_count, block->steps[idx]);
      if (idx == A_MOTOR) {
        delta_mm = (target_steps[X_AXIS]-position_steps[X_AXIS] + target_steps[Y_AXIS]-position_
steps[Y_AXIS])/settings.steps_per_mm[idx];
      } else if (idx == B_MOTOR) {
        delta_mm = (target_steps[X_AXIS]-position_steps[X_AXIS] - target_steps[Y_AXIS]+position_
steps[Y_AXIS])/settings.steps_per_mm[idx];
      } else {
        delta_mm = (target_steps[idx] - position_steps[idx])/settings.steps_per_mm[idx];
      }
    #else   //计算其目标位置、移动距离（脉冲数和 mm）和获得所有轴的最大移动距离
      target_steps[idx] = lround(target[idx]*settings.steps_per_mm[idx]);
      block->steps[idx] = labs(target_steps[idx]-position_steps[idx]);
      block->step_event_count = max(block->step_event_count, block->steps[idx]);
       ////方向矢量（mm 单位的各轴移动距离）
      delta_mm = (target_steps[idx] - position_steps[idx])/settings.steps_per_mm[idx];
    #endif
    unit_vec[idx] = delta_mm;      //保存移动方向矢量
    //保存各轴移动的方向
    if (delta_mm < 0.0 ) { block->direction_bits |= get_direction_pin_mask(idx); }
  }
  //如果轴的最大移动距离（脉冲数）为零，表面是非运动指令（空指令）
  if (block->step_event_count == 0) { return(PLAN_EMPTY_BLOCK); }

  //millimeters 保存的是所有轴的总距离
  block->millimeters = convert_delta_vector_to_unit_vector(unit_vec);      //单位化矢量
```

//把 settings.acceleration 分解到各轴移动方向上，把最小的加速度设置为块的加速度
　　block->acceleration = limit_value_by_axis_maximum(settings.acceleration, unit_vec);
//把 settings.max_rate 分解到各轴移动方向上，把最小的速度设置为块的速度
　　block->rapid_rate = limit_value_by_axis_maximum(settings.max_rate, unit_vec);

　　//如果当前模态是快进，设置编程进给速度为快进速度
　　if (block->condition & PL_COND_FLAG_RAPID_MOTION) { block->programmed_rate = block->rapid_rate; }
　　else { //否则，根据模态，设置编程进给速度
block->programmed_rate = pl_data->feed_rate;
//如果是反比进给，给出这个块完成的时间
　　if (block->condition & PL_COND_FLAG_INVERSE_TIME) { block->programmed_rate *= block->millimeters; }
　　}

　　//如果缓冲区满或者是系统运动命令
　　if ((block_buffer_head == block_buffer_tail) || (block->condition & PL_COND_FLAG_SYSTEM_MOTION)) {

　　/*将区块进入速度初始化为零。假设它将从静态开始。计划员稍后将对此进行修正。如果是系统运动，系统运动块总是被假定为从静止开始并以完全停止结束*/
　　　block->entry_speed_sqr = 0.0;
　　　block->max_junction_speed_sqr = 0.0;
　　} else {
　　/*将本程序块的进入速度初始化为零，即假设它将从静止开始，然后规划器将在后面对此值进行修正。如果是系统运动指令块，它总是被假定为从静止开始并以完全停止结束*/
　　block->entry_speed sqr = 0.0;
　　block->max junction speed sqr = 0.0:
　　else
　　/*通过向心加速度近似法计算拐角处的最大允许进入速度。如图 2.6 所示，作一个圆与之前和当前的路径线段相切，其中拐角处的偏差被定义为从交点处到圆的最近边缘的距离（即图 2.6 中的 d）。连接这两条路径的圆弧（图 2.6 中的虚线圆弧）代表实现本次向心加速运动的路径。利用事先定义的圆运动轨迹的最大向心加速度，可以求解圆弧运动的最大速度（a=v2/R），因此也间接定义了拐角处的偏差。这种方法实际上并不偏离路径，而是作为一种稳健的方法来计算转弯速度，因为它考虑了拐角处路径转角大小和拐角速度的非线性因素。
　　注意，如果拐角处允许有限的偏差值，Grbl 将以精确路径模式（G61）执行运动。如果拐角偏差值为零，则 Grbl 将以精确停止模式（G61.1）执行运动。在未来，如果 Grbl 增加了连续切削模式（G64），其计算方法不变，G64 是通过牺牲路径跟踪精度以保持进给率。尽管 Arduino Mega 的 CPU 没有能力来执行连续模式（G61）的路径运动，但基于 ARM 的微控制器可以。
　　注意：最大拐角速度是一个固定值，这是因为设备操作过程中不能动态改变电机的加速度限制，也不能随意修改运动轨迹。最大拐角速度应该保存在内存中，以备操作中改变进给倍率导致名义速度改变，这也将改变后续程序块的最大进入速度及计算条件*/
　　　float junction_unit_vec[N_AXIS];
　　　float junction_cos_theta = 0.0;
　　for (idx=0; idx<N_AXIS; idx++) {

//单位矢量点乘，求两矢量的夹角，取负值后，得到补角，变量含义如图 4.5 所示

    junction_cos_theta -= pl.previous_unit_vec[idx]*unit_vec[idx];

//从前一点到后面一点的方向，即计算速度变化矢量

    junction_unit_vec[idx] = unit_vec[idx]-pl.previous_unit_vec[idx];

  }

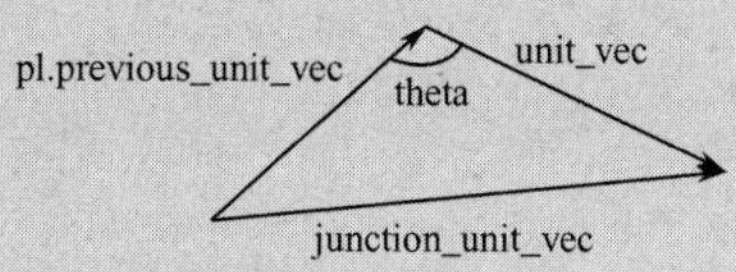

图 4.5　矢量的夹角

if (junction_cos_theta > 0.999999) {

//如果角度为 0 度，表示原路返回，设置最大拐角速度为最小值

  block->max_junction_speed_sqr = MINIMUM_JUNCTION_SPEED*MINIMUM_JUNCTION_
SPEED;

} else {　//如果角度为 180 度，表示沿以前方向继续，设置拐角速度为最大值

  if (junction_cos_theta < -0.999999) {

    block->max_junction_speed_sqr = SOME_LARGE_VALUE

  } else {　//否则，计算拐角速度（根据误差计算拐角速度，参见第 1 章）

    convert_delta_vector_to_unit_vector(junction_unit_vec);　　　　//单位化

      float junction_acceleration = limit_value_by_axis_maximum(settings.acceleration,
junction_unit_vec);　　//取 junction_unit_vec 方向的加速度在三个轴上投影的最小值

    float sin_theta_d2 = sqrt(0.5*(1.0-junction_cos_theta));　　　　//求 sin(theta/2)

      block->max_junction_speed_sqr = max(MINIMUM_JUNCTION_SPEED*MINIMUM_
JUNCTION_SPEED,

                (junction_acceleration * settings.junction_deviation * sin_theta_d2)/(1.0-sin_
theta_d2));

    }

  }

  }

//如果不是系统运动

  if (!(block->condition & PL_COND_FLAG_SYSTEM_MOTION)) {

float nominal_speed = plan_compute_profile_nominal_speed(block);

//用倍率计算名义速度，得到最大的 entry speed。取前一段名义速度、这一段名义速度和拐角速度的
  最小值

  plan_compute_profile_parameters(block, nominal_speed, pl.previous_nominal_speed);

  pl.previous_nominal_speed = nominal_speed;　　//更新规划器的名义速度，为下一段运动做准备

  memcpy(pl.previous_unit_vec, unit_vec, sizeof(unit_vec));

  memcpy(pl.position, target_steps, sizeof(target_steps));

//更新规划器索引

  block_buffer_head = next_buffer_head;

  next_buffer_head = plan_next_block_index(block_buffer_head);

//用新的程序块重新计算计划

```
    planner_recalculate();
  }
  return(PLAN_OK);
}
```

//同步规划器，设置规划器的位置为系统当前位置。因为在规划过程中，该位置保存的是目标位置，如果该运动被中断，就不得不同步成系统当前位置

```
void plan_sync_position()
{
  uint8_t idx;
  for (idx=0; idx<N_AXIS; idx++) {
    #ifdef COREXY
      if (idx==X_AXIS) {
        pl.position[X_AXIS] = system_convert_corexy_to_x_axis_steps(sys_position);
      } else if (idx==Y_AXIS) {
        pl.position[Y_AXIS] = system_convert_corexy_to_y_axis_steps(sys_position);
      } else {
        pl.position[idx] = sys_position[idx];
      }
    #else
      pl.position[idx] = sys_position[idx];
    #endif
  }
}
```

//缓冲区有多少空间

```
uint8_t plan_get_block_buffer_available()
{
  if (block_buffer_head >= block_buffer_tail) { return((BLOCK_BUFFER_SIZE-1)-(block_buffer_head-block_buffer_tail)); }
  return((block_buffer_tail-block_buffer_head-1));
}
```

//有多少块还没有规划

```
uint8_t plan_get_block_buffer_count()
{
  if (block_buffer_head >= block_buffer_tail) { return(block_buffer_head-block_buffer_tail); }
  return(BLOCK_BUFFER_SIZE - (block_buffer_tail-block_buffer_head));
}
```

```
/*重新优化规划缓存器。在步进器完全停止进给并停止循环后调用*/
void plan_cycle_reinitialize()
{
  //在停止进给后，重新优化规划缓存器。从 block_buffer_tail 地址开始优化速度
  st_update_plan_block_parameters();
```

```
    block_buffer_planned = block_buffer_tail;
    planner_recalculate();
}
```

4.4　gcode

本节进行 G 代码功能解析。

4.4.1　gcode.h

gcode 类的 h 文件，代码解析如下：

```
#define MODAL_GROUP_G0 0          //[G4,G10,G28,G28.1,G30,G30.1,G53,G92,G92.1] 非模态组
#define MODAL_GROUP_G1 1          //[G0,G1,G2,G3,G38.2,G38.3,G38.4,G38.5,G80] 运动指令
#define MODAL_GROUP_G2 2          //[G17,G18,G19] 坐标平面
#define MODAL_GROUP_G3 3          //[G90,G91] 绝对/相对坐标
#define MODAL_GROUP_G4 4          //[G91.1] 圆弧 IJK 方式
#define MODAL_GROUP_G5 5          //[G93,G94] 进给模式
#define MODAL_GROUP_G6 6          //[G20,G21] 单位
#define MODAL_GROUP_G7 7          //[G40] 刀具半径补偿
#define MODAL_GROUP_G8 8          //[G43.1,G49] 刀长补偿
#define MODAL_GROUP_G12 9         //[G54,G55,G56,G57,G58,G59] 坐标系
#define MODAL_GROUP_G13 10        //[G61] 准停控制

#define MODAL_GROUP_M4 11         //[M0,M1,M2,M30] 停止
#define MODAL_GROUP_M7 12         //[M3,M4,M5] 主轴控制
#define MODAL_GROUP_M8 13         //[M7,M8,M9] 冷却控制
#define MODAL_GROUP_M9 14         //[M56] 倍率控制


//组  G0: 定义 G 代码的代号，如定义 NON_MODAL_DWELL 为 4，表示 G4（不要改）
#define NON_MODAL_NO_ACTION 0                    //(缺省: 必须是零)
#define NON_MODAL_DWELL 4                        //G4 (Do not alter value)
#define NON_MODAL_SET_COORDINATE_DATA 10         //G10 (Do not alter value)
#define NON_MODAL_GO_HOME_0 28                   //G28 (Do not alter value)
#define NON_MODAL_SET_HOME_0 38                  //G28.1 (Do not alter value)
#define NON_MODAL_GO_HOME_1 30                   //G30 (Do not alter value)
#define NON_MODAL_SET_HOME_1 40                  //G30.1 (Do not alter value)
#define NON_MODAL_ABSOLUTE_OVERRIDE 53           //G53 (Do not alter value)
#define NON_MODAL_SET_COORDINATE_OFFSET 92       //G92 (Do not alter value)
#define NON_MODAL_RESET_COORDINATE_OFFSET 102    //G92.1 (Do not alter value)


//组  G1: 同上（不要改）
#define MOTION_MODE_SEEK 0                        //G0 (Default: Must be zero)
#define MOTION_MODE_LINEAR 1                      //G1 (Do not alter value)
```

```
#define MOTION_MODE_CW_ARC 2                              //G2 (Do not alter value)
#define MOTION_MODE_CCW_ARC 3                             //G3 (Do not alter value)
#define MOTION_MODE_PROBE_TOWARD 140                      //G38.2 (Do not alter value)
#define MOTION_MODE_PROBE_TOWARD_NO_ERROR 141 //G38.3 (Do not alter value)
#define MOTION_MODE_PROBE_AWAY 142                        //G38.4 (Do not alter value)
#define MOTION_MODE_PROBE_AWAY_NO_ERROR 143   //G38.5 (Do not alter value)
#define MOTION_MODE_NONE 80                               //G80 (Do not alter value)


//组 G2:
#define PLANE_SELECT_XY 0                                 //G17 (Default: Must be zero)
#define PLANE_SELECT_ZX 1                                 //G18 (Do not alter value)
#define PLANE_SELECT_YZ 2                                 //G19 (Do not alter value)


//组 G3: Distance mode
#define DISTANCE_MODE_ABSOLUTE 0                          //G90 (Default: Must be zero)
#define DISTANCE_MODE_INCREMENTAL 1                       //G91 (Do not alter value)


//组 G4: Arc IJK distance mode
#define DISTANCE_ARC_MODE_INCREMENTAL 0                   //G91.1 (Default: Must be zero)


//组 M4: Program flow
#define PROGRAM_FLOW_RUNNING 0                            //(Default: Must be zero)
#define PROGRAM_FLOW_PAUSED 3                             //M0
#define PROGRAM_FLOW_OPTIONAL_STOP 1    //M1 NOTE: Not supported, but valid and ignored.
#define PROGRAM_FLOW_COMPLETED_M2 2     //M2 (Do not alter value)
#define PROGRAM_FLOW_COMPLETED_M30 30   //M30 (Do not alter value)


//组 G5: Feed rate mode
#define FEED_RATE_MODE_UNITS_PER_MIN  0 //G94 (Default: Must be zero)
#define FEED_RATE_MODE_INVERSE_TIME   1 //G93 (Do not alter value)


//组 G6: Units mode
#define UNITS_MODE_MM 0                                   //G21 (Default: Must be zero)
#define UNITS_MODE_INCHES 1                               //G20 (Do not alter value)


//组 G7: Cutter radius compensation mode
#define CUTTER_COMP_DISABLE 0                             //G40 (Default: Must be zero)


//组 G13: Control mode
#define CONTROL_MODE_EXACT_PATH 0                         //G61 (Default: Must be zero)


//组 M7: Spindle control
#define SPINDLE_DISABLE 0                                 //M5 (Default: Must be zero)
#define SPINDLE_ENABLE_CW    PL_COND_FLAG_SPINDLE_CW
//M3 (NOTE: Uses planner condition bit flag)
```

```
#define SPINDLE_ENABLE_CCW  PL_COND_FLAG_SPINDLE_CCW
//M4 (NOTE: Uses planner condition bit flag)

//组 M8: Coolant control
#define COOLANT_DISABLE 0 //M9 (Default: Must be zero)
#define COOLANT_FLOOD_ENABLE  PL_COND_FLAG_COOLANT_FLOOD
//M8 (NOTE: Uses planner condition bit flag)
#define COOLANT_MIST_ENABLE   PL_COND_FLAG_COOLANT_MIST
//M7 (NOTE: Uses planner condition bit flag)

//组  G8: Tool length offset
#define TOOL_LENGTH_OFFSET_CANCEL 0              //G49 (Default: Must be zero)
#define TOOL_LENGTH_OFFSET_ENABLE_DYNAMIC 1     //G43.1

//组  M9: Override control
#ifdef DEACTIVATE_PARKING_UPON_INIT
  #define OVERRIDE_DISABLED   0                  //(Default: Must be zero)
  #define OVERRIDE_PARKING_MOTION 1              //M56
#else
  #define OVERRIDE_PARKING_MOTION 0              //M56 (Default: Must be zero)
  #define OVERRIDE_DISABLED   1                  //Parking disabled.
#endif

//定义参数表
#define WORD_F   0
#define WORD_I   1
#define WORD_J   2
#define WORD_K   3
#define WORD_L   4
#define WORD_N   5
#define WORD_P   6
#define WORD_R   7
#define WORD_S   8
#define WORD_T   9
#define WORD_X   10
#define WORD_Y   11
#define WORD_Z   12

//解释器位置更新标志
#define GC_UPDATE_POS_TARGET    0                //Must be zero
#define GC_UPDATE_POS_SYSTEM    1
#define GC_UPDATE_POS_NONE      2

//探测循环，分别为发现物体，中止和初始化失败
#define GC_PROBE_FOUND       GC_UPDATE_POS_SYSTEM
```

```
#define GC_PROBE_ABORT        GC_UPDATE_POS_NONE
#define GC_PROBE_FAIL_INIT   GC_UPDATE_POS_NONE
#define GC_PROBE_FAIL_END    GC_UPDATE_POS_TARGET
#ifdef SET_CHECK_MODE_PROBE_TO_START
  #define GC_PROBE_CHECK_MODE    GC_UPDATE_POS_NONE
#else
  #define GC_PROBE_CHECK_MODE    GC_UPDATE_POS_TARGET
#endif

//解释器状态标志
#define GC_PARSER_NONE                  0              //Must be zero.
#define GC_PARSER_JOG_MOTION            bit(0)         //JOG
#define GC_PARSER_CHECK_MANTISSA        bit(1)         //
#define GC_PARSER_ARC_IS_CLOCKWISE      bit(2)
#define GC_PARSER_PROBE_IS_AWAY         bit(3)
#define GC_PARSER_PROBE_IS_NO_ERROR     bit(4)
#define GC_PARSER_LASER_FORCE_SYNC      bit(5)
#define GC_PARSER_LASER_DISABLE         bit(6)
#define GC_PARSER_LASER_ISMOTION        bit(7)

typedef struct {
    uint8_t motion;              //{G0,G1,G2,G3,G38.2,G80}
    uint8_t feed_rate;           //{G93,G94}
    uint8_t units;               //{G20,G21}
    uint8_t distance;            //{G90,G91}
    //uint8_t distance_arc;      //{G91.1} NOTE: Don't track. Only default supported.
    uint8_t plane_select;        //{G17,G18,G19}
    //uint8_t cutter_comp;       //{G40} NOTE: Don't track. Only default supported.
    uint8_t tool_length;         //{G43.1,G49}
    uint8_t coord_select;        //{G54,G55,G56,G57,G58,G59}
    //uint8_t control;           //{G61} NOTE: Don't track. Only default supported.
    uint8_t program_flow;        //{M0,M1,M2,M30}
    uint8_t coolant;             //{M7,M8,M9}
    uint8_t spindle;             //{M3,M4,M5}
    uint8_t override;            //{M56}
} gc_modal_t;                    //保存 G 代码模态

typedef struct {
    float f;                     //进给
    float ijk[3];                //I,J,K 圆弧偏移
    uint8_t l;                   //G10 or canned cycles parameters
    int32_t n;                   //行号
    float p;                     //G10 or dwell parameters
    //float q;                   //G82 peck drilling
    float r;                     //圆弧半径
```

```
  float s;                                   //主轴转速
  uint8_t t;                                 //刀具号
  float xyz[3];                              //X,Y,Z
} gc_values_t;                               //保存 G 代码的参数

typedef struct {
  gc_modal_t modal;
  float spindle_speed;                       //转速
  float feed_rate;                           //进给 Millimeters/min
  uint8_t tool;                              //刀号（未用）
  int32_t line_number;                       //行号
  float position[N_AXIS];                    //位置
  float coord_system[N_AXIS];                //当前工件坐标系 G54mm
  float coord_offset[N_AXIS];                //保留相对于机床零点的 G92 坐标偏移，单位为毫米
  float tool_length_offset;                  //刀长补偿
} parser_state_t;
extern parser_state_t gc_state;              //解释器状态
typedef struct {
  uint8_t non_modal_command;
  gc_modal_t modal;
  gc_values_t values;
} parser_block_t;                            //解释器行数据
```

4.4.2　gcode.c

gcode 类的 c 文件，代码解析如下：

```
#define MAX_LINE_NUMBER 10000000                 //最大行号
#define MAX_TOOL_NUMBER 255                       //最大刀具号
#define AXIS_COMMAND_NONE 0                       //不是运动指令
#define AXIS_COMMAND_NON_MODAL 1                  //非模态
#define AXIS_COMMAND_MOTION_MODE 2                //运动指令
#define AXIS_COMMAND_TOOL_LENGTH_OFFSET 3        //刀补
parser_state_t gc_state;
parser_block_t gc_block;
#define FAIL(status) return(status);
//初始化
void gc_init()
{
  memset(&gc_state, 0, sizeof(parser_state_t));              //清空状态寄存器
  //装载 G54 数据
  if (!(settings_read_coord_data(gc_state.modal.coord_select,gc_state.coord_system))) {
    report_status_message(STATUS_SETTING_READ_FAIL);
  }
}
//同步 G 代码解释器的位置，把系统位置赋给解释器
```

```
void gc_sync_position()
{
  system_convert_array_steps_to_mpos(gc_state.position,sys_position);
}
//解释行代码
uint8_t gc_execute_line(char *line)
{
  //初始化
  memset(&gc_block, 0, sizeof(parser_block_t));             //初始化行（块）数据寄存器.
  memcpy(&gc_block.modal,&gc_state.modal,sizeof(gc_modal_t));
  //把当前状态寄存器的模态数据赋给 gc_block.modal，即继承以前设置的 G 模态代码
  uint8_t axis_command = AXIS_COMMAND_NONE;
  uint8_t axis_0, axis_1, axis_linear;
  uint8_t coord_select = 0;          //G10 坐标系选择为空
  uint8_t axis_words = 0;            //XYZ tracking 设置 XYZ 是否在行指令中标志
  uint8_t ijk_words = 0;            //设置 IJK 是否在行指令中标志
  uint16_t command_words = 0;        //初始化
  uint16_t value_words = 0;
  uint8_t gc_parser_flags = GC_PARSER_NONE;
  //如果是系统命令" $J="，表示 JOG，该部分被 system_execute_line()调用
  if (line[0] == '$') {
    //Set G1 and G94 enforced modes to ensure accurate error checks
    gc_parser_flags |= GC_PARSER_JOG_MOTION;                  //置 JOG 运动标志
    gc_block.modal.motion = MOTION_MODE_LINEAR;              //置 G0
    gc_block.modal.feed_rate = FEED_RATE_MODE_UNITS_PER_MIN; //置进给速度单位
    #ifdef USE_LINE_NUMBERS
      gc_block.values.n = JOG_LINE_NUMBER;                  //设置行号
    #endif
  }
  uint8_t word_bit;
  uint8_t char_counter;
  char letter;
  float value;
  uint8_t int_value = 0;
  uint16_t mantissa = 0;
  //如果是 JOG 指令，从第三个字符开始读，否则，从 0 字符开始读
  if (gc_parser_flags & GC_PARSER_JOG_MOTION) { char_counter = 3; }
  else { char_counter = 0; }
  while (line[char_counter] != 0) {    //以下循环依次读行指令中的字符，直到结尾
letter = line[char_counter];         //读入字符
/*字符检查。G 代码是一个字符跟一些数字，如 G1，G54，G38.1 等，因为后面可能是浮点数，所
以读完字符后，要读一个浮点数*/
    if((letter < 'A') || (letter > 'Z')) { FAIL(STATUS_EXPECTED_COMMAND_LETTER); }
char_counter++;
//下一个字符地址读出 char_counter 开始的数值（浮点数），过程错误则报失败
```

```
if (!read_float(line, &char_counter, &value)) { FAIL(STATUS_BAD_NUMBER_FORMAT); }
int_value = trunc(value);                     //把上面读出的浮点数变为整数
mantissa =  round(100*(value - int_value));   //读出小数点后面的数
switch(letter) {                              //根据字母做相应处理
  case 'G':                                   //G 指令
    switch(int_value) {
      case 10: case 28: case 30: case 92:     //是 G10,G28,G30 或 G92
        if (mantissa == 0) {                  //不是 G28.1, G30.1 和 G92.1
          if (axis_command) { FAIL(STATUS_GCODE_AXIS_COMMAND_CONFLICT); }
          //如果此前不是 AXIS_COMMAND_NONE，报错
          axis_command = AXIS_COMMAND_NON_MODAL;   //表示指令是非模态
        }
      case 4: case 53:                        //由于前面没有 break，因此会继续执行
        word_bit = MODAL_GROUP_G0;            //置 G 代码组
        gc_block.non_modal_command = int_value;   //置 G 代码
        if ((int_value == 28) || (int_value == 30) || (int_value == 92)) {
        //如果是以上 G 代码，必须没有小数或小数为 10
          if (!((mantissa == 0) || (mantissa == 10))) { FAIL(STATUS_GCODE_UNSUPPORTED_
COMMAND); }
          gc_block.non_modal_command += mantissa;  //根据小数部分更改 G 代码
          mantissa = 0;                       //置零，为下次调用做准备
        }
        break;
      case 0: case 1: case 2: case 3: case 38:
        //在前面分析 G10/28/30/92 时，设置 axis_command = NON_MODAL;
        //如果在 G0/1/2/3/38 中，发现有 G10/28/30/92，认为冲突
        if (axis_command) { FAIL(STATUS_GCODE_AXIS_COMMAND_CONFLICT); }
        axis_command = AXIS_COMMAND_MOTION_MODE;   //设置运动指令
      case 80:
        word_bit = MODAL_GROUP_G1;            //置为 G1 组
        gc_block.modal.motion = int_value;    //设置 G 代码号
        if (int_value == 38){                 //如果是 G38，检查小数部分
          if (!((mantissa == 20) || (mantissa == 30) || (mantissa == 40) || (mantissa == 50))) {
            FAIL(STATUS_GCODE_UNSUPPORTED_COMMAND);
          }
          gc_block.modal.motion += (mantissa/10)+100;  //如 38.2 变成 38+20/10+100=382
          mantissa = 0;.
        }
        break;
      case 17: case 18: case 19:
        word_bit = MODAL_GROUP_G2;            //置为 G2 组
        gc_block.modal.plane_select = int_value - 17;  //根据 G 代码选择平面
        break;
      case 90: case 91:
        if (mantissa == 0) {
```

```
              word_bit = MODAL_GROUP_G3;                    //置为 G3 组
              gc_block.modal.distance = int_value - 90;     //绝对或相对
          } else {
              word_bit = MODAL_GROUP_G4;                    //置为 G4 组
              if ((mantissa != 10) || (int_value == 90)) { FAIL(STATUS_GCODE_UNSUPPORTED_
COMMAND); }
              mantissa = 0;
          }
          break;
        case 93: case 94:
          word_bit = MODAL_GROUP_G5;                        //置为 G5 组
          gc_block.modal.feed_rate = 94 - int_value;        //设置进给速度模式
          break;
        case 20: case 21:
          word_bit = MODAL_GROUP_G6;                        //置为 G5 组
          gc_block.modal.units = 21 - int_value;            //设置米制或英制（英寸）
          break;
        case 40:
          word_bit = MODAL_GROUP_G7;                        //置为 G5 组
          break;
        case 43: case 49:
          word_bit = MODAL_GROUP_G8;   //置为 G8 组，本代码不允许和其他 G 代码在一起混用
          if (axis_command) { FAIL(STATUS_GCODE_AXIS_COMMAND_CONFLICT); }
          axis_command = AXIS_COMMAND_TOOL_LENGTH_OFFSET;          //刀补
          if (int_value == 49) {        //G49
              gc_block.modal.tool_length = TOOL_LENGTH_OFFSET_CANCEL;     //取消刀补
          } else if (mantissa == 10) {   //G43.1
              gc_block.modal.tool_length = TOOL_LENGTH_OFFSET_ENABLE_DYNAMIC;
          } else { FAIL(STATUS_GCODE_UNSUPPORTED_COMMAND); }
          mantissa = 0;.
          break;
        case 54: case 55: case 56: case 57: case 58: case 59:
          word_bit = MODAL_GROUP_G12;                    //置为 G12 组
          gc_block.modal.coord_select = int_value - 54;  //选择坐标系
          break;
        case 61:
          word_bit = MODAL_GROUP_G13;                    //置为 G13 组
          if (mantissa != 0) { FAIL(STATUS_GCODE_UNSUPPORTED_COMMAND); }
          break;
        default: FAIL(STATUS_GCODE_UNSUPPORTED_COMMAND);
      }
    //mantissa 经过上面过程，应该为 0，如果不等于 0，报错
      if (mantissa > 0) { FAIL(STATUS_GCODE_COMMAND_VALUE_NOT_INTEGER); }
    /* command_words 的不同位代表不同的 G 组，如果 word_bit 指示的位=1，表示这个组已经有一个
同组的 G 代码，因此出错。同组的 G 代码只能有一个*/
```

```
        if ( bit_istrue(command_words,bit(word_bit)) ) { FAIL(STATUS_GCODE_MODAL_GROUP_
VIOLATION); }
        command_words |= bit(word_bit);                    //该 G 组被使用
        break;

    case 'M':                                              //M 代码解释
        if (mantissa > 0) {                                //M 代码没有小数位
FAIL(STATUS_GCODE_COMMAND_VALUE_NOT_INTEGER); }
        switch(int_value) {
        case 0: case 1: case 2: case 30:                   //M0/1/2/30
            word_bit = MODAL_GROUP_M4;                     //置为 M4 组
            switch(int_value) {
                //M0,程序暂停
            case 0: gc_block.modal.program_flow = PROGRAM_FLOW_PAUSED; break;
            case 1: break;                                 //未使用
            default: gc_block.modal.program_flow = int_value;   //指明是 M0/1/2/30 中哪个
            }
            break;
        case 3: case 4: case 5:                            //M3/4/5
            word_bit = MODAL_GROUP_M7;                     //置为 M7 组
            switch(int_value) {
                case 3: gc_block.modal.spindle = SPINDLE_ENABLE_CW; break;    //主轴正转
                case 4: gc_block.modal.spindle = SPINDLE_ENABLE_CCW; break;   //主轴反转
                case 5: gc_block.modal.spindle = SPINDLE_DISABLE; break;      //主轴正转
            }
            break;
        #ifdef ENABLE_M7
        case 7: case 8: case 9:                            //M7/8/9
        #else
        case 8: case 9:
        #endif
            word_bit = MODAL_GROUP_M8;                      //置为 M8 组
            switch(int_value) {
            #ifdef ENABLE_M7
                case 7: gc_block.modal.coolant |= COOLANT_MIST_ENABLE; break; //雾化开
            #endif
                case 8: gc_block.modal.coolant |= COOLANT_FLOOD_ENABLE; break; //水冷开
                case 9: gc_block.modal.coolant = COOLANT_DISABLE; break;       //冷却关
            }
            break;
        #ifdef ENABLE_PARKING_OVERRIDE_CONTROL
        case 56: //M56
            word_bit = MODAL_GROUP_M9;                      //置为 M9 组
            gc_block.modal.override = OVERRIDE_PARKING_MOTION;    //驻车进给倍率
            break;
```

```
        #endif
        default: FAIL(STATUS_GCODE_UNSUPPORTED_COMMAND);          //其他的 M 代码,报错
      }
  //检查是否有两个同组的 M 代码
      if ( bit_istrue(command_words,bit(word_bit)) ) { FAIL(STATUS_GCODE_MODAL_GROUP_
VIOLATION); }
      command_words |= bit(word_bit);          //置 M 组代码标志
      break;
      switch(letter){
        case 'F': word_bit = WORD_F; gc_block.values.f = value; break;          //F 代码
          case 'I': word_bit = WORD_I; gc_block.values.ijk[X_AXIS] = value; ijk_words |=
(1<<X_AXIS); break;                                                  //I 代码
          case 'J': word_bit = WORD_J; gc_block.values.ijk[Y_AXIS] = value; ijk_words |=
(1<<Y_AXIS); break;                                                  //J 代码
          case 'K': word_bit = WORD_K; gc_block.values.ijk[Z_AXIS] = value; ijk_words |=
(1<<Z_AXIS); break;                                                  //K 代码
        case 'L': word_bit = WORD_L; gc_block.values.l = int_value; break;          //L 代码
        case 'N': word_bit = WORD_N; gc_block.values.n = trunc(value); break;          //N 代码
        case 'P': word_bit = WORD_P; gc_block.values.p = value; break;          //P 代码
        case 'R': word_bit = WORD_R; gc_block.values.r = value; break;          //R 代码
        case 'S': word_bit = WORD_S; gc_block.values.s = value; break;          //S 代码
        case 'T': word_bit = WORD_T;          //T 代码,检查刀号是否在设置范围内
            if (value > MAX_TOOL_NUMBER) { FAIL(STATUS_GCODE_MAX_VALUE_
EXCEEDED); }
          gc_block.values.t = int_value;          //刀号
          break;
          case 'X': word_bit = WORD_X; gc_block.values.xyz[X_AXIS] = value; axis_words |=
(1<<X_AXIS); break;                          //X 代码,置 X 轴有数据
          case 'Y': word_bit = WORD_Y; gc_block.values.xyz[Y_AXIS] = value; axis_words |=
(1<<Y_AXIS); break;                          //Y 代码,置 Y 轴有数据
          case 'Z': word_bit = WORD_Z; gc_block.values.xyz[Z_AXIS] = value; axis_words |=
(1<<Z_AXIS); break;                          //Z 代码,置 Z 轴有数据
        default: FAIL(STATUS_GCODE_UNSUPPORTED_COMMAND);
      }
  //如果 X/Y/Z/I/J/K/F/L/N/P/R/S/T 中有两个,报错
      if (bit_istrue(value_words,bit(word_bit))) { FAIL(STATUS_GCODE_WORD_REPEATED); }
      if ( bit(word_bit) & (bit(WORD_F)|bit(WORD_N)|bit(WORD_P)|bit(WORD_T)| bit(WORD_S)) )
{
  //如果 F/N/P/T/S 中有一个值<0,报错
      if (value < 0.0) { FAIL(STATUS_NEGATIVE_VALUE); }
      }
      value_words |= bit(word_bit);                    //标识 F/N/P/T/S 中哪个被设置了
    }
  }
  //以上代码用于解释,下面代码用于错误检查,并把上面的解释数据传给 gc_block
```

```
    if (axis_words) {//如果行指令中包括 X，Y，Z，标记模式 AXIS_COMMAND_MOTION_MODE
      if (!axis_command) { axis_command = AXIS_COMMAND_MOTION_MODE; }
    }


    //检查行号 N
    if (bit_istrue(value_words,bit(WORD_N))) {
        if (gc_block.values.n > MAX_LINE_NUMBER) { FAIL(STATUS_GCODE_INVALID_
LINE_NUMBER); }                //如果行号大于最大设置值，报错
    }
    if (gc_parser_flags & GC_PARSER_JOG_MOTION) {    //如果行指令是 JOG 指令
        if (bit_isfalse(value_words,bit(WORD_F)))    { FAIL(STATUS_GCODE_UNDEFINED_
FEED_RATE); }     //如果没有 F 代码，报错
      if (gc_block.modal.units == UNITS_MODE_INCHES) { gc_block.values.f *= MM_PER_INCH; }
                  //把进给速度单位改成英寸
    } else {     //如果不是 JOG 指令
      if (gc_block.modal.feed_rate == FEED_RATE_MODE_INVERSE_TIME) {   //反比进给 G93
        if (axis_command == AXIS_COMMAND_MOTION_MODE) {          //如果是运动指令
          if ((gc_block.modal.motion != MOTION_MODE_NONE) && (gc_block.modal.motion !=
MOTION_MODE_SEEK)) {        //如果是 G0，也不是 G80
            if (bit_isfalse(value_words,bit(WORD_F))) { FAIL(STATUS_GCODE_UNDEFINED_
FEED_RATE); }     //如果没有 F 代码，报错
          }
        }
      } else {     //正常进给速度 G94
      //如果进给速度单位是 mm（inch）/min
        if (gc_state.modal.feed_rate == FEED_RATE_MODE_UNITS_PER_MIN) {
          if (bit_istrue(value_words,bit(WORD_F))) {        //如果行指令中有 F 代码
            if (gc_block.modal.units == UNITS_MODE_INCHES) { gc_block.values.f *=
MM_PER_INCH; } //如果单位是 inch，计算进给速度
          } else {
            gc_block.values.f = gc_state.feed_rate;
          }
        }
      }
    }
    //如果包括 S 代码，设置转速
    if (bit_isfalse(value_words,bit(WORD_S))) { gc_block.values.s = gc_state.spindle_speed; }
    #ifdef ENABLE_PARKING_OVERRIDE_CONTROL          //如果定义了驻车
      if (bit_istrue(command_words,bit(MODAL_GROUP_M9))) {    //有 M9 组代码
        if (bit_istrue(value_words,bit(WORD_P))) {          //有 P 代码
    //如果 P 代码的值=0，驻车倍率关
        if (gc_block.values.p == 0.0) { gc_block.modal.override = OVERRIDE_DISABLED; }
        bit_false(value_words,bit(WORD_P));            //P 代码标志位清空
      }
    }
```

```
#endif
//如果是 G4
if (gc_block.non_modal_command == NON_MODAL_DWELL) {
    if (bit_isfalse(value_words,bit(WORD_P)))  {  FAIL(STATUS_GCODE_VALUE_  WORD_
MISSING); } //如果 WORD_P 位没有值，报错
    bit_false(value_words,bit(WORD_P));          //P 代码标志位清空
}

switch (gc_block.modal.plane_select) {           //根据选择的平面，进行下面的处理
  case PLANE_SELECT_XY:                  //XY 平面
    axis_0 = X_AXIS;
    axis_1 = Y_AXIS;
    axis_linear = Z_AXIS;
    break;
  case PLANE_SELECT_ZX:                  //ZX 平面
    axis_0 = Z_AXIS;
    axis_1 = X_AXIS;
    axis_linear = Y_AXIS;
    break;
  default: //case PLANE_SELECT_YZ:       //YZ 平面
    axis_0 = Y_AXIS;
    axis_1 = Z_AXIS;
    axis_linear = X_AXIS;
}
//如果单位是 inch
uint8_t idx;
if (gc_block.modal.units == UNITS_MODE_INCHES) {
    for (idx=0; idx<N_AXIS; idx++) {           //如果 X/Y/Z 有值，重新计算位置
        if (bit_istrue(axis_words,bit(idx)) ) {
            gc_block.values.xyz[idx] *= MM_PER_INCH;
        }
    }
}
//如果行指令是刀长补
if (axis_command == AXIS_COMMAND_TOOL_LENGTH_OFFSET ) {
//如果刀长是动态补偿（G43.1）
    if (gc_block.modal.tool_length == TOOL_LENGTH_OFFSET_ENABLE_DYNAMIC) {
        if (axis_words ^ (1<<TOOL_LENGTH_OFFSET_AXIS)) {  FAIL(STATUS_GCODE_G43_
DYNAMIC_AXIS_ERROR); }                      //如果没有 Z 代码，报错
    }
}
.
float block_coord_system[N_AXIS];
memcpy(block_coord_system,gc_state.coord_system,sizeof(gc_state.coord_system));
if ( bit_istrue(command_words,bit(MODAL_GROUP_G12)) ) {        //如有 G12 组
```

```
//G54-G59, N_COORDINATE_SYSTEM=6
      if (gc_block.modal.coord_select > N_COORDINATE_SYSTEM) { FAIL(STATUS_GCODE_
UNSUPPORTED_COORD_SYS); }  //工件坐标系号>6，报错
      if (gc_state.modal.coord_select != gc_block.modal.coord_select) {
      //如果工件坐标系和当前模态的坐标系不同，读数据到 block_coord_system 变量
            if (!(settings_read_coord_data(gc_block.modal.coord_select,block_coord_system)))  { FAIL
(STATUS_SETTING_READ_FAIL); }
      }
    }
    /*G10 代码的格式如下：G10L_P_R_X_Y_Z_L，选择的偏置种类，可以选择 L2 和 L20*/
    switch (gc_block.non_modal_command) {                    //非模态指令 G0 组
      case NON_MODAL_SET_COORDINATE_DATA:              //G10
      if (!axis_words) { FAIL(STATUS_GCODE_NO_AXIS_WORDS) };     //如果没有 X/Y/Z 代码
        if (bit_isfalse(value_words,((1<<WORD_P)|(1<<WORD_L))))  {  FAIL(STATUS_GCODE_
VALUE_WORD_MISSING); }                              //如果没有 P/L 代码
      coord_select = trunc(gc_block.values.p);              //P 代码值整数化
      if (coord_select > N_COORDINATE_SYSTEM) { FAIL(STATUS_GCODE_UNSUPPORTED
_COORD_SYS); }                              //如果比 6 大
      if (gc_block.values.l != 20) {                    //如果 WORD_L 的数值不等于 20
       if (gc_block.values.l == 2) {                    //如果 WORD_L 的数值等于 2
          if (bit_istrue(value_words,bit(WORD_R)))  {  FAIL(STATUS_GCODE_UNSUPPORTED
_COMMAND); }                              //如果存在 R 代码
        } else { FAIL(STATUS_GCODE_UNSUPPORTED_COMMAND); } //[Unsupported L]
      }
      bit_false(value_words,(bit(WORD_L)|bit(WORD_P)));        //P 和 L 代码标志位清空
      //将坐标系索引从 1 至 6 变成 0 至 5
      if (coord_select > 0) { coord_select--; }
      else { coord_select = gc_block.modal.coord_select; }
      //如果 coord_select=0，则是当前的工件坐标系
      //如果不能从 eeprom 中读出 coord_select 指定的坐标系数据到 values.ijk，报错
     if (!settings_read_coord_data(coord_select,gc_block.values.ijk)) {
     FAIL(STATUS_SETTING_READ_FAIL);
     }
      for (idx=0; idx<N_AXIS; idx++) {
       if (bit_istrue(axis_words,bit(idx)) ) {
         if (gc_block.values.l == 20) {
         //L20: 把当前位置设为偏移，修改工件坐标系
         //WPos = MPos - WCS - G92 - TLO  ->  WCS = MPos - G92 - TLO - WPos
         gc_block.values.ijk[idx] = gc_state.position[idx]-gc_state.coord_offset[idx]-gc_block.values.
xyz[idx];
           if (idx == TOOL_LENGTH_OFFSET_AXIS) { gc_block.values.ijk[idx] -= gc_state.tool_
length_offset; }
         } else {
         //L2: 从 G10 指令中读出 XYZ 修改工件坐标系
         gc_block.values.ijk[idx] = gc_block.values.xyz[idx];
```

```
            }
        }
    }
    break;
case NON_MODAL_SET_COORDINATE_OFFSET:                    //G92
    if (!axis_words) { FAIL(STATUS_GCODE_NO_AXIS_WORDS); }    //没有 XYZ 代码
    for (idx=0; idx<N_AXIS; idx++) {                        //修改工件坐标系
        if (bit_istrue(axis_words,bit(idx)) ) {
            gc_block.values.xyz[idx] = gc_state.position[idx]-block_coord_system[idx]-gc_block.values.
xyz[idx];
            if (idx == TOOL_LENGTH_OFFSET_AXIS) { gc_block.values.xyz[idx] -= gc_state.tool_
length_offset; }
        } else {        //X/Y/Z 代码如果没有全部包括，缺少的，继承当前的数值
            gc_block.values.xyz[idx] = gc_state.coord_offset[idx];
        }
    }
    break;
default:
    if (axis_command != AXIS_COMMAND_TOOL_LENGTH_OFFSET ) {    //不是刀长补
    if (axis_words) {    //如果有 X/Y/Z 代码
        for (idx=0; idx<N_AXIS; idx++) {
            if ( bit_isfalse(axis_words,bit(idx)) ) {
                gc_block.values.xyz[idx] = gc_state.position[idx];
                //如果没有指定 X/Y/Z，继承当前位置
            } else {
                //如果不是 G53（非模态代码，其作用是取消工件坐标系，用机床坐标系）
                if (gc_block.non_modal_command != NON_MODAL_ABSOLUTE_OVERRIDE) {
                    //如果是 G90
                    if (gc_block.modal.distance == DISTANCE_MODE_ABSOLUTE) {
                        gc_block.values.xyz[idx] += block_coord_system[idx] + gc_state.coord_offset[idx];
                        if (idx == TOOL_LENGTH_OFFSET_AXIS) { gc_block.values.xyz[idx] +=
gc_state.tool_length_offset; }
                    } else {        //如果是 G91
                        gc_block.values.xyz[idx] += gc_state.position[idx];
                    }
                }
            }
        }
    }
    }


    //非模态命令 G28/G30 检查
    switch (gc_block.non_modal_command) {
        case NON_MODAL_GO_HOME_0: //G28
        case NON_MODAL_GO_HOME_1: //G30
```

```
          if (gc_block.non_modal_command == NON_MODAL_GO_HOME_0) {
                  if (!settings_read_coord_data(SETTING_INDEX_G28,gc_block.values.ijk)) {    FAIL
(STATUS_SETTING_READ_FAIL); }                         //G28 读工件坐标系数据
                  } else {                            //G30 读工件坐标系数据
                  if (!settings_read_coord_data(SETTING_INDEX_G30,gc_block.values.ijk)) {    FAIL
(STATUS_SETTING_READ_FAIL); }
                  }
              if (axis_words) {
                //如果有 X/Y/Z 代码
                for (idx=0; idx<N_AXIS; idx++) {
                //如果 X/Y/Z 代码中哪一个缺失，继承当前轴位置
                    if (!(axis_words & (1<<idx))) { gc_block.values.ijk[idx] = gc_state.position[idx]; }
                }
              } else {      //如果没有 X/Y/Z 代码
                axis_command = AXIS_COMMAND_NONE;
              }
              break;
            case NON_MODAL_SET_HOME_0:                 //G28.1
            case NON_MODAL_SET_HOME_1:                 //G30.1
            break;
            case NON_MODAL_RESET_COORDINATE_OFFSET:
            break;
            case NON_MODAL_ABSOLUTE_OVERRIDE:      //G53
                if (!(gc_block.modal.motion == MOTION_MODE_SEEK || gc_block.modal.motion ==
MOTION_MODE_LINEAR)) {                                 //如果 G0 和 G1 没有激活
                  FAIL(STATUS_GCODE_G53_INVALID_MOTION_MODE);
                }
              break;
          }
        }
      if (gc_block.modal.motion == MOTION_MODE_NONE) {            //G80
        if (axis_words) { FAIL(STATUS_GCODE_AXIS_WORDS_EXIST); } //如果没有 X/Y/Z 代码，报错
      } else if ( axis_command == AXIS_COMMAND_MOTION_MODE ) {   //如果行指令是运动指令
        if (gc_block.modal.motion == MOTION_MODE_SEEK) {          //G0
          if (!axis_words) { axis_command = AXIS_COMMAND_NONE; }
          //如果没有 X/Y/Z 代码，改成非运动指令
        } else {
          //检查进给速度
          if (gc_block.values.f == 0.0) { FAIL(STATUS_GCODE_UNDEFINED_FEED_RATE); }
          switch (gc_block.modal.motion) {
            case MOTION_MODE_LINEAR:       //G1，如果没有 X/Y/Z 代码，改成非运动指令
              if (!axis_words) { axis_command = AXIS_COMMAND_NONE; }
              break;
            case MOTION_MODE_CW_ARC:       //G2
              gc_parser_flags |= GC_PARSER_ARC_IS_CLOCKWISE;            //置顺时针圆弧标志
```

```
            case MOTION_MODE_CCW_ARC:        //G3
                if (!axis_words) { FAIL(STATUS_GCODE_NO_AXIS_WORDS); }        //如果没有X/Y/Z代码
                if (!(axis_words & (bit(axis_0)|bit(axis_1)))) { FAIL(STATUS_GCODE_NO_AXIS_WORDS_
IN_PLANE); } //在选择平面时，确定了平面内的轴是axis_0和axis_1，如果这两个轴没有代码，报错
                //计算X轴和Y轴的相对移动距离
                float x,y;
                x = gc_block.values.xyz[axis_0]-gc_state.position[axis_0];
                //Delta x between current position and target
                y = gc_block.values.xyz[axis_1]-gc_state.position[axis_1];
                //Delta y between current position and target
                if (value_words & bit(WORD_R)) {        //如果有R代码
                  bit_false(value_words,bit(WORD_R));        //将R代码标志清零，为下次使用做准备
                    if (isequal_position_vector(gc_state.position, gc_block.values.xyz)) { FAIL(STATUS_
GCODE_INVALID_TARGET); }                        //如果当前位置和行指令目标位置相同
                    //如果单位是英寸，转换数值
                        if (gc_block.modal.units == UNITS_MODE_INCHES) { gc_block.values.r *=
MM_PER_INCH; }
                    //以下公式用于计算圆心坐标
                    float h_x2_div_d = 4.0 * gc_block.values.r*gc_block.values.r - x*x - y*y;
                    if (h_x2_div_d < 0) { FAIL(STATUS_GCODE_ARC_RADIUS_ERROR); }
                    h_x2_div_d = -sqrt(h_x2_div_d)/hypot_f(x,y); //== -(h * 2 / d)
                    if (gc_block.modal.motion == MOTION_MODE_CCW_ARC) { h_x2_div_d = -h_x2_div_d; }
                    if (gc_block.values.r < 0) {
                        h_x2_div_d = -h_x2_div_d;
                        gc_block.values.r = -gc_block.values.r;
                    }
                    //计算圆弧中心
                    gc_block.values.ijk[axis_0] = 0.5*(x-(y*h_x2_div_d));
                    gc_block.values.ijk[axis_1] = 0.5*(y+(x*h_x2_div_d));
                } else {        //如果是给定G2/3的半径，则给出I、J、K值
                //如果IJK代码内面不包括平面选择时确定的axis_0和axis_1轴，报错
                    if (!(ijk_words & (bit(axis_0)|bit(axis_1)))) { FAIL(STATUS_GCODE_NO_OFFSETS_IN_
PLANE); } //[No offsets in plane]
                    bit_false(value_words,(bit(WORD_I)|bit(WORD_J)|bit(WORD_K)));   //清空I、J、K代码标志
                    //转变I、J、K为合适的单位，英寸变毫米（mm）
                    if (gc_block.modal.units == UNITS_MODE_INCHES) {
                        for (idx=0; idx<N_AXIS; idx++) {
                            if (ijk_words & bit(idx)) { gc_block.values.ijk[idx] *= MM_PER_INCH; }
                        }
                    }
                    //计算圆弧半径（用目标点-圆弧中心）
                    x -= gc_block.values.ijk[axis_0];
                    y -= gc_block.values.ijk[axis_1];
                    float target_r = hypot_f(x,y);
```

```
                //计算圆弧半径（用圆弧中心数据，因为它实际上是与圆弧起点的相对位置）
                gc_block.values.r = hypot_f(gc_block.values.ijk[axis_0], gc_block.values.ijk[axis_1]);

                //比较两次计算的圆弧半径，超过设定误差，报错
                float delta_r = fabs(target_r-gc_block.values.r);
                if (delta_r > 0.005) {
                    if (delta_r > 0.5) { FAIL(STATUS_GCODE_INVALID_TARGET); } //[Arc definition error]
> 0.5mm
                    if (delta_r > (0.001*gc_block.values.r)) { FAIL(STATUS_GCODE_INVALID_TARGET); }
//[Arc definition error] > 0.005mm AND 0.1% radius
                }
            }
            break;
        case MOTION_MODE_PROBE_TOWARD_NO_ERROR:
      case MOTION_MODE_PROBE_AWAY_NO_ERROR:                   //G141 和 G143
            gc_parser_flags |= GC_PARSER_PROBE_IS_NO_ERROR;   //置探测无错误
//G140 和 G142
        case MOTION_MODE_PROBE_TOWARD: case MOTION_MODE_PROBE_AWAY:
            if ((gc_block.modal.motion == MOTION_MODE_PROBE_AWAY) || (gc_block.modal.motion
==
MOTION_MODE_PROBE_AWAY_NO_ERROR))
{ gc_parser_flags |= GC_PARSER_PROBE_IS_AWAY; }    //置探测离开方式
            if (!axis_words) { FAIL(STATUS_GCODE_NO_AXIS_WORDS); } //如果没有 X、Y、Z 代码
            if (isequal_position_vector(gc_state.position, gc_block.values.xyz))
{ FAIL(STATUS_GCODE_INVALID_TARGET); }            //如果目标位置和当前位置相等，报错
            break;
        }
      }
    }

    //如果是 JOG
    if (gc_parser_flags & GC_PARSER_JOG_MOTION) {
      bit_false(value_words,(bit(WORD_N)|bit(WORD_F))); //设置 N 和 F 代码标志清零
    } else { //否则清零 N\F\S\T 代码标志
      bit_false(value_words,(bit(WORD_N)|bit(WORD_F)|bit(WORD_S)|bit(WORD_T)));
    }
//如果不是非运动指令，清零 X\Y\Z 代码标志
    if (axis_command) { bit_false(value_words,(bit(WORD_X)|bit(WORD_Y)|bit(WORD_Z))); }
    if (value_words) { FAIL(STATUS_GCODE_UNUSED_WORDS); }
//如果还有未清零的标志位，表示有代码没有进行规划处理
    plan_line_data_t plan_data;
    plan_line_data_t *pl_data = &plan_data;
    memset(pl_data,0,sizeof(plan_line_data_t));               //Zero pl_data struct

    //如果是 JOG 指令
```

```
    if (gc_parser_flags & GC_PARSER_JOG_MOTION) {
        //如果模态命令包括除 G3 组、G6 组和 G0 组以外的 G 代码，报错
    if (command_words & ~(bit(MODAL_GROUP_G3) | bit(MODAL_GROUP_G6) | bit(MODAL_
GROUP_G0)) ) { FAIL(STATUS_INVALID_JOG_COMMAND) };
        //如果非模态命令包括 G53 以外的代码，报错
    if (!(gc_block.non_modal_command == NON_MODAL_ABSOLUTE_OVERRIDE || gc_block.non_
modal_command == NON_MODAL_NO_ACTION))
    { FAIL(STATUS_INVALID_JOG_COMMAND); }


        //传递转速和规划条件参数
        pl_data->spindle_speed = gc_state.spindle_speed;
        plan_data.condition = (gc_state.modal.spindle | gc_state.modal.coolant);
        uint8_t status = jog_execute(&plan_data, &gc_block);        //执行 JOG
        if (status == STATUS_OK) { memcpy(gc_state.position, gc_block.values.xyz, sizeof(gc_block.
values.xyz)); }        //如果 JOG 成功，把 JOG 目标点赋给解释器状态变量
        return(status);
    }
        //如果设备是激光模式，而运动模式不是直线和圆弧，关闭激光模式的无效开关
    if (bit_istrue(settings.flags,BITFLAG_LASER_MODE)) {
        if (  !((gc_block.modal.motion == MOTION_MODE_LINEAR) || (gc_block.modal.motion ==
MOTION_MODE_CW_ARC)   || (gc_block.modal.motion == MOTION_MODE_CCW_ARC)) ) {
            gc_parser_flags |= GC_PARSER_LASER_DISABLE;}
    //如果是运动指令
    if (axis_words && (axis_command == AXIS_COMMAND_MOTION_MODE)) {
        gc_parser_flags |= GC_PARSER_LASER_ISMOTION;   //激光运动
    } else {
        /*M3 恒定功率激光器在 G1/2/3 运动模式状态之间变化时，需要同步更新激光器，反之，当线
路没有运动时，也需要进行同步处理*/
        if (gc_state.modal.spindle == SPINDLE_ENABLE_CW) {
            if ((gc_state.modal.motion == MOTION_MODE_LINEAR) || (gc_state.modal.motion ==
MOTION_MODE_CW_ARC)   || (gc_state.modal.motion == MOTION_MODE_CCW_ARC)) {
                if (bit_istrue(gc_parser_flags,GC_PARSER_LASER_DISABLE)) {
                    gc_parser_flags |= GC_PARSER_LASER_FORCE_SYNC; //Change from G1/2/3 motion
mode.
                }
            } else {
                if (bit_isfalse(gc_parser_flags,GC_PARSER_LASER_DISABLE)) {
                    gc_parser_flags |= GC_PARSER_LASER_FORCE_SYNC;
                }
            }
        }
    }
    }
        //设置行号
    gc_state.line_number = gc_block.values.n;
```

```
#ifdef USE_LINE_NUMBERS
    pl_data->line_number = gc_state.line_number;        //用于跟踪和输出行号
#endif
//设置进给速度方式 G93/94
gc_state.modal.feed_rate = gc_block.modal.feed_rate;
if (gc_state.modal.feed_rate) { pl_data->condition |= PL_COND_FLAG_INVERSE_TIME; }
//设置进给速度
gc_state.feed_rate = gc_block.values.f;
pl_data->feed_rate = gc_state.feed_rate;
//设置主轴转速
if ((gc_state.spindle_speed != gc_block.values.s) || bit_istrue(gc_parser_flags,
GC_PARSER_LASER_FORCE_SYNC)) {
    if (gc_state.modal.spindle != SPINDLE_DISABLE) {
    #ifdef VARIABLE_SPINDLE
        if (bit_isfalse(gc_parser_flags,GC_PARSER_LASER_ISMOTION)) {
            if (bit_istrue(gc_parser_flags,GC_PARSER_LASER_DISABLE)) {
                spindle_sync(gc_state.modal.spindle, 0.0);
            } else { spindle_sync(gc_state.modal.spindle, gc_block.values.s); }
        }
    #else
        spindle_sync(gc_state.modal.spindle, 0.0);
    #endif
    }
    gc_state.spindle_speed = gc_block.values.s;
}
//激光模式
if (bit_isfalse(gc_parser_flags,GC_PARSER_LASER_DISABLE)) {
    pl_data->spindle_speed = gc_state.spindle_speed;
} //else { pl_data->spindle_speed = 0.0; }
    //主轴控制
if (gc_state.modal.spindle != gc_block.modal.spindle) {
    spindle_sync(gc_block.modal.spindle, pl_data->spindle_speed);
    gc_state.modal.spindle = gc_block.modal.spindle;
}
pl_data->condition |= gc_state.modal.spindle;
//冷却控制
if (gc_state.modal.coolant != gc_block.modal.coolant) {
    coolant_sync(gc_block.modal.coolant);
    gc_state.modal.coolant = gc_block.modal.coolant;
}
pl_data->condition |= gc_state.modal.coolant;
//倍率控制
#ifdef ENABLE_PARKING_OVERRIDE_CONTROL
    if (gc_state.modal.override != gc_block.modal.override) {
        gc_state.modal.override = gc_block.modal.override;
```

```
      mc_override_ctrl_update(gc_state.modal.override);
    }
  #endif
  //暂停
  if (gc_block.non_modal_command == NON_MODAL_DWELL) {
mc_dwell(gc_block.values.p);
  }
  //选择平面
  gc_state.modal.plane_select = gc_block.modal.plane_select;
  //设置长度单位
  gc_state.modal.units = gc_block.modal.units;
  //刀具长度补偿
  if (axis_command == AXIS_COMMAND_TOOL_LENGTH_OFFSET ) { //Indicates a change.
    gc_state.modal.tool_length = gc_block.modal.tool_length;
    if (gc_state.modal.tool_length == TOOL_LENGTH_OFFSET_CANCEL) { //G49
      gc_block.values.xyz[TOOL_LENGTH_OFFSET_AXIS] = 0.0;
    } else          //G43.1
    if ( gc_state.tool_length_offset != gc_block.values.xyz[TOOL_LENGTH_OFFSET_AXIS] ) {
      gc_state.tool_length_offset = gc_block.values.xyz[TOOL_LENGTH_OFFSET_AXIS];
      system_flag_wco_change();
    }
  }


  //坐标系选择
  if (gc_state.modal.coord_select != gc_block.modal.coord_select) {
    gc_state.modal.coord_select = gc_block.modal.coord_select;
    memcpy(gc_state.coord_system,block_coord_system,N_AXIS*sizeof(float));
    system_flag_wco_change();
  }


  //Set path control mode ]: G61.1/G64 NOT SUPPORTED
  //gc_state.modal.control = gc_block.modal.control; //NOTE: Always default.


  //Set distance mode
  gc_state.modal.distance = gc_block.modal.distance;


  //回零，G10，或者设置轴偏移
  switch(gc_block.non_modal_command) {                        //如果是非模态指令
    case NON_MODAL_SET_COORDINATE_DATA:                      //如果是设置坐标偏移
      settings_write_coord_data(coord_select,gc_block.values.ijk);   //数据写到指定的坐标系号
      if (gc_state.modal.coord_select == coord_select) {       //如果当前坐标系是修改的，更新
        memcpy(gc_state.coord_system,gc_block.values.ijk,N_AXIS*sizeof(float));
        system_flag_wco_change();
      }
      break;
```

```
      case NON_MODAL_GO_HOME_0: case NON_MODAL_GO_HOME_1:          //回参考点
        pl_data->condition |= PL_COND_FLAG_RAPID_MOTION;           //设置快进
        if (axis_command) { mc_line(gc_block.values.xyz, pl_data); }    //走到中间点
        mc_line(gc_block.values.ijk, pl_data);    //走到参考点
        memcpy(gc_state.position, gc_block.values.ijk, N_AXIS*sizeof(float));
        break;
      case NON_MODAL_SET_HOME_0:          //保存第一参考点数据
        settings_write_coord_data(SETTING_INDEX_G28,gc_state.position);
        break;
      case NON_MODAL_SET_HOME_1:          //保存第二参考点数据
        settings_write_coord_data(SETTING_INDEX_G30,gc_state.position);
        break;
      case NON_MODAL_SET_COORDINATE_OFFSET:          //G92
        memcpy(gc_state.coord_offset,gc_block.values.xyz,sizeof(gc_block.values.xyz));
        system_flag_wco_change();
        break;
      case NON_MODAL_RESET_COORDINATE_OFFSET:          //G92 清除
        clear_vector(gc_state.coord_offset);
        system_flag_wco_change();
        break;
    }


    //运动模式
    gc_state.modal.motion = gc_block.modal.motion;
    if (gc_state.modal.motion != MOTION_MODE_NONE) {                  //如果不是非运动指令
      if (axis_command == AXIS_COMMAND_MOTION_MODE) {    //运动指令
      uint8_t gc_update_pos = GC_UPDATE_POS_TARGET;
        if (gc_state.modal.motion == MOTION_MODE_LINEAR) {     //G1
          mc_line(gc_block.values.xyz, pl_data);                     //运动规划
        } else if (gc_state.modal.motion == MOTION_MODE_SEEK) {  //G0
          pl_data->condition |= PL_COND_FLAG_RAPID_MOTION;    //设置快进标志
          mc_line(gc_block.values.xyz, pl_data);                     //运动规划
        } else if ((gc_state.modal.motion == MOTION_MODE_CW_ARC) || (gc_state.modal.motion ==
MOTION_MODE_CCW_ARC)) {                                           //G2/3
          mc_arc(gc_block.values.xyz, pl_data, gc_state.position, gc_block.values.ijk, gc_block.values.r,
                  axis_0, axis_1, axis_linear, bit_istrue(gc_parser_flags,GC_PARSER_ARC_IS_
CLOCKWISE));                                                       //运动规划
        } else {                                                    //探测运动
        #ifndef ALLOW_FEED_OVERRIDE_DURING_PROBE_CYCLES
          pl_data->condition |= PL_COND_FLAG_NO_FEED_OVERRIDE;
        #endif
          gc_update_pos = mc_probe_cycle(gc_block.values.xyz, pl_data, gc_parser_flags);
        }
    //如果不是探测运动，解释器的位置记为运动目标位置，否则记下系统位置
        if (gc_update_pos == GC_UPDATE_POS_TARGET) {
```

```
            memcpy(gc_state.position, gc_block.values.xyz, sizeof(gc_block.values.xyz)); //gc_state.position[]
= gc_block.values.xyz[]
        } else if (gc_update_pos == GC_UPDATE_POS_SYSTEM) {
          gc_sync_position(); //gc_state.position[] = sys_position
        }
      }
    }
  /*M0,M1,M2,M30: 执行非运行的程序流动作。在程序暂停期间，缓冲区可能会重新填满，只有通过
循环启动运行时的命令才能恢复*/
    gc_state.modal.program_flow = gc_block.modal.program_flow;
    if (gc_state.modal.program_flow) {
  protocol_buffer_synchronize(); //同步并完成所有剩余的缓冲动作，然后继续前进
  if (gc_state.modal.program_flow == PROGRAM_FLOW_PAUSED) {
      if (sys.state != STATE_CHECK_MODE) {
        system_set_exec_state_flag(EXEC_FEED_HOLD);          //使用进给保持，进行程序暂停
        protocol_execute_realtime();                         //执行暂停
      }
    } else {                                                 //程序流程完成
      gc_state.modal.motion = MOTION_MODE_LINEAR;
      gc_state.modal.plane_select = PLANE_SELECT_XY;
      gc_state.modal.distance = DISTANCE_MODE_ABSOLUTE;
      gc_state.modal.feed_rate = FEED_RATE_MODE_UNITS_PER_MIN;
      //gc_state.modal.cutter_comp = CUTTER_COMP_DISABLE;    //Not supported.
      gc_state.modal.coord_select = 0;                       //G54
      gc_state.modal.spindle = SPINDLE_DISABLE;
      gc_state.modal.coolant = COOLANT_DISABLE;
      #ifdef ENABLE_PARKING_OVERRIDE_CONTROL
        #ifdef DEACTIVATE_PARKING_UPON_INIT
          gc_state.modal.override = OVERRIDE_DISABLED;
        #else
          gc_state.modal.override = OVERRIDE_PARKING_MOTION;
        #endif
      #endif

      #ifdef RESTORE_OVERRIDES_AFTER_PROGRAM_END
        sys.f_override = DEFAULT_FEED_OVERRIDE;
        sys.r_override = DEFAULT_RAPID_OVERRIDE;
        sys.spindle_speed_ovr = DEFAULT_SPINDLE_SPEED_OVERRIDE;
      #endif

      //执行坐标变更和主轴/冷却停止
      if (sys.state != STATE_CHECK_MODE) {
          if (!(settings_read_coord_data(gc_state.modal.coord_select,gc_state.coord_system))) { FAIL
(STATUS_SETTING_READ_FAIL); }
        system_flag_wco_change();                            //刷新坐标系
```

```
            spindle_set_state(SPINDLE_DISABLE,0.0);
            coolant_set_state(COOLANT_DISABLE);
        }
        report_feedback_message(MESSAGE_PROGRAM_END);
    }
    gc_state.modal.program_flow = PROGRAM_FLOW_RUNNING;        //重置程序流
    }
    return(STATUS_OK);
}
```

4.5　stepper

stepper 类程序主要完成步进电机脉冲控制功能。

4.5.1　stepper.h

stepper 类的 h 文件，代码解析如下：

```
#define SEGMENT_BUFFER_SIZE 6   //插补缓冲区大小
```

4.5.2　stepper.c

stepper 类的 c 文件，代码解析如下：

```
#define DT_SEGMENT (1.0/(ACCELERATION_TICKS_PER_SECOND*60.0))
//min/segment 一个分段是多长时间（分钟）
#define REQ_MM_INCREMENT_SCALAR 1.25        //如果小于 1.25 倍的脉冲当量，不发出脉冲
#define RAMP_ACCEL 0                         //加速阶段
#define RAMP_CRUISE 1                        //巡航阶段
#define RAMP_DECEL 2                         //减速阶段
#define RAMP_DECEL_OVERRIDE 3

#define PREP_FLAG_RECALCULATE bit(0)         //优化计算
#define PREP_FLAG_HOLD_PARTIAL_BLOCK bit(1)
#define PREP_FLAG_PARKING bit(2)
#define PREP_FLAG_DECEL_OVERRIDE bit(3)

#ifdef ADAPTIVE_MULTI_AXIS_STEP_SMOOTHING
  #define MAX_AMASS_LEVEL 3
  #define AMASS_LEVEL1 (F_CPU/8000)
  #define AMASS_LEVEL2 (F_CPU/4000)
  #define AMASS_LEVEL3 (F_CPU/2000)

  #if MAX_AMASS_LEVEL <= 0
```

```
      error "AMASS must have 1 or more levels to operate correctly."
    #endif
#endif
  //本结构保存块数据，一个段数据是块数据的分解。在段数据插补时需要其所在块的信息
typedef struct {
  uint32_t steps[N_AXIS];
  uint32_t step_event_count;
  uint8_t direction_bits;
  #ifdef ENABLE_DUAL_AXIS
    uint8_t direction_bits_dual;
  #endif
  #ifdef VARIABLE_SPINDLE
    uint8_t is_pwm_rate_adjusted;      //Tracks motions that require constant laser power/rate
  #endif
} st_block_t;
static st_block_t st_block_buffer[SEGMENT_BUFFER_SIZE-1];

//段数据结构
typedef struct {
  uint16_t n_step;                 //本段的脉冲数
  uint16_t cycles_per_tick;        //本段的中断周期
  uint8_t  st_block_index;         //本段所在块的索引
  #ifdef ADAPTIVE_MULTI_AXIS_STEP_SMOOTHING
    uint8_t amass_level;             //Indicates AMASS level for the ISR to execute this segment
  #else
    uint8_t prescaler;               //Without AMASS, a prescaler is required to adjust for slow timing.
  #endif
  #ifdef VARIABLE_SPINDLE
    uint8_t spindle_pwm;
  #endif
} segment_t;
static segment_t segment_buffer[SEGMENT_BUFFER_SIZE];

//本结构用于中断函数中将段数据和块数据联系起来
typedef struct {
  //Used by the bresenham line algorithm
  uint32_t counter_x,              //各轴发送脉冲的计数器
         counter_y,
         counter_z;
  #ifdef STEP_PULSE_DELAY
    uint8_t step_bits;
  #endif

  uint8_t execute_step;            //没有使用
  uint8_t step_pulse_time;         //方向设置后延迟多少时间发送步进信号
```

```
      uint8_t step_outbits;            //保存各轴步进端口的状态，以备下一个中断发送出去
      uint8_t dir_outbits;
    #ifdef ENABLE_DUAL_AXIS
      uint8_t step_outbits_dual;
      uint8_t dir_outbits_dual;
    #endif
    #ifdef ADAPTIVE_MULTI_AXIS_STEP_SMOOTHING
      uint32_t steps[N_AXIS];
    #endif

      uint16_t step_count;             //本段的脉冲数
      uint8_t exec_block_index;        //指向块数据索引
      st_block_t *exec_block;          //指向块数据
      segment_t *exec_segment;         //指向段数据
    } stepper_t;
    static stepper_t st;

    static volatile uint8_t segment_buffer_tail;  //段缓存器的尾部索引
    static uint8_t segment_buffer_head;           //段缓存器的首部索引
    static uint8_t segment_next_head;             //段缓存器的首部的下一个索引

    static uint8_t step_port_invert_mask;
    static uint8_t dir_port_invert_mask;
    #ifdef ENABLE_DUAL_AXIS
      static uint8_t step_port_invert_mask_dual;
      static uint8_t dir_port_invert_mask_dual;
    #endif

    static plan_block_t *pl_block;       //指向规划缓冲区的尾部块
    static st_block_t *st_prep_block;    //指向段对应的块数据

    //本结构用于计算段数据
    typedef struct {
      uint8_t st_block_index;
      uint8_t recalculate_flag;

      float dt_remainder;
      float steps_remaining;
      float step_per_mm;
      float req_mm_increment;

      #ifdef PARKING_ENABLE
        uint8_t last_st_block_index;
        float last_steps_remaining;
        float last_step_per_mm;
```

```
      float last_dt_remainder;
  #endif
//下面变量见第 2 章说明
  uint8_t ramp_type;          //Current segment ramp state
  float mm_complete;          //End of velocity profile from end of current planner block in (mm).
  float current_speed;        //Current speed at the end of the segment buffer (mm/min)
  float maximum_speed;        //Maximum speed of executing block. Not always nominal speed. (mm/min)
  float exit_speed;           //Exit speed of executing block (mm/min)
  float accelerate_until;     //Acceleration ramp end measured from end of block (mm)
  float decelerate_after;     //Deceleration ramp start measured from end of block (mm)

  #ifdef VARIABLE_SPINDLE
    float inv_rate;           //Used by PWM laser mode to speed up segment calculations.
    uint8_t current_spindle_pwm;
  #endif
} st_prep_t;
static st_prep_t prep;
//开定时器
void st_wake_up()
{
  if (bit_istrue(settings.flags,BITFLAG_INVERT_ST_ENABLE))    //驱动器使能
{ STEPPERS_DISABLE_PORT |= (1<<STEPPERS_DISABLE_BIT); }
  else { STEPPERS_DISABLE_PORT &= ~(1<<STEPPERS_DISABLE_BIT); }

  //初始化步进输出位，以确保第一个 ISR 调用不会步进
  st.step_outbits = step_port_invert_mask;

  //从设置中初始化步骤脉冲计时，在此确保重新写入后的更新
  #ifdef STEP_PULSE_DELAY
    //设置方向后的总步进脉冲时间
    st.step_pulse_time = -(((settings.pulse_microseconds+STEP_PULSE_DELAY-2)*TICKS_PER_
MICROSECOND) >> 3);
    //设置方向引脚和步进脉冲之间的延迟
    OCR0A = -(((settings.pulse_microseconds)*TICKS_PER_MICROSECOND) >> 3);
  #else //Normal operation
    //设置步进脉冲时间。使用二进制补码
    st.step_pulse_time = -(((settings.pulse_microseconds-2)*TICKS_PER_MICROSECOND) >> 3);
  #endif
  TIMSK1 |= (1<<OCIE1A);           //开定时器
}

//插补器进入空闲
void st_go_idle()
{
  TIMSK1 &= ~(1<<OCIE1A);          //关闭定时器
```

```
TCCR1B = (TCCR1B & ~((1<<CS12) | (1<<CS11))) | (1<<CS10); //恢复定时初值.
busy = false;
bool pin_state = false;              //Keep enabled.
if (((settings.stepper_idle_lock_time != 0xff) || sys_rt_exec_alarm || sys.state == STATE_SLEEP) &&
sys.state != STATE_HOMING) {
    //强制步进停留，将轴锁定在规定的时间内，以确保轴完全停止，而不是在最后一次运动结束时
因残留的惯性力而漂移
    delay_ms(settings.stepper_idle_lock_time);
    pin_state = true;                //禁用插补器
}
if (bit_istrue(settings.flags,BITFLAG_INVERT_ST_ENABLE)) { pin_state = !pin_state; } //反置
if (pin_state) { STEPPERS_DISABLE_PORT |= (1<<STEPPERS_DISABLE_BIT); }
else { STEPPERS_DISABLE_PORT &= ~(1<<STEPPERS_DISABLE_BIT); }                //关闭端口
}


//插补定时器中断
ISR(TIMER1_COMPA_vect)
{
if (busy) { return; }               //防止没有处理完，再次进入中断
//设置方向
    DIRECTION_PORT = (DIRECTION_PORT & ~DIRECTION_MASK) | (st.dir_outbits &
DIRECTION_MASK);
    #ifdef ENABLE_DUAL_AXIS
        DIRECTION_PORT_DUAL = (DIRECTION_PORT_DUAL & ~DIRECTION_MASK_DUAL) |
(st.dir_outbits_dual & DIRECTION_MASK_DUAL);
    #endif

    //输出脉冲。中断程序是先控制脉冲端口输出，再计算下一次的端口状态
    #ifdef STEP_PULSE_DELAY          //如果定义了方向和脉冲之间的延时
      st.step_bits = (STEP_PORT & ~STEP_MASK) | st.step_outbits;
      //Store out_bits to prevent overwriting
      #ifdef ENABLE_DUAL_AXIS
        st.step_bits_dual = (STEP_PORT_DUAL & ~STEP_MASK_DUAL) | st.step_outbits_dual;
      #endif
    #else  //如果正常，不延时
      STEP_PORT = (STEP_PORT & ~STEP_MASK) | st.step_outbits;  //直接输出到端口
      #ifdef ENABLE_DUAL_AXIS
        STEP_PORT_DUAL = (STEP_PORT_DUAL & ~STEP_MASK_DUAL) | st.step_outbits_dual;
      #endif
    #endif

    TCNT0 = st.step_pulse_time;      //脉冲保持时间
    TCCR0B = (1<<CS01);              //开 Timer0

    busy = true;
```

```
    sei();                                   //开中断
    //如果执行的段=空
    if (st.exec_segment == NULL) {
      if (segment_buffer_head != segment_buffer_tail) {            //段缓冲区不为空
        st.exec_segment = &segment_buffer[segment_buffer_tail];  //取下一个段
        #ifndef ADAPTIVE_MULTI_AXIS_STEP_SMOOTHING
          TCCR1B = (TCCR1B & ~(0x07<<CS10)) | (st.exec_segment->prescaler<<CS10);
        #endif
//初始化每步的步进段计时，并加载要执行的步数
      OCR1A = st.exec_segment->cycles_per_tick;
      st.step_count = st.exec_segment->n_step;
/*st 用于保存插补数据。st_block_buffer 保存的是块数据，如这个块中每个轴的步进数和方向等数
据，st.exec_segment 保存的是段数据*/
        if ( st.exec_block_index != st.exec_segment->st_block_index ) {
          st.exec_block_index = st.exec_segment->st_block_index;
          st.exec_block = &st_block_buffer[st.exec_block_index];

          //设置每个轴是否发送脉冲的计数器
          st.counter_x = st.counter_y = st.counter_z = (st.exec_block->step_event_count >> 1);
        }
        st.dir_outbits = st.exec_block->direction_bits ^ dir_port_invert_mask;  //设置方向
        #ifdef ENABLE_DUAL_AXIS
          st.dir_outbits_dual = st.exec_block->direction_bits_dual ^ dir_port_invert_mask_dual;
        #endif

        #ifdef ADAPTIVE_MULTI_AXIS_STEP_SMOOTHING
        /*根据 AMASS 的设置，设置增量。AMASS 仅是增加频率，总的发送脉冲数不变。不设置
AMASS，中断频率低，但是每一次中断，至少有一个轴发出脉冲；设置了 AMASS，中断频率提高，每
一次中断不一定会有轴发出脉冲*/
          st.steps[X_AXIS] = st.exec_block->steps[X_AXIS] >> st.exec_segment->amass_level;
          st.steps[Y_AXIS] = st.exec_block->steps[Y_AXIS] >> st.exec_segment->amass_level;
          st.steps[Z_AXIS] = st.exec_block->steps[Z_AXIS] >> st.exec_segment->amass_level;
        #endif

        #ifdef VARIABLE_SPINDLE
          //设置主轴转速
          spindle_set_speed(st.exec_segment->spindle_pwm);
        #endif
      } else {
        //如果段缓存器空，插补器进入空闲
        st_go_idle();
        #ifdef VARIABLE_SPINDLE
          //关闭主轴
          if (st.exec_block->is_pwm_rate_adjusted) { spindle_set_speed(SPINDLE_PWM_OFF_VALUE); }
        #endif
```

```
    system_set_exec_state_flag(EXEC_CYCLE_STOP); //置循环运行停止标志
    return; //Nothing to do but exit.
  }
}
//如果是探测模式，监控探头
if (sys_probe_state == PROBE_ACTIVE) { probe_state_monitor(); }
//步进端口输入置零
st.step_outbits = 0;
#ifdef ENABLE_DUAL_AXIS
  st.step_outbits_dual = 0;
#endif
```

/*计算在本中断各轴是否输出脉冲。如果输出脉冲，计数器减去 step_event_count，为下一个中断做准备*/

```
#ifdef ADAPTIVE_MULTI_AXIS_STEP_SMOOTHING
  st.counter_x += st.steps[X_AXIS];
#else
  st.counter_x += st.exec_block->steps[X_AXIS];
#endif
if (st.counter_x > st.exec_block->step_event_count) {
  st.step_outbits |= (1<<X_STEP_BIT);
  #if defined(ENABLE_DUAL_AXIS) && (DUAL_AXIS_SELECT == X_AXIS)
    st.step_outbits_dual = (1<<DUAL_STEP_BIT);
  #endif
  st.counter_x -= st.exec_block->step_event_count;
  if (st.exec_block->direction_bits & (1<<X_DIRECTION_BIT)) { sys_position[X_AXIS]--; }
  else { sys_position[X_AXIS]++; }
}
#ifdef ADAPTIVE_MULTI_AXIS_STEP_SMOOTHING
  st.counter_y += st.steps[Y_AXIS];
#else
  st.counter_y += st.exec_block->steps[Y_AXIS];
#endif
if (st.counter_y > st.exec_block->step_event_count) {
  st.step_outbits |= (1<<Y_STEP_BIT);
  #if defined(ENABLE_DUAL_AXIS) && (DUAL_AXIS_SELECT == Y_AXIS)
    st.step_outbits_dual = (1<<DUAL_STEP_BIT);
  #endif
  st.counter_y -= st.exec_block->step_event_count;
  if (st.exec_block->direction_bits & (1<<Y_DIRECTION_BIT)) { sys_position[Y_AXIS]--; }
  else { sys_position[Y_AXIS]++; }
}
#ifdef ADAPTIVE_MULTI_AXIS_STEP_SMOOTHING
  st.counter_z += st.steps[Z_AXIS];
#else
```

```
      st.counter_z += st.exec_block->steps[Z_AXIS];
   #endif
   if (st.counter_z > st.exec_block->step_event_count) {
      st.step_outbits |= (1<<Z_STEP_BIT);
      st.counter_z -= st.exec_block->step_event_count;
      if (st.exec_block->direction_bits & (1<<Z_DIRECTION_BIT)) { sys_position[Z_AXIS]--; }
      else { sys_position[Z_AXIS]++; }
   }

   //如果是回零状态，非回零的轴的脉冲输出端口关闭
   if (sys.state == STATE_HOMING) {
      st.step_outbits &= sys.homing_axis_lock;
      #ifdef ENABLE_DUAL_AXIS
        st.step_outbits_dual &= sys.homing_axis_lock_dual;
      #endif
   }

   st.step_count--;                    //段脉冲总数减一
   if (st.step_count == 0) {
      //如果段脉冲总数=0，本段发送完毕，转至下一个段缓冲区索引
      st.exec_segment = NULL;
      if ( ++segment_buffer_tail == SEGMENT_BUFFER_SIZE) { segment_buffer_tail = 0; }
   }

   st.step_outbits ^= step_port_invert_mask;
   #ifdef ENABLE_DUAL_AXIS
     st.step_outbits_dual ^= step_port_invert_mask_dual;
   #endif
   busy = false;
}
//这个中断函数用于保持脉冲信号的时间
ISR(TIMER0_OVF_vect)
{
   STEP_PORT = (STEP_PORT & ~STEP_MASK) | (step_port_invert_mask & STEP_MASK);
   #ifdef ENABLE_DUAL_AXIS
      STEP_PORT_DUAL = (STEP_PORT_DUAL & ~STEP_MASK_DUAL) | (step_port_invert_
mask_dual & STEP_MASK_DUAL);
   #endif
   TCCR0B = 0;                      //关中断
}
#ifdef STEP_PULSE_DELAY
   //如果定义了脉冲信号滞后方向信号
   ISR(TIMER0_COMPA_vect)
   {
     STEP_PORT = st.step_bits;        //Begin step pulse.
```

```
    #ifdef ENABLE_DUAL_AXIS
      STEP_PORT_DUAL = st.step_bits_dual;
    #endif
  }
#endif

//计算方向和步进端口反码
void st_generate_step_dir_invert_masks()
{
  uint8_t idx;
  step_port_invert_mask = 0;
  dir_port_invert_mask = 0;
  for (idx=0; idx<N_AXIS; idx++) {
    if (bit_istrue(settings.step_invert_mask,bit(idx))) {  step_port_invert_mask |= get_step_pin_mask
(idx); }
      if (bit_istrue(settings.dir_invert_mask,bit(idx))) {  dir_port_invert_mask |= get_direction_pin_mask
(idx); }
  }
  #ifdef ENABLE_DUAL_AXIS
    step_port_invert_mask_dual = 0;
    dir_port_invert_mask_dual = 0;
    //NOTE: Dual axis invert uses the N_AXIS bit to set step and direction invert pins.
    if (bit_istrue(settings.step_invert_mask,bit(N_AXIS))) { step_port_invert_mask_dual = (1<<DUAL_
STEP_BIT); }
      if (bit_istrue(settings.dir_invert_mask,bit(N_AXIS))) { dir_port_invert_mask_dual = (1<<DUAL_
DIRECTION_BIT); }
  #endif
  }

//重置插补器
void st_reset()
{
  st_go_idle();
  memset(&prep, 0, sizeof(st_prep_t));
  memset(&st, 0, sizeof(stepper_t));
  st.exec_segment = NULL;
  pl_block = NULL;                    //Planner block pointer used by segment buffer
  segment_buffer_tail = 0;
  segment_buffer_head = 0;            //empty = tail
  segment_next_head = 1;
  busy = false;

  st_generate_step_dir_invert_masks();
  st.dir_outbits = dir_port_invert_mask;    //Initialize direction bits to default.
```

```
//Initialize step and direction port pins.
STEP_PORT = (STEP_PORT & ~STEP_MASK) | step_port_invert_mask;
DIRECTION_PORT = (DIRECTION_PORT & ~DIRECTION_MASK) | dir_port_invert_mask;

#ifdef ENABLE_DUAL_AXIS
  st.dir_outbits_dual = dir_port_invert_mask_dual;
  STEP_PORT_DUAL = (STEP_PORT_DUAL & ~STEP_MASK_DUAL) | step_port_invert_ mask_
dual;
  DIRECTION_PORT_DUAL = (DIRECTION_PORT_DUAL & ~DIRECTION_MASK_DUAL) | dir_
port_invert_mask_dual;
  #endif
}

//初始化步进输出端口和定时器
void stepper_init()
{
//脉冲与方向引脚配置
STEP_DDR |= STEP_MASK;
STEPPERS_DISABLE_DDR |= 1<<STEPPERS_DISABLE_BIT;
DIRECTION_DDR |= DIRECTION_MASK;

#ifdef ENABLE_DUAL_AXIS
  STEP_DDR_DUAL |= STEP_MASK_DUAL;
  DIRECTION_DDR_DUAL |= DIRECTION_MASK_DUAL;
#endif

//Configure Timer 1: Stepper Driver Interrupt
TCCR1B &= ~(1<<WGM13);                    //waveform generation = 0100 = CTC
TCCR1B |=  (1<<WGM12);
TCCR1A &= ~((1<<WGM11) | (1<<WGM10));
TCCR1A &= ~((1<<COM1A1) | (1<<COM1A0) | (1<<COM1B1) | (1<<COM1B0));
                                         //Disconnect OC1 output
//TCCR1B = (TCCR1B & ~((1<<CS12) | (1<<CS11))) | (1<<CS10);  //Set in st_go_idle().
//TIMSK1 &= ~(1<<OCIE1A);                 //Set in st_go_idle()

//Configure Timer 0: Stepper Port Reset Interrupt
TIMSK0 &= ~((1<<OCIE0B) | (1<<OCIE0A) | (1<<TOIE0));
                                         //Disconnect OC0 outputs and OVF interrupt.
TCCR0A = 0;                              //Normal operation
TCCR0B = 0;                              //Disable Timer0 until needed
TIMSK0 |= (1<<TOIE0);                    //Enable Timer0 overflow interrupt
#ifdef STEP_PULSE_DELAY
  TIMSK0 |= (1<<OCIE0A);                 //Enable Timer0 Compare Match A interrupt
#endif
}
```

```
//被 planner_recalculate()调用，当规划器优化的块数据正在被插补计算
void st_update_plan_block_parameters()
{
  if (pl_block != NULL) {                              //Ignore if at start of a new block
    prep.recalculate_flag |= PREP_FLAG_RECALCULATE;
    pl_block->entry_speed_sqr = prep.current_speed*prep.current_speed;        //速度更新
    pl_block = NULL;                        //重新加载本块
  }
}
//获得下一个块索引
static uint8_t st_next_block_index(uint8_t block_index)
{
  block_index++;
  if ( block_index == (SEGMENT_BUFFER_SIZE-1) ) { return(0); }
  return(block_index);
}
#ifdef PARKING_ENABLE
  //用于驻车
  void st_parking_setup_buffer()
  {
    //Store step execution data of partially completed block, if necessary
    if (prep.recalculate_flag & PREP_FLAG_HOLD_PARTIAL_BLOCK) {
      prep.last_st_block_index = prep.st_block_index;
      prep.last_steps_remaining = prep.steps_remaining;
      prep.last_dt_remainder = prep.dt_remainder;
      prep.last_step_per_mm = prep.step_per_mm;
    }
    //Set flags to execute a parking motion
    prep.recalculate_flag |= PREP_FLAG_PARKING;
    prep.recalculate_flag &= ~(PREP_FLAG_RECALCULATE);
    pl_block = NULL;                        //Always reset parking motion to reload new block
  }
  //Restores the step segment buffer to the normal run state after a parking motion
  void st_parking_restore_buffer()
  {
    //Restore step execution data and flags of partially completed block, if necessary
    if (prep.recalculate_flag & PREP_FLAG_HOLD_PARTIAL_BLOCK) {
      st_prep_block = &st_block_buffer[prep.last_st_block_index];
      prep.st_block_index = prep.last_st_block_index;
      prep.steps_remaining = prep.last_steps_remaining;
      prep.dt_remainder = prep.last_dt_remainder;
      prep.step_per_mm = prep.last_step_per_mm;
      prep.recalculate_flag = (PREP_FLAG_HOLD_PARTIAL_BLOCK | PREP_FLAG_RECALCULATE);
      prep.req_mm_increment = REQ_MM_INCREMENT_SCALAR/prep.step_per_mm;
```

```
                                         //Recompute this value.
    } else {
      prep.recalculate_flag = false;
    }
    pl_block = NULL;                         //Set to reload next block.
  }
#endif
```

/*把 block_buffer[]缓冲区的块读出来，进行分段处理后，写到 st_block_buffer*/

```
void st_prep_buffer()
{
  //如果进给保持，或者运动完成，直接返回
  if (bit_istrue(sys.step_control,STEP_CONTROL_END_MOTION)) { return; }

  while (segment_buffer_tail != segment_next_head) {    //如果插补缓冲区没有满
    if (pl_block == NULL) {                             //如果还没有从规划缓冲区读出块
      //如果是系统运动，读出 block_buffer 缓冲区的 block_buffer_head 地址的块
      if (sys.step_control & STEP_CONTROL_EXECUTE_SYS_MOTION) { pl_block = plan_get_
system_motion_block(); }
      else { pl_block = plan_get_current_block(); }     //否则读出 block_buffer_tail 地址的块
      if (pl_block == NULL) { return; }                 //如果插补规划缓冲区没有数据返回
      //检查是否只需要重新计算速度曲线或加载一个新的块
      if (prep.recalculate_flag & PREP_FLAG_RECALCULATE) {
        #ifdef PARKING_ENABLE                           //如果定义了驻车功能
          if (prep.recalculate_flag & PREP_FLAG_PARKING) { prep.recalculate_flag &= ~(PREP_
FLAG_RECALCULATE); }
          else { prep.recalculate_flag = false; }
        #else
          prep.recalculate_flag = false;
        #endif
      } else {
        //读取插补缓冲的首地址。Prep 变量用于保存插补计算的数据
        prep.st_block_index = st_next_block_index(prep.st_block_index);
    //st_prep_block 指向插补缓冲区的首地址
        st_prep_block = &st_block_buffer[prep.st_block_index];
        st_prep_block->direction_bits = pl_block->direction_bits;        //设置步进方向
        #ifdef ENABLE_DUAL_AXIS                                          //如果双轴
          #if (DUAL_AXIS_SELECT == X_AXIS)
            if (st_prep_block->direction_bits & (1<<X_DIRECTION_BIT)) {
          #elif (DUAL_AXIS_SELECT == Y_AXIS)
            if (st_prep_block->direction_bits & (1<<Y_DIRECTION_BIT)) {
          #endif
            st_prep_block->direction_bits_dual = (1<<DUAL_DIRECTION_BIT);
          } else { st_prep_block->direction_bits_dual = 0; }
        #endif
        uint8_t idx;
```

```
#ifndef ADAPTIVE_MULTI_AXIS_STEP_SMOOTHING          //如果没有定义 AMASS
    for (idx=0; idx<N_AXIS; idx++) { st_prep_block->steps[idx] = (pl_block->steps[idx] << 1); }
    st_prep_block->step_event_count = (pl_block->step_event_count << 1);
#else                                               //如果定义 AMASS，脉冲数乘 8
    for (idx=0; idx<N_AXIS; idx++) { st_prep_block->steps[idx] = pl_block->steps[idx] << MAX_
AMASS_LEVEL; }
    st_prep_block->step_event_count = pl_block->step_event_count << MAX_AMASS_LEVEL;
#endif
    //初始化段数据
    prep.steps_remaining = (float)pl_block->step_event_count;          //需要发送的脉冲
    prep.step_per_mm = prep.steps_remaining/pl_block->millimeters;    //脉冲当量
//最小的移动单位
    prep.req_mm_increment = REQ_MM_INCREMENT_SCALAR/prep.step_per_mm;
    prep.dt_remainder = 0.0;                    //Reset for new segment block
    if ((sys.step_control & STEP_CONTROL_EXECUTE_HOLD) || (prep.recalculate_flag & PREP_
FLAG_DECEL_OVERRIDE)) {                          //如果进给保持或者速度类型是减速-巡航
        //设置速度
        prep.current_speed = prep.exit_speed;   //设置下一段的速度
        pl_block->entry_speed_sqr = prep.exit_speed*prep.exit_speed;
        prep.recalculate_flag &= ~(PREP_FLAG_DECEL_OVERRIDE);
    } else {
        prep.current_speed = sqrt(pl_block->entry_speed_sqr);
    }
    //设置变转速
    #ifdef VARIABLE_SPINDLE
    st_prep_block->is_pwm_rate_adjusted = false;
    if (settings.flags & BITFLAG_LASER_MODE) {
        if (pl_block->condition & PL_COND_FLAG_SPINDLE_CCW) {
            //预先计算反编程速率以加快每步段的 PWM 更新
            prep.inv_rate = 1.0/pl_block->programmed_rate;
            st_prep_block->is_pwm_rate_adjusted = true;
        }
    }
    #endif
}
/* 根据一个新的规划器块的进入和退出速度计算其速度轨迹，或者重新计算一个部分完成的规
划器块的轨迹，如果规划器已经更新。对于一个命令式的强制减速，例如进给保持，覆盖规划器的速度
并减速到目标退出速度*/
    prep.mm_complete = 0.0;
    float inv_2_accel = 0.5/pl_block->acceleration;
    if (sys.step_control & STEP_CONTROL_EXECUTE_HOLD) {          //进给保持
    prep.ramp_type = RAMP_DECEL;         //速度下降
        //  v*v/(2*a)=D    S-D= decel_dist
    float decel_dist = pl_block->millimeters - inv_2_accel*pl_block->entry_speed_sqr;
    if (decel_dist < 0.0) {                          //表示整个块的距离不够减速到零
```

```
          prep.exit_speed = sqrt(pl_block->entry_speed_sqr-2*pl_block->acceleration*pl_block->millimeters);
                                        //计算本块的距离可以减速到多少
        } else {                                //表示走到 decel_dist 后，开始减速
          prep.mm_complete = decel_dist;
          prep.exit_speed = 0.0;                //本块的结束速度=0
        }
      } else {                                  //正常运动
        prep.ramp_type = RAMP_ACCEL;            //初始化为加速过程
        prep.accelerate_until = pl_block->millimeters;
        float exit_speed_sqr;
        float nominal_speed;
        if (sys.step_control & STEP_CONTROL_EXECUTE_SYS_MOTION) {
          prep.exit_speed = exit_speed_sqr = 0.0;  //如果是系统运动，则本块的结束速度=0
        } else {                                //否则本块的结束速度=下一个块的进入速度
          exit_speed_sqr = plan_get_exec_block_exit_speed_sqr();
          prep.exit_speed = sqrt(exit_speed_sqr);
        }
        //得到本块的名义速度
        nominal_speed = plan_compute_profile_nominal_speed(pl_block);
        float nominal_speed_sqr = nominal_speed*nominal_speed;
        float intersect_distance =
              0.5*(pl_block->millimeters+inv_2_accel*(pl_block->entry_speed_sqr-exit_speed_sqr));
        if (pl_block->entry_speed_sqr > nominal_speed_sqr) {    //如果进入速度比名义速度大
          prep.accelerate_until = pl_block->millimeters - inv_2_accel*(pl_block->entry_speed_sqr-
nominal_speed_sqr);                             //在 accelerate_until 位置前减速
          if (prep.accelerate_until <= 0.0) {   //表示整个过程都是减速
            prep.ramp_type = RAMP_DECEL;
            prep.exit_speed = sqrt(pl_block->entry_speed_sqr - 2*pl_block->acceleration*pl_block->
millimeters);                                   //求出本块结束时的速度
            prep.recalculate_flag |= PREP_FLAG_DECEL_OVERRIDE; //标记下一个块也是减速

          } else {                              //表示本块速度是先减速，然后巡航速度
            //计算减速的距离
            prep.decelerate_after = inv_2_accel*(nominal_speed_sqr-exit_speed_sqr);
            prep.maximum_speed = nominal_speed;
            prep.ramp_type = RAMP_DECEL_OVERRIDE;    //表示过程是减速—巡航—减速
          }
        } else if (intersect_distance > 0.0) {       //进入速度<名义速度
          if (intersect_distance < pl_block->millimeters) {   //梯形或三角形速度轨迹类型
    //decelerate_after 是开始减速的位置
          prep.decelerate_after = inv_2_accel*(nominal_speed_sqr-exit_speed_sqr);
          if (prep.decelerate_after < intersect_distance) {   //梯形速度轨迹类型
            prep.maximum_speed = nominal_speed;      //最大速度是名义速度
            if (pl_block->entry_speed_sqr == nominal_speed_sqr) {
              //如果进入速度=名义速度，表示为巡航类型
```

```
                    prep.ramp_type = RAMP_CRUISE;
                } else {
                    //全梯形或加速巡航型。加速到 accelerate_until 位置
                    prep.accelerate_until -= inv_2_accel*(nominal_speed_sqr-pl_block->entry_speed_sqr);
                }
            } else {                                        //三角类型
                prep.accelerate_until = intersect_distance;          //加速到该位置
                prep.decelerate_after = intersect_distance;          //从该位置开始减速
                prep.maximum_speed = sqrt(2.0*pl_block->acceleration*intersect_distance+exit_speed_sqr);
                                                            //最大速度

            }
        } else {                                            //全程减速过程
            prep.ramp_type = RAMP_DECEL;
        }
    } else {                                                //全程加速过程
        prep.accelerate_until = 0.0;
        prep.maximum_speed = prep.exit_speed;
    }
}
#ifdef VARIABLE_SPINDLE
    bit_true(sys.step_control, STEP_CONTROL_UPDATE_SPINDLE_PWM);     //强制更新
#endif
}
//准备开始写段数据
segment_t *prep_segment = &segment_buffer[segment_buffer_head];
//设置新段,指向当前段数据块
prep_segment->st_block_index = prep.st_block_index;
float dt_max = DT_SEGMENT;                               //最大的段时间
float dt = 0.0;                                          //初始本段时间
float time_var = dt_max;
float mm_var;
float speed_var;
float mm_remaining = pl_block->millimeters;              //本段还有多少距离
float minimum_mm = mm_remaining-prep.req_mm_increment;
/*prep.req_mm_increment=1.25*单位(mm)/脉冲,就是说必须大于 prep.req_mm_increment,才可以
发送一个脉冲*/
if (minimum_mm < 0.0) { minimum_mm = 0.0; }
do {
    switch (prep.ramp_type) {                            //根据不同的速度类型,写段数据
        case RAMP_DECEL_OVERRIDE:
            speed_var = pl_block->acceleration*time_var;     //本段的速度变化
            if (prep.current_speed-prep.maximum_speed <= speed_var) {
                //表示本段是减速—巡航
                mm_remaining = prep.accelerate_until;        //本段走到此位置
//计算本段的时间
```

```
        time_var = 2.0*(pl_block->millimeters-mm_remaining)/(prep.current_speed+prep.maximu m_
speed);
            prep.ramp_type = RAMP_CRUISE;                    //表示一下段巡航
            prep.current_speed = prep.maximum_speed;         //表示下一段速度为最大速度
        } else {                                             //本段是减速过程
            //计算本段到此位置
            mm_remaining -= time_var*(prep.current_speed - 0.5*speed_var);
            prep.current_speed -= speed_var;                 //下一段的速度
        }
        break;
    case RAMP_ACCEL:                                         //加速过程
        speed_var = pl_block->acceleration*time_var;         //计算在时间段内的速度变化
        //计算本块还有多少距离
        mm_remaining -= time_var*(prep.current_speed + 0.5*speed_var);
        if (mm_remaining < prep.accelerate_until) {          //如果距离够加速过程
            //这是一个加速一巡航过程
            mm_remaining = prep.accelerate_until;            //计算本块还有多少距离
            time_var = 2.0*(pl_block->millimeters-mm_remaining)/(prep.current_speed+prep.maximu m_
speed);                                                      //本段时间
    //如果本块还有走的距离=开始减速的距离，设置下一段减速类型
            if (mm_remaining == prep.decelerate_after) { prep.ramp_type = RAMP_DECEL; }
            else { prep.ramp_type = RAMP_CRUISE; }           //否则，设置下一段巡航类型
            prep.current_speed = prep.maximum_speed;         //设置下一段速度为最大速度
        } else {                                             //如果距离不够加速过程
            prep.current_speed += speed_var;                 //设置下一段速度
        }
        break;
    case RAMP_CRUISE:                                        //本段是巡航类型
        mm_var = mm_remaining - prep.maximum_speed*time_var;        //计算本段还有多少距离
        if (mm_var < prep.decelerate_after) {               //如果进入减速位置
            //计算到减速位置需要的时间
            time_var = (mm_remaining - prep.decelerate_after)/prep.maximum_speed;
            mm_remaining = prep.decelerate_after;            //本段还有多少距离
            prep.ramp_type = RAMP_DECEL;                     //下一段为减速类型
        } else {                                             //如果还没有进入减速位置
            mm_remaining = mm_var;                           //本段还剩下的距离
        }
        break;
    default:                                                 //减速类型
        speed_var = pl_block->acceleration*time_var;         //计算在时间段内速度的变化
        if (prep.current_speed > speed_var) {               //这个段为减速过程
            //计算还剩下多少距离
            mm_var = mm_remaining - time_var*(prep.current_speed - 0.5*speed_var);        //(mm)
            if (mm_var > prep.mm_complete) {
    //还没有到停止位置。prep.mm_complete 保存本块停止的位置，如果没有进给保持，该值=0
```

```
                mm_remaining = mm_var;
                prep.current_speed -= speed_var;              //下一段的速度
                break;
            }
        }
        //如果速度在本段降到0
        time_var = 2.0*(mm_remaining-prep.mm_complete)/(prep.current_speed+prep.exit_speed);
        //计算本段时间
        mm_remaining = prep.mm_complete;            //计算还剩下多少距离
        prep.current_speed = prep.exit_speed;       //设置下一段速度
    }
    dt += time_var;                                 //本块已经走了的总时间
    if (dt < dt_max) { time_var = dt_max - dt; }
    //如果已经走的段的时间比 dt_max 小，把本段时间延长，达到一个 DT_SEGMENT
    else {
        if (mm_remaining > minimum_mm) {    /*走的距离还不足以发送一个脉冲*/
            dt_max += DT_SEGMENT;           //再加一个时间段，以保证本时间段至少发送一个脉冲
            time_var = dt_max - dt;         //把本段的时间延长，达到多个 DT_SEGMENT
        } else {
            break;                          //走的距离超过一个脉冲，退出
        }
    }
} while (mm_remaining > prep.mm_complete);       //本块没有走完，循环上述过程
#ifdef VARIABLE_SPINDLE
/*更新本块的主轴转速*/
    if (st_prep_block->is_pwm_rate_adjusted || (sys.step_control & STEP_CONTROL_UPDATE
_SPINDLE_PWM)) {
        if (pl_block->condition & (PL_COND_FLAG_SPINDLE_CW | PL_COND_FLAG_ SPINDLE_
CCW)) {
            float rpm = pl_block->spindle_speed;
            //计算主轴转速
            if (st_prep_block->is_pwm_rate_adjusted) { rpm *= (prep.current_speed * prep.inv_rate); }
            prep.current_spindle_pwm = spindle_compute_pwm_value(rpm);          //计算 PWM
        } else {                                                                //主轴关
            sys.spindle_speed = 0.0;
            prep.current_spindle_pwm = SPINDLE_PWM_OFF_VALUE;
        }
        bit_false(sys.step_control,STEP_CONTROL_UPDATE_SPINDLE_PWM);         //更新结束
    }
    prep_segment->spindle_pwm = prep.current_spindle_pwm;                    //传给块缓冲区
#endif
/*上面的计算过程中，大多数情况下 mm_remaining 不等于零，原因是最后剩下的距离不足以发
送一个脉冲*/
    float step_dist_remaining = prep.step_per_mm*mm_remaining;
    //转变 mm_remaining 为步数，ceil 是返回
```

```
    float n_steps_remaining = ceil(step_dist_remaining);                //剩下（没有计算）的步数
    float last_n_steps_remaining = ceil(prep.steps_remaining);          //本块要走的总步数
    prep_segment->n_step = last_n_steps_remaining-n_steps_remaining;    //计算本段要走的脉冲数
    //如果要走的步数=0
    if (prep_segment->n_step == 0) {
      if (sys.step_control & STEP_CONTROL_EXECUTE_HOLD) {
        //如果没有脉冲可走，且处于进给保持，则完成运动
        bit_true(sys.step_control,STEP_CONTROL_END_MOTION);
        #ifdef PARKING_ENABLE
          if (!(prep.recalculate_flag & PREP_FLAG_PARKING)) { prep.recalculate_flag |= PREP_
FLAG_HOLD_PARTIAL_BLOCK; }
        #endif
        return;                       //Segment not generated, but current step data still retained.
      }
    }
    dt += prep.dt_remainder;          //加上前一个段
    float inv_rate = dt/(last_n_steps_remaining - step_dist_remaining);
  //每一个脉冲的时间，计算每一脉冲有几个晶振周期(cycles/step)
    uint32_t cycles = ceil( (TICKS_PER_MICROSECOND*1000000*60)*inv_rate );
    #ifdef ADAPTIVE_MULTI_AXIS_STEP_SMOOTHING
    if (cycles < AMASS_LEVEL1) { prep_segment->amass_level = 0; }       //<F-CPU/8000
    else {
      if (cycles < AMASS_LEVEL2) { prep_segment->amass_level = 1; }     //<F-CPU/4000
      else if (cycles < AMASS_LEVEL3) { prep_segment->amass_level = 2; } //<F-CPU/2000
      else { prep_segment->amass_level = 3; }
    //根据脉冲发送的时间间隔进行周期调整，时间间隔长的周期时间少一点
      cycles >>= prep_segment->amass_level;
  //根据脉冲发送的时间间隔进行步进数调整，时间间隔长的步进多一点
      prep_segment->n_step <<= prep_segment->amass_level;
    }
    if (cycles < (1UL << 16)) { prep_segment->cycles_per_tick = cycles; } //< 65536 (4.1ms @ 16MHz)
    else { prep_segment->cycles_per_tick = 0xffff; }      //设置最大周期
    #else
    if (cycles < (1UL << 16)) {                           //< 65536  (4.1ms @ 16MHz)
      prep_segment->prescaler = 1;                        //prescaler: 0
      prep_segment->cycles_per_tick = cycles;
    } else if (cycles < (1UL << 19)) {                    //< 524288 (32.8ms@16MHz)
      prep_segment->prescaler = 2;                        //prescaler: 8
      prep_segment->cycles_per_tick = cycles >> 3;
    } else {
      prep_segment->prescaler = 3;                        //prescaler: 64
      if (cycles < (1UL << 22)) {                         //< 4194304 (262ms@16MHz)
        prep_segment->cycles_per_tick =   cycles >> 6;
      } else {                                            //Just set the slowest speed possible. (Around 4 step/sec.)
        prep_segment->cycles_per_tick = 0xffff;
```

```
        }
      }
    #endif
    //设置下一段地址
    segment_buffer_head = segment_next_head;
    if ( ++segment_next_head == SEGMENT_BUFFER_SIZE ) { segment_next_head = 0; }
    pl_block->millimeters = mm_remaining;                //本块还没有计算（走的）距离
prep.steps_remaining = n_steps_remaining;
//ceil(step_dist_remaining)- step_dist_remaining，不到一个脉冲的剩余距离需要的时间
    prep.dt_remainder = (n_steps_remaining - step_dist_remaining)*inv_rate;
    //如果本块都计算完了
    if (mm_remaining == prep.mm_complete) {          //表示快结束或中止
      if (mm_remaining > 0.0) {                       //中止
        //停止结束标志
        bit_true(sys.step_control,STEP_CONTROL_END_MOTION);
        #ifdef PARKING_ENABLE
          if (!(prep.recalculate_flag & PREP_FLAG_PARKING)) { prep.recalculate_flag |= PREP_
FLAG_HOLD_PARTIAL_BLOCK; }
        #endif
        return;                                        //Bail!
      } else {                                         //块计算完成
        //如果是系统运动
        if (sys.step_control & STEP_CONTROL_EXECUTE_SYS_MOTION) {
          bit_true(sys.step_control,STEP_CONTROL_END_MOTION);      //运动结束标志
          return;
        }
        pl_block = NULL;                                           //块指针置空
        plan_discard_current_block();
        //规划缓冲区的尾块索引+1，如果尾块正好是优化的块，优化块索引+1
      }
    }
  }
}
/*由实时状态报告调用，以获取当前正在执行的速度。然而，这个值并不完全是当前的速度，而是
在段缓冲器中最后一段计算出来的速度。它总是落后于段块的数量（-1）除以以秒为单位的加速次数*/
float st_get_realtime_rate()
{
  if (sys.state & (STATE_CYCLE | STATE_HOMING | STATE_HOLD | STATE_JOG | STATE_
SAFETY_DOOR)){
    return prep.current_speed;
  }
  return 0.0f;
}
```

4.6 system

system 类文件用于处理系统命令。

4.6.1 system.h

system 类的 h 文件，代码解析如下：

```
//sys_rt_exec_state 用于状态管理的全局实时运行标志位变量 (main.c)
#define EXEC_STATUS_REPORT    bit(0)    //bitmask 00000001  //状态报告
#define EXEC_CYCLE_START      bit(1)    //bitmask 00000010  //运行开始
#define EXEC_CYCLE_STOP       bit(2)    //bitmask 00000100  //运行停止
#define EXEC_FEED_HOLD        bit(3)    //bitmask 00001000  //进给保持
#define EXEC_RESET            bit(4)    //bitmask 00010000  //系统复位
#define EXEC_SAFETY_DOOR      bit(5)    //bitmask 00100000  //门关闭（安全）
#define EXEC_MOTION_CANCEL    bit(6)    //bitmask 01000000  //取消运行
#define EXEC_SLEEP            bit(7)    //bitmask 10000000  //系统休眠
//sys_rt_exec_state 用于管理的各种报警动作 (main.c)
#define EXEC_ALARM_HARD_LIMIT                     1   //硬限位警告
#define EXEC_ALARM_SOFT_LIMIT                     2   //软限位警告
#define EXEC_ALARM_ABORT_CYCLE                    3   //运行中止
#define EXEC_ALARM_PROBE_FAIL_INITIAL            4   //探头采集初始化（同步）错误
#define EXEC_ALARM_PROBE_FAIL_CONTACT            5   //探头采集（解释器）错误
#define EXEC_ALARM_HOMING_FAIL_RESET            6   //系统没有复位回零警告
#define EXEC_ALARM_HOMING_FAIL_DOOR             7   //回零时门打开警告
#define EXEC_ALARM_HOMING_FAIL_PULLOFF          8   //回零后限位开关依然触发
#define EXEC_ALARM_HOMING_FAIL_APPROACH         9   //没有发现限位开关
#define EXEC_ALARM_HOMING_FAIL_DUAL_APPROACH  10   //未使用
//sys_rt_exec_motion_override 用于管理速度倍率操作 (main.c)
#define EXEC_FEED_OVR_RESET        bit(0)    //进给倍率设置为 100%
#define EXEC_FEED_OVR_COARSE_PLUS  bit(1)    //进给粗倍率增量
#define EXEC_FEED_OVR_COARSE_MINUS bit(2)    //进给粗倍率减量
#define EXEC_FEED_OVR_FINE_PLUS    bit(3)    //进给微倍率增量
#define EXEC_FEED_OVR_FINE_MINUS   bit(4)    //进给微倍率减量
#define EXEC_RAPID_OVR_RESET       bit(5)    //快进倍率为 DEFAULT_RAPID_OVERRIDE
                                             该值在 config.h 中定义，缺省值为 100
#define EXEC_RAPID_OVR_MEDIUM      bit(6)    //快进倍率为 RAPID_OVERRIDE_MEDIUM
                                             该值在 config.h 中定义，缺省值为 50
#define EXEC_RAPID_OVR_LOW         bit(7)    //快进倍率为 RAPID_OVERRIDE_LOW
                                             该值在 config.h 中定义，缺省值为 50
//#define EXEC_RAPID_OVR_EXTRA_LOW bit(*)    //*NOT SUPPORTED*
//sys_rt_exec_accessory_override 用于管理主轴转速倍率/冷却的操作 (main.c)
#define EXEC_SPINDLE_OVR_RESET     bit(0)    //主轴倍率设置为 DEFAULT_SPINDLE_
```

```
//SPEED_OVERRIDE, 该值在 config.h 中定义，缺省值为 100
#define EXEC_SPINDLE_OVR_COARSE_PLUS       bit(1)    //主轴粗倍率增量设置为 SPINDLE_
            //OVERRIDE_COARSE_INCREMENT, 该值在 config.h 中定义，缺省值为 10
#define EXEC_SPINDLE_OVR_COARSE_MINUS      bit(2)    //主轴粗倍率减量设置为 SPINDLE_
            //OVERRIDE_ COARSE _INCREMENT, 该值在 config.h 中定义，缺省值为 10
#define EXEC_SPINDLE_OVR_FINE_PLUS         bit(3)    //主轴粗倍率增量设置为 SPINDLE_
            //OVERRIDE_FINE_INCREMENT, 该值在 config.h 中定义，缺省值为 1
#define EXEC_SPINDLE_OVR_FINE_MINUS        bit(4)    //主轴粗倍率减量设置为 SPINDLE_
            //OVERRIDE_FINE_INCREMENT, 该值在 config.h 中定义，缺省值为 1
#define EXEC_SPINDLE_OVR_STOP              bit(5)    //主轴倍率停止使用
#define EXEC_COOLANT_FLOOD_OVR_TOGGLE bit(6)         //冷却开关切换
#define EXEC_COOLANT_MIST_OVR_TOGGLE       bit(7)    //冷却雾化开关切换
//系统状态定义，系统状态反映系统不同状态
#define STATE_IDLE              0              //空闲
#define STATE_ALARM             bit(0)         //报警，G 代码处理锁住，但可以访问参数设置
#define STATE_CHECK_MODE        bit(1)         //G 代码检查模式
#define STATE_HOMING            bit(2)         //回零
#define STATE_CYCLE             bit(3)         //程序运行或有运动在进行中
#define STATE_HOLD              bit(4)         //进给保持
#define STATE_JOG               bit(5)         //Jogging 模式
#define STATE_SAFETY_DOOR       bit(6)         //门打开
#define STATE_SLEEP             bit(7)         //休眠
//定义系统暂停状态标志，用于管理系统各种暂停状态和流程
#define SUSPEND_DISABLE         0              //暂停无效
#define SUSPEND_HOLD_COMPLETE       bit(0) //进给保持完成
#define SUSPEND_RESTART_RETRACT     bit(1) //Flag to indicate a retract from a restore parking
                                    motion
#define SUSPEND_RETRACT_COMPLETE    bit(2) //(Safety door only) Indicates retraction and de-
                                    energizing is complete
#define SUSPEND_INITIATE_RESTORE    bit(3) //(Safety door only) Flag to initiate resume
                                    procedures from a cycle start
#define SUSPEND_RESTORE_COMPLETE    bit(4) //(Safety door only) Indicates ready to resume
                                    normal operation
#define SUSPEND_SAFETY_DOOR_AJAR    bit(5) //跟踪门的状态，用于恢复运动
#define SUSPEND_MOTION_CANCEL       bit(6) //指示取消恢复运动，当前用于探头采集
#define SUSPEND_JOG_CANCEL          bit(7) //取消 JOG，复位缓存
//定义脉冲段发生器位标识
#define STEP_CONTROL_NORMAL_OP              0         //正常
#define STEP_CONTROL_END_MOTION             bit(0)    //结束运动
#define STEP_CONTROL_EXECUTE_HOLD           bit(1)    //暂停
#define STEP_CONTROL_EXECUTE_SYS_MOTION     bit(2)    //系统运动（回零）
#define STEP_CONTROL_UPDATE_SPINDLE_PWM     bit(3)    //变主轴转速
//定义控制端口索引。端口映射可以改，但是它们的值不能改
#ifdef ENABLE_SAFETY_DOOR_INPUT_PIN            //如果门安全检查输入端口有效
  #define N_CONTROL_PIN 4                      //有四个控制端口
```

```
#define CONTROL_PIN_INDEX_SAFETY_DOOR bit(0)        //门安全检查
#define CONTROL_PIN_INDEX_RESET        bit(1)        //系统复位
#define CONTROL_PIN_INDEX_FEED_HOLD    bit(2)        //进给保持
#define CONTROL_PIN_INDEX_CYCLE_START  bit(3)        //程序启动
#else
  #define N_CONTROL_PIN 3                            //有三个控制端口
  #define CONTROL_PIN_INDEX_RESET        bit(0)
  #define CONTROL_PIN_INDEX_FEED_HOLD    bit(1)
  #define CONTROL_PIN_INDEX_CYCLE_START  bit(2)
#endif
//主轴停止时，转速倍率状态
#define SPINDLE_STOP_OVR_DISABLED      0             //Must be zero
#define SPINDLE_STOP_OVR_ENABLED       bit(0)
#define SPINDLE_STOP_OVR_INITIATE      bit(1)
#define SPINDLE_STOP_OVR_RESTORE       bit(2)
#define SPINDLE_STOP_OVR_RESTORE_CYCLE bit(3)
//系统变量定义
typedef struct {
  uint8_t state;                  //跟踪系统状态。系统状态在 system.h 中定义
  uint8_t abort;                  //系统中止。返回 main 进行复位
  uint8_t suspend;                //系统暂停位标志变量。管理进给保持，操作取消
  uint8_t soft_limit;             //跟踪软限位
  uint8_t step_control;           //基于系统状态控制脉冲段发生器（The step segment generator）
  uint8_t probe_succeeded;        //探头采集数据成功
  uint8_t homing_axis_lock;       //限位触发，锁定轴
  #ifdef ENABLE_DUAL_AXIS         //双电机轴
    uint8_t homing_axis_lock_dual;
  #endif
  uint8_t f_override;             //进给倍率（百分比）
  uint8_t r_override;             //快进倍率（百分比）
  uint8_t spindle_speed_ovr;      //主轴转速倍率（百分比）
  uint8_t spindle_stop_ovr;       //主轴停止时，转速倍率状态，在 system.h 中定义
  uint8_t report_ovr_counter;     //追踪何时报告倍率
  uint8_t report_wco_counter;     //追踪何时报告工件坐标偏移
  #ifdef ENABLE_PARKING_OVERRIDE_CONTROL
    uint8_t override_ctrl;
  #endif
  #ifdef VARIABLE_SPINDLE
    float spindle_speed;
  #endif
} system_t;
```

4.6.2 system.c

system 类的 c 文件，代码解析如下：

```
void system_init()              //系统初始化，所有地址在 cpu_map.h 中定义，端口中断参考后面章节
{
  CONTROL_DDR &= ~(CONTROL_MASK);
//配置 CONTROL_DDR 通道输入模式，CONTROL_DDR=DDRC，CONTROL_MASK 指定所用端口
  #ifdef DISABLE_CONTROL_PIN_PULL_UP
CONTROL_PORT &= ~(CONTROL_MASK);                //配置外部下拉端口，CONTROL_PORT
  #else
      CONTROL_PORT |= CONTROL_MASK;              //配置内部上拉电阻，高电平正常
  #endif
   CONTROL_PCMSK |= CONTROL_MASK;               //端口中断使能，CONTROL_PCMSK= //PCMSK1
  PCICR |= (1 << CONTROL_INT);                   //端口输入改变中断使能，CONTROL_INT =PCIE1
}
//获得系统控制端口的状态。1 是触发，0 是没有触发
uint8_t system_control_get_state()
{
  uint8_t control_state = 0;                      //定义控制状态变量
  uint8_t pin = (CONTROL_PIN & CONTROL_MASK) ^ CONTROL_MASK;    //读取控制端口
  #ifdef INVERT_CONTROL_PIN_MASK
    pin ^= INVERT_CONTROL_PIN_MASK;
  #endif
  if (pin) {
    #ifdef ENABLE_SAFETY_DOOR_INPUT_PIN    //查看 cpu_map.h 定义的控制端口
      if (bit_istrue(pin,(1<<CONTROL_SAFETY_DOOR_BIT))) { control_state |= CONTROL_ PIN_
INDEX_SAFETY_DOOR; }                      //如果门打开端口触发，置控制状态(见 system.h)
      #else
        if (bit_istrue(pin,(1<<CONTROL_FEED_HOLD_BIT))) { control_state |= CONTROL_ PIN_
INDEX_FEED_HOLD; }                        //如果进给保持端口触发，置控制状态(见 system.h)
      #endif
      if (bit_istrue(pin,(1<<CONTROL_RESET_BIT))) { control_state |= CONTROL_ PIN_INDEX_
RESET; }                                 //如果系统复位端口触发，置控制状态(见 system.h)
      if (bit_istrue(pin,(1<<CONTROL_CYCLE_START_BIT))) { control_state |= CONTROL_PIN_
INDEX_CYCLE_START; }                     //如果运行启动端口触发，置控制状态(见 system.h)
    }
  return(control_state);
}
//控制端口中断程序，该程序仅用于实时指令的中断；sys_rt_exec_state 存放系统实时运行状态
ISR(CONTROL_INT_vect)              //CONTROL_INT_vect 指定中断地址
{
  uint8_t pin = system_control_get_state();       //调用前面函数，读取控制端口状态
  if (pin) {
    if (bit_istrue(pin,CONTROL_PIN_INDEX_RESET)) {
      mc_reset();                                //系统复位
    }
    if (bit_istrue(pin,CONTROL_PIN_INDEX_CYCLE_START)) {
      bit_true(sys_rt_exec_state, EXEC_CYCLE_START); //程序启动运行，运行 G 代码程序
```

```
        }
      #ifndef ENABLE_SAFETY_DOOR_INPUT_PIN          //如果没有定义门安全检查输入端口有效
        if (bit_istrue(pin,CONTROL_PIN_INDEX_FEED_HOLD)) {
          bit_true(sys_rt_exec_state, EXEC_FEED_HOLD);
          //如果进给保持端口为真，设置 sys_rt_exec_state 为 EXEC_FEED_HOLD
      #else
        if (bit_istrue(pin,CONTROL_PIN_INDEX_SAFETY_DOOR)) {
          bit_true(sys_rt_exec_state, EXEC_SAFETY_DOOR);
          //如果门安全检查端口为真，设置 sys_rt_exec_state 为 XEC_SAFETY_DOOR
      #endif
        }
    }
}
//返回安全门开关状态，基于 CONTROL_PIN 状态，返回值为 false 时，门关
uint8_t system_check_safety_door_ajar()
{
  #ifdef ENABLE_SAFETY_DOOR_INPUT_PIN              //如果定义了门安全检查输入端口有效
    return(system_control_get_state() & CONTROL_PIN_INDEX_SAFETY_DOOR);
  #else
    return(false);          //如果没有定义门安全检查输入端口有效，表示门关
  #endif
}
//系统启动，该函数用于系统启动时，自动运行一行用户定义的程序指令
void system_execute_startup(char *line)
{
  uint8_t n;
  for (n=0; n < N_STARTUP_LINE; n++) {
    if (!(settings_read_startup_line(n, line))) {          //读取 EEPROM 内的程序指令为空
      line[0] = 0;
      report_execute_startup_message(line,STATUS_SETTING_READ_FAIL);
      //串口输出 line 和 STATUS_ SETTING_READ_FAIL
    } else {
      if (line[0] != 0) {
        uint8_t status_code = gc_execute_line(line);          //执行用户定义的程序指令（G 代码指令）
        report_execute_startup_message(line,status_code);  //串口输出 line 和 status_code
      }
    }
  }
}
//执行系统内部命令，可以是来自于 serial 或者来自于系统端口的命令，如 settings，initiating the
homing cycle, and 触发限位或 G 代码，系统命令以$开始
uint8_t system_execute_line(char *line)
{
  uint8_t char_counter = 1;
  uint8_t helper_var = 0;                          //Helper variable
```

```
float parameter, value;
switch( line[char_counter] ) {
  case 0 : report_Grbl_help(); break;                    //串口输出帮助
  case 'J' :                                              //jogging 指令
    //只有系统在空闲和 Jog 状态下可执行。系统状态见 system.h 文件
    if (sys.state != STATE_IDLE && sys.state != STATE_JOG) { return(STATUS_IDLE_ERROR); }
    if(line[2] != '=') { return(STATUS_INVALID_STATEMENT); } //第二个字符不是"=",指令无效
    return(gc_execute_line(line));                        //执行行指令
    break;
  case '$': case 'G': case 'C': case 'X':                 //第一个字符是'$'、'G'、'C'、'X'
    if ( line[2] != 0 ) { return(STATUS_INVALID_STATEMENT); } //第二个字符不是空，指令无效
    switch( line[1] ) {
      case '$' :                                          //输出 Grbl 设置（settings）
        if ( sys.state & (STATE_CYCLE | STATE_HOLD) ) { return(STATUS_IDLE_ERROR); }
//如果系统状态是暂停，返回错误 STATUS_IDLE_ERROR
        else { report_Grbl_settings(); }                  //输出 Grbl 设置（settings）
        break;
      case 'G' :                                          //输出 G 代码解释器的状态
        report_gcode_modes();
        break;
      case 'C' :                                          //检查 G 代码模式[IDLE/CHECK]
        if ( sys.state == STATE_CHECK_MODE ) {            //如果系统处于检查模式
          mc_reset();
          report_feedback_message(MESSAGE_DISABLED);
        } else {
          if (sys.state) { return(STATUS_IDLE_ERROR); }   //如果不是报警状态
          sys.state = STATE_CHECK_MODE;                   //置检查模式
          report_feedback_message(MESSAGE_ENABLED);
        }
        break;
      case 'X' :                                          //门开报警无效
        if (sys.state == STATE_ALARM) {
          if (system_check_safety_door_ajar()) { return(STATUS_CHECK_DOOR); }
          report_feedback_message(MESSAGE_ALARM_UNLOCK);
          sys.state = STATE_IDLE;
        }
        break;
    }
    break;
  default :                        //如果 line[char_counter]不是以上字符
    if ( !(sys.state == STATE_IDLE || sys.state == STATE_ALARM) ) { return(STATUS_IDLE_
ERROR); }                          //如果系统不处于 STATE_IDLE 或 STATE_ALARM，返回
    switch( line[1] ) {
      case '#' :                   //打印 NGC 参数
        if ( line[2] != 0 ) { return(STATUS_INVALID_STATEMENT); }  //如果第二个字符不是 0
```

```
          else { report_ngc_parameters(); }
          break;
        case 'H' :                    //回零
            if (bit_isfalse(settings.flags,BITFLAG_HOMING_ENABLE))  {return(STATUS_SETTING_
DISABLED); }                        //如果回零使能没有设置
          if (system_check_safety_door_ajar()) { return(STATUS_CHECK_DOOR); }  //如果门开
          sys.state = STATE_HOMING;                    //置系统回零状态
          if (line[2] == 0) {
            mc_homing_cycle(HOMING_CYCLE_ALL);    //如果第二个字符是 0，所有轴回零
          #ifdef HOMING_SINGLE_AXIS_COMMANDS    //如果定义了单轴回零
          } else if (line[3] == 0) {                    //如果第三个字符是 0
            switch (line[2]) {                    //如果第二个字符是 X、Y、Z，执行相应轴回零
              case 'X': mc_homing_cycle(HOMING_CYCLE_X); break;
              case 'Y': mc_homing_cycle(HOMING_CYCLE_Y); break;
              case 'Z': mc_homing_cycle(HOMING_CYCLE_Z); break;
              default: return(STATUS_INVALID_STATEMENT);
            }
          #endif
          } else { return(STATUS_INVALID_STATEMENT); }
          if (!sys.abort) {                    //如果不是系统中止
            sys.state = STATE_IDLE;                    //置系统空闲状态
            st_go_idle();                    //插补器空闲
            if (line[2] == 0) { system_execute_startup(line); }    //执行启动脚本
          }
          break;
        case 'S' :                    //休眠
          if ((line[2] != 'L') || (line[3] != 'P') || (line[4] != 0)) { return(STATUS_INVALID_STATE
MENT); }

          system_set_exec_state_flag(EXEC_SLEEP);            //置系统休眠
          break;
        case 'I' :                        //打印或保存版本信息
          if ( line[++char_counter] == 0 ) {
            settings_read_build_info(line);                //读版本信息
            report_build_info(line);                //打印
          #ifdef ENABLE_BUILD_INFO_WRITE_COMMAND
          } else {                        //保存启动脚本
            if(line[char_counter++] != '=') { return(STATUS_INVALID_STATEMENT); }
            helper_var = char_counter;
            do {
              line[char_counter-helper_var] = line[char_counter];
            } while (line[char_counter++] != 0);
            settings_store_build_info(line);            //保存
          #endif
          }
          break;
```

```
      case 'R' :                                              //恢复缺省值
        if ((line[2] != 'S') || (line[3] != 'T') || (line[4] != '=') || (line[6] != 0)) { return(STATUS_
INVALID_STATEMENT); }
          switch (line[5]) {                                  //判断第五个字符
            #ifdef ENABLE_RESTORE_EEPROM_DEFAULT_SETTINGS
              case '$': settings_restore(SETTINGS_RESTORE_DEFAULTS); break;
            #endif
            #ifdef ENABLE_RESTORE_EEPROM_CLEAR_PARAMETERS
              case '#': settings_restore(SETTINGS_RESTORE_PARAMETERS); break;
            #endif
            #ifdef ENABLE_RESTORE_EEPROM_WIPE_ALL
              case '*': settings_restore(SETTINGS_RESTORE_ALL); break;
            #endif
            default: return(STATUS_INVALID_STATEMENT);
          }
          report_feedback_message(MESSAGE_RESTORE_DEFAULTS);
          mc_reset();                                         //复位，更新数据
          break;
      case 'N' :                                              //启动脚本
        if ( line[++char_counter] == 0 ) {                    //打印启动脚本
          for (helper_var=0; helper_var < N_STARTUP_LINE; helper_var++) {
            if (!(settings_read_startup_line(helper_var, line))) {          //如果读脚本错误
              report_status_message(STATUS_SETTING_READ_FAIL);             //打印错误
            } else {                                          //否则，打印脚本
              report_startup_line(helper_var,line);
            }
          }
          break;
        } else {                                              //如果不是打印启动脚本，设置 helper_var = true
          if (sys.state != STATE_IDLE) { return(STATUS_IDLE_ERROR); }     //空闲状态有效
          helper_var = true;
        }
      default :                                               //Storing setting methods [IDLE/ALARM]
        if(!read_float(line, &char_counter, &parameter)) { return(STATUS_BAD_NUMBER_ FORMAT); }
        if(line[char_counter++] != '=') { return(STATUS_INVALID_STATEMENT); }
        if (helper_var) {                                     //保存启动脚本
        helper_var = char_counter;                            //从指令行中得到脚本
          do {
            line[char_counter-helper_var] = line[char_counter];
          } while (line[char_counter++] != 0);
          //执行脚本
          helper_var = gc_execute_line(line); .
          if (helper_var) { return(helper_var); } //如果返回执行状态为 OK
          else {                                              //否则
            helper_var = trunc(parameter);                    //参数浮点变量转型
```

```
                    settings_store_startup_line(helper_var,line);      //保存脚本
                  }
              } else {                                    //保存全局设置
                  if(!read_float(line, &char_counter, &value)) { return(STATUS_BAD_NUMBER_FORMA
T); }                                     //转化成浮点数
                  if((line[char_counter] != 0) || (parameter > 255)) { return(STATUS_INVALID_STATEM
ENT); }                                   //如果这个浮点数>255
                  return(settings_store_global_setting((uint8_t)parameter, value));  //保存
              }
          }
      }
   return(STATUS_OK);                              //If '$' command makes it to here, then everything's ok
}
//工作坐标系改变标志
void system_flag_wco_change()
{
   #ifdef FORCE_BUFFER_SYNC_DURING_WCO_CHANGE
     protocol_buffer_synchronize();
   #endif
   sys.report_wco_counter = 0;
}
//指定轴步进单位改成 mm
float system_convert_axis_steps_to_mpos(int32_t *steps, uint8_t idx)
{
   float pos;
   #ifdef COREXY
     if (idx==X_AXIS) {
       pos = (float)system_convert_corexy_to_x_axis_steps(steps) / settings.steps_per_mm[idx];
     } else if (idx==Y_AXIS) {
       pos = (float)system_convert_corexy_to_y_axis_steps(steps) / settings.steps_per_mm[idx];
     } else {
       pos = steps[idx]/settings.steps_per_mm[idx];
     }
   #else
     pos = steps[idx]/settings.steps_per_mm[idx];
   #endif
   return(pos);
}
//所有轴从进步数单位改成 mm
void system_convert_array_steps_to_mpos(float *position, int32_t *steps)
{
   uint8_t idx;
   for (idx=0; idx<N_AXIS; idx++) {
     position[idx] = system_convert_axis_steps_to_mpos(steps, idx);
   }
```

```
      return;
    }
    //CoreXY 结构，计算 X 轴步进数
    #ifdef COREXY
      int32_t system_convert_corexy_to_x_axis_steps(int32_t *steps)
      {
        return( (steps[A_MOTOR] + steps[B_MOTOR])/2 );
      }
    //CoreXY 结构，计算 Y 轴步进数
      int32_t system_convert_corexy_to_y_axis_steps(int32_t *steps)
      {
        return( (steps[A_MOTOR] - steps[B_MOTOR])/2 );
      }
    #endif
    //检查是否超行程
    uint8_t system_check_travel_limits(float *target)
    {
      uint8_t idx;
      for (idx=0; idx<N_AXIS; idx++) {
        #ifdef HOMING_FORCE_SET_ORIGIN      //如果强迫回零位置为原点
          //如果回零方向标志为真，目标位置小于零，或大于最大值，返回真
          // (0，abs(max_travel) )为工作范围
          if (bit_istrue(settings.homing_dir_mask,bit(idx))) {
            if (target[idx] < 0 || target[idx] > -settings.max_travel[idx]) { return(true); }
          } else {              //否则，（max_travel，0）为工作范围
            if (target[idx] > 0 || target[idx] < settings.max_travel[idx]) { return(true); }
          }
        #else
          //如果不强迫回零位置为原点，（max_travel，0）为工作范围
          if (target[idx] > 0 || target[idx] < settings.max_travel[idx]) { return(true); }
        #endif
      }
      return(false);
    }
    //以下函数用于 Grbl 的实时运行标志操作（real-time execution flags）
    //全局实时运行位标识变量 sys_rt_exec_state 设置，状态设置
    void system_set_exec_state_flag(uint8_t mask) {
      uint8_t sreg = SREG;
      cli();
      sys_rt_exec_state |= (mask);
      SREG = sreg;
    }
    //全局实时运行位标识变量 sys_rt_exec_state 清零，状态清零
    void system_clear_exec_state_flag(uint8_t mask) {
      uint8_t sreg = SREG;
```

```
  cli();
  sys_rt_exec_state &= ~(mask);
  SREG = sreg;
}
//全局实时运行位标识变量 sys_rt_exec_alarm 设置，报警设置
void system_set_exec_alarm(uint8_t code) {
  uint8_t sreg = SREG;
  cli();
  sys_rt_exec_alarm = code;
  SREG = sreg;
}
//全局实时运行位标识变量 sys_rt_exec_alarm 清零，报警清零
void system_clear_exec_alarm() {
  uint8_t sreg = SREG;
  cli();
  sys_rt_exec_alarm = 0;
  SREG = sreg;
}
//全局实时运行位标识变量 sys_rt_exec_motion_override 设置，该变量用于进给倍率
void system_set_exec_motion_override_flag(uint8_t mask) {
  uint8_t sreg = SREG;
  cli();
  sys_rt_exec_motion_override |= (mask);
  SREG = sreg;
}
//全局实时运行位标识变量 sys_rt_exec_motion_override 清零，该变量用于 spindle/coolant 倍率
void system_set_exec_accessory_override_flag(uint8_t mask) {
  uint8_t sreg = SREG;
  cli();
  sys_rt_exec_accessory_override |= (mask);
  SREG = sreg;
}
//全局实时运行位标识变量 sys_rt_exec_motion_override 清零，该变量用于进给倍率
void system_clear_exec_motion_overrides() {
  uint8_t sreg = SREG;
  cli();
  sys_rt_exec_motion_override = 0;
  SREG = sreg;
}
//全局实时运行位标识变量 sys_rt_exec_motion_override 清零，该变量用于 spindle/coolant 倍率
#ifdef DEBUG                    //用于 debug 模式
void system_clear_exec_accessory_overrides() {
  uint8_t sreg = SREG;
  cli();                       //清中断
  sys_rt_exec_accessory_override = 0;
```

```
    SREG = sreg;
}
```

4.7   motion

motion 类文件主要用于完成直线和圆弧插补。

4.7.1   motion.h

motion 类的 h 文件，代码解析如下：

```
#define HOMING_CYCLE_LINE_NUMBER 0          //Home 指令行号设置为 0
#define PARKING_MOTION_LINE_NUMBER 0         //驻车指令行号设置为 0
#define HOMING_CYCLE_ALL    0                //Home 所有的轴
#define HOMING_CYCLE_X      bit(X_AXIS)
#define HOMING_CYCLE_Y      bit(Y_AXIS)
#define HOMING_CYCLE_Z      bit(Z_AXIS)
```

4.7.2   motion.c

motion 类的 c 文件，代码解析如下：

```
/*以绝对坐标执行线性运动。进给率以毫米/秒为单位，除非 invert_feed_rate 为 true，feed_rate 意味
着运动应该在 feed_rate（1 分钟）时间内完成。注意，这是通往 Grbl 规划器的主要通道。所有的直线运
动，包括弧形线段，在传递给规划器之前必须通过这个例程*/
void mc_line(float *target, plan_line_data_t *pl_data)
{
  //如果软限位触发
  if (bit_istrue(settings.flags,BITFLAG_SOFT_LIMIT_ENABLE)) {
    //如果系统状态不是 JOG 模式，检查目标点是否触发软限位
    if (sys.state != STATE_JOG) { limits_soft_check(target); }
  }
  //如果在检查模式下，直接返回
  if (sys.state == STATE_CHECK_MODE) { return; }
  do {
    protocol_execute_realtime();                        //处理实时命令
    if (sys.abort) { return; }
    if ( plan_check_full_buffer() ) { protocol_auto_cycle_start(); }    //检查指令块缓存器
//（block_buffer）满，循环运行启动，等待指令块缓存器有空间
    else { break; }                                     //否则跳出
  } while (1);

  //规划和排队指令进入规划缓冲区
  if (plan_buffer_line(target, pl_data) == PLAN_EMPTY_BLOCK) {    //如果是一个空运动指令
    if (bit_istrue(settings.flags,BITFLAG_LASER_MODE)) {          //如果是激光模式
```

/*需要缓冲区同步。如果启用同步，立即通过 PWM 设置主轴运行状态，包括运动方向和主轴转速。同步后由 spindle_sync()调用*/

```
    if (pl_data->condition & PL_COND_FLAG_SPINDLE_CW) {        //主轴顺时针旋转
      spindle_sync(PL_COND_FLAG_SPINDLE_CW, pl_data->spindle_speed);
    }
  }
 }
}
```

  /*position=起点 XYZ 坐标，target =终点 XYZ 坐标，offset =从起点 XYZ 开始的偏移量，axis_X 定义了工具空间中的圆平面，axis_linear 是螺旋运动的方向，radius==圆半径，isclockwise 为布尔值，用于矢量变换方向。弧线是通过生成大量微小的线性段来近似的。每个线段的弦向公差在 settings.arc_tolerance 中配置，它被定义为当端点都位于圆上时，线段到圆的最大法线距离。把圆弧分割成直线*/

```
   void mc_arc(float *target, plan_line_data_t *pl_data, float *position, float *offset, float radius,
      uint8_t axis_0, uint8_t axis_1, uint8_t axis_linear, uint8_t is_clockwise_arc)
  {
   float center_axis0 = position[axis_0] + offset[axis_0];        //圆心点 X 坐标
   float center_axis1 = position[axis_1] + offset[axis_1];        //圆心点 Y 坐标
   float r_axis0 = -offset[axis_0];                               //起点相对圆心位置 X 坐标
   float r_axis1 = -offset[axis_1];                               //起点相对圆心位置 Y 坐标
   float rt_axis0 = target[axis_0] - center_axis0;                //终点相对圆心位置 X 坐标
   float rt_axis1 = target[axis_1] - center_axis1;                //终点相对圆心位置 Y 坐标
   float angular_travel = atan2(r_axis0*rt_axis1-r_axis1*rt_axis0, r_axis0*rt_axis0+r_axis1*rt_axis1);
                //计算起点相对圆心的矢量和终点相对圆心的矢量的夹角
   if (is_clockwise_arc) {   //如果是 G02（顺时针运动），且大于负角度设置误差，设置顺时针角度
     if (angular_travel >= -ARC_ANGULAR_TRAVEL_EPSILON) { angular_travel -= 2*M_PI; }
   } else {                  //如果是 G03（逆时针运动），且小于角度设置误差，设置逆时针角度
     if (angular_travel <= ARC_ANGULAR_TRAVEL_EPSILON) { angular_travel += 2*M_PI; }
   }

   //根据圆弧分段误差计算分段数
    uint16_t  segments  =  floor(fabs(0.5*angular_travel*radius)/sqrt(settings.arc_tolerance*(2*radius -
settings.arc_ tolerance)) );
   if (segments) {                                          //如果分段数>0
     if (pl_data->condition & PL_COND_FLAG_INVERSE_TIME) {        //如果是反比时间进给
       pl_data->feed_rate *= segments;                      //计算走一段所需要的时间
       bit_false(pl_data->condition,PL_COND_FLAG_INVERSE_TIME);   //反比时间进给无效
     }

     float theta_per_segment = angular_travel/segments;        //每一段的转动角度
     float linear_per_segment = (target[axis_linear] - position[axis_linear])/segments;//每一段直线距离

     /* 以下见第 2 章内容
         r_T = (cos(phi) -sin(phi);
               sin(phi)  cos(phi)) * r ;
```

```
/*计算 cos_T = 1 - theta_per_segment^2/2, sin_T = theta_per_segment - theta_per_segment^3/6。因为计
算速度更快，采用近似算法，而不是直接采用 sin()和 cos()计算*/
        float cos_T = 2.0 - theta_per_segment*theta_per_segment;    //cos_T 实际上是 2cos(phi)
        float sin_T = theta_per_segment*0.16666667*(cos_T + 4.0);
        cos_T *= 0.5;                                              //计算 cos(phi)
        float sin_Ti;
        float cos_Ti;
        float r_axisi;
        uint16_t i;
        uint8_t count = 0;
        for (i = 1; i<segments; i++) {                            //分段计算分割点
          if (count < N_ARC_CORRECTION) {
          //当小于 N_ARC_CORRECTION（12）次迭代，计算分割点坐标
            r_axisi = r_axis0*sin_T + r_axis1*cos_T;
            r_axis0 = r_axis0*cos_T - r_axis1*sin_T;
            r_axis1 = r_axisi;
            count++;
          } else {                      //如果迭代次数不小于 N_ARC_CORRECTION，采用三角函数直接
                                        //  计算分割点，而不采用近似计算公式
            cos_Ti = cos(i*theta_per_segment);
            sin_Ti = sin(i*theta_per_segment);
            r_axis0 = -offset[axis_0]*cos_Ti + offset[axis_1]*sin_Ti;
            r_axis1 = -offset[axis_0]*sin_Ti - offset[axis_1]*cos_Ti;
            count = 0;              //计数器置 0，以便重新计算
          }
          //计算分割点的绝对坐标。上面得到的是相对于圆心的坐标
          position[axis_0] = center_axis0 + r_axis0;
          position[axis_1] = center_axis1 + r_axis1;
          position[axis_linear] += linear_per_segment;
          mc_line(position, pl_data);
          if (sys.abort) { return; }
        }
      }
    mc_line(target, pl_data);        //计算最后一段数据
  }

//执行暂停 G04
  void mc_dwell(float seconds)
  {
    if (sys.state == STATE_CHECK_MODE) { return; }
  /*如果为检查模式，直接返回阻断，直到所有缓冲步骤被执行或处于循环状态。在同步调用期间，
与进给保持一起工作。同时，等待循环结束*/
    protocol_buffer_synchronize();
    delay_sec(seconds, DELAY_MODE_DWELL);//G04，执行非阻断暂停，接受系统操作和暂停操作
  }
```

```
//执行回零
void mc_homing_cycle(uint8_t cycle_mask)
{
  #ifdef LIMITS_TWO_SWITCHES_ON_AXES        //如果一个轴上有两个限位开关
    if (limits_get_state()) {
      mc_reset();                           //如果限位触发，复位系统，设置报警
      system_set_exec_alarm(EXEC_ALARM_HARD_LIMIT);
      return;
    }
  #endif
  limits_disable();                         //限位无效

  #ifdef HOMING_SINGLE_AXIS_COMMANDS        //如果定义可以单轴回零
    if (cycle_mask) { limits_go_home(cycle_mask); } //执行回零
    else
  #endif
  {
    limits_go_home(HOMING_CYCLE_0);         //回零 Homing cycle 0 定义的轴
    #ifdef HOMING_CYCLE_1
      limits_go_home(HOMING_CYCLE_1);       //回零 Homing cycle 1 定义的轴
    #endif
    #ifdef HOMING_CYCLE_2
      limits_go_home(HOMING_CYCLE_2);       //回零 Homing cycle 2 定义的轴
    #endif
  }
  protocol_execute_realtime();              //实时运行操作处理
  if (sys.abort) { return; }
  //同步机床当前位置和规划器当前位置
  gc_sync_position();
  plan_sync_position();
  limits_init();                            //硬限位端口初始化及使能
}
//执行刀具长度探测。注意，一旦探测失败，程序将被停止并进入警报状态
uint8_t mc_probe_cycle(float *target, plan_line_data_t *pl_data, uint8_t parser_flags)
{
  //如果为检查模式，返回 GC_PROBE_CHECK_MODE 信息
  if (sys.state == STATE_CHECK_MODE) { return(GC_PROBE_CHECK_MODE); }
  //执行所有缓存的指令
  protocol_buffer_synchronize();
  if (sys.abort) { return(GC_PROBE_ABORT); }
  //探头模式是朝向工件/远离工件
  uint8_t is_probe_away = bit_istrue(parser_flags,GC_PARSER_PROBE_IS_AWAY);
  uint8_t is_no_error = bit_istrue(parser_flags,GC_PARSER_PROBE_IS_NO_ERROR);
  sys.probe_succeeded = false; .
```

```
/*设置探针反转掩码，根据正常高/正常低操作的设置和朝向工件/远离工件的探测周期模式，适当地
设置探针逻辑*/
    probe_configure_invert_mask(is_probe_away);
    if ( probe_get_state() ) {                                  //探头触发
      system_set_exec_alarm(EXEC_ALARM_PROBE_FAIL_INITIAL);     //置探测初始化错误
      protocol_execute_realtime();                              //执行实时操作控制
      probe_configure_invert_mask(false);                       //重置探头掩码
      return(GC_PROBE_FAIL_INIT);                               //返回探测初始化错误标志
    }
    mc_line(target, pl_data);                                   //运动规划
    sys_probe_state = PROBE_ACTIVE;                             //探头状态监控
    system_set_exec_state_flag(EXEC_CYCLE_START);               //执行循环运行
    do {
      protocol_execute_realtime();                              //执行实时操作控制
      if (sys.abort) { return(GC_PROBE_ABORT); }
    } while (sys.state != STATE_IDLE);                          //循环等待探测完成
    //探测完成
    if (sys_probe_state == PROBE_ACTIVE) {                      //如果处于探头状态监控状态
    //如果没有错误，系统传给探头采集数据，否则置探头接触错误，报警
      if (is_no_error) { memcpy(sys_probe_position, sys_position, sizeof(sys_position)); }
      else { system_set_exec_alarm(EXEC_ALARM_PROBE_FAIL_CONTACT); }
    } else {
      sys.probe_succeeded = true;                               //探测成功
    }
    sys_probe_state = PROBE_OFF;                                //取消探头状态监控状态
    probe_configure_invert_mask(false);                        //重置探头掩码
    protocol_execute_realtime();                                //执行实时操作控制
    st_reset();                                                 //重置插补器
    plan_reset();                                               //规划器重置
    plan_sync_position();                                       //同步规划器当前位置
    #ifdef MESSAGE_PROBE_COORDINATES
      //打印探头采集点位置
      report_probe_parameters();
    #endif
    if (sys.probe_succeeded) { return(GC_PROBE_FOUND); }        //返回成功标志
    else { return(GC_PROBE_FAIL_END); }                        //返回错误标志
  }
  //如果定义了驻车使能，规划驻车运动
  #ifdef PARKING_ENABLE
    void mc_parking_motion(float *parking_target, plan_line_data_t *pl_data)
    {
  if (sys.abort) { return; }
  //在规划器缓存器中增加驻车运动
    uint8_t plan_status = plan_buffer_line(parking_target, pl_data);
    if (plan_status) {
```

```
    bit_true(sys.step_control, STEP_CONTROL_EXECUTE_SYS_MOTION);    //置系统运动标志
    bit_false(sys.step_control, STEP_CONTROL_END_MOTION);                 //置系统插补器状态
    st_parking_setup_buffer();              //改变插补段缓存器的运行状态，执行驻车动作
    st_prep_buffer();                       //读取插补段缓存数据
    st_wake_up();                           //脉冲输出中断使能
    do {                                    //循环执行系统运动
      protocol_exec_rt_system();            //执行实时操作控制
      if (sys.abort) { return; }
    } while (sys.step_control & STEP_CONTROL_EXECUTE_SYS_MOTION);
    st_parking_restore_buffer();            //恢复插补段缓存器的正常状态
  } else {                                  //置系统运动标志无效
    bit_false(sys.step_control, STEP_CONTROL_EXECUTE_SYS_MOTION);
    protocol_exec_rt_system();              //执行实时操作控制
  }
 }
#endif
#ifdef ENABLE_PARKING_OVERRIDE_CONTROL          //如果定义驻车倍率使能
  void mc_override_ctrl_update(uint8_t override_state)
  {
    //执行所有缓存的指令后，设置系统倍率控制状态
    protocol_buffer_synchronize();
    if (sys.abort) { return; }
    sys.override_ctrl = override_state;
  }
#endif
//运动控制复位
void mc_reset()
{
  //如果没有系统复位操作，设置系统实时执行的复位状态
  if (bit_isfalse(sys_rt_exec_state, EXEC_RESET)) {
    system_set_exec_state_flag(EXEC_RESET);
    //关闭主轴和冷却
    spindle_stop();
    coolant_stop();
    //如果系统处于循环运行、回零和 JOG 模式，或插补器处于进给保持或运动时，如果此时回零，
系统没有报警，设置 HOME 失败报警，否则发出中止报警
    if ((sys.state & (STATE_CYCLE | STATE_HOMING | STATE_JOG)) ||(sys.step_control & (STEP_
CONTROL_EXECUTE_HOLD| STEP_CONTROL_EXECUTE_SYS_MOTION))) {
      if (sys.state == STATE_HOMING) {
        if (!sys_rt_exec_alarm) {system_set_exec_alarm(EXEC_ALARM_HOMING_FAIL_RES ET); }
      } else { system_set_exec_alarm(EXEC_ALARM_ABORT_CYCLE); }
      st_go_idle();                         //重置插补定时，插补器进入空闲
    }
  }
}
```

4.8 settings

settings 类文件用于设置系统参数。

4.8.1 settings.h

settings 类的 h 文件，代码解析如下：

```
#define SETTINGS_VERSION 10                        //版本
//settings.flag 的掩码
#define BIT_REPORT_INCHES          0               //打印英寸单位
#define BIT_LASER_MODE             1               //激光模式
#define BIT_INVERT_ST_ENABLE       2               //反置步进使能
#define BIT_HARD_LIMIT_ENABLE      3               //硬限位使能
#define BIT_HOMING_ENABLE          4               //回零使能
#define BIT_SOFT_LIMIT_ENABLE      5               //软限位使能
#define BIT_INVERT_LIMIT_PINS      6               //反置限位端口
#define BIT_INVERT_PROBE_PIN       7               //反置探头端口
//定义上面的掩码
#define BITFLAG_REPORT_INCHES           bit(BIT_REPORT_INCHES)
#define BITFLAG_LASER_MODE              bit(BIT_LASER_MODE)
#define BITFLAG_INVERT_ST_ENABLE        bit(BIT_INVERT_ST_ENABLE)
#define BITFLAG_HARD_LIMIT_ENABLE       bit(BIT_HARD_LIMIT_ENABLE)
#define BITFLAG_HOMING_ENABLE           bit(BIT_HOMING_ENABLE)
#define BITFLAG_SOFT_LIMIT_ENABLE       bit(BIT_SOFT_LIMIT_ENABLE)
#define BITFLAG_INVERT_LIMIT_PINS       bit(BIT_INVERT_LIMIT_PINS)
#define BITFLAG_INVERT_PROBE_PIN        bit(BIT_INVERT_PROBE_PIN)
//Define status reporting boolean enable bit flags in settings.status_report_mask
#define BITFLAG_RT_STATUS_POSITION_TYPE  bit(0)
#define BITFLAG_RT_STATUS_BUFFER_STATE   bit(1)
//全局设置恢复标志
#define SETTINGS_RESTORE_DEFAULTS bit(0)            //缺省
#define SETTINGS_RESTORE_PARAMETERS bit(1)          //参数
#define SETTINGS_RESTORE_STARTUP_LINES bit(2)       //启动脚本
#define SETTINGS_RESTORE_BUILD_INFO bit(3)          //版本信息
#ifndef SETTINGS_RESTORE_ALL
#define SETTINGS_RESTORE_ALL 0xFF
#endif
//上面数据的地址
#define EEPROM_ADDR_GLOBAL          1U
#define EEPROM_ADDR_PARAMETERS      512U
#define EEPROM_ADDR_STARTUP_BLOCK   768U
#define EEPROM_ADDR_BUILD_INFO      942U
```

```
//定义坐标系地址
#define N_COORDINATE_SYSTEM 6                                //共 6 个工件坐标系
#define SETTING_INDEX_NCOORD N_COORDINATE_SYSTEM+1
//Total number of system stored (from index 0)
//NOTE: 0=G54, 1=G55, ... , 56=G59)
#define SETTING_INDEX_G28    N_COORDINATE_SYSTEM            //参考坐标系 1
#define SETTING_INDEX_G30    N_COORDINATE_SYSTEM+1          //参考坐标系 2
//#define SETTING_INDEX_G92   N_COORDINATE_SYSTEM+2         //G92 坐标偏移
#define AXIS_N_SETTINGS          4                          //轴数目
#define AXIS_SETTINGS_START_VAL   100
//NOTE: Reserving settings values >= 100 for axis settings. Up to 255.
#define AXIS_SETTINGS_INCREMENT   10         //Must be greater than the number of axis settings
typedef struct {
  //Axis settings
  float steps_per_mm[N_AXIS];
  float max_rate[N_AXIS];
  float acceleration[N_AXIS];
  float max_travel[N_AXIS];
  //Remaining Grbl settings
  uint8_t pulse_microseconds;
  uint8_t step_invert_mask;
  uint8_t dir_invert_mask;
  uint8_t stepper_idle_lock_time;          //If max value 255, steppers do not disable.
  uint8_t status_report_mask;              //Mask to indicate desired report data.
  float junction_deviation;
  float arc_tolerance;
  float rpm_max;
  float rpm_min;

  uint8_t flags;                           //Contains default boolean settings
  uint8_t homing_dir_mask;
  float homing_feed_rate;
  float homing_seek_rate;
  uint16_t homing_debounce_delay;
  float homing_pulloff;
} settings_t;
extern settings_t settings;
```

4.8.2　settings.c

settings 类的 c 文件，代码解析如下：

```
settings_t settings;
//缺省设置保存在 flash 中
const __flash settings_t defaults = {\
  …
```

```
};
//将启动脚本存入 EEPROM 的方法
void settings_store_startup_line(uint8_t n, char *line)
{
 .....
}
//保存版本信息
void settings_store_build_info(char *line)
{
  .....
}
//将坐标系参数存入 EEPROM
void settings_write_coord_data(uint8_t coord_select, float *coord_data)
{
 ....
}
//将 Grbl 全局设置结构和版本号存入 EEPROM 的方法
void write_global_settings()
{
 .....
}
//将 EEPROM 保存的 Grbl 全局设置恢复到默认值的方法
void settings_restore(uint8_t restore_flag) {
 .....
}
//从 EEPROM 中读取启动脚本
uint8_t settings_read_startup_line(uint8_t n, char *line)
{
 ......
}
//从 EEPROM 中读取所有启动脚本
uint8_t settings_read_build_info(char *line)
{
 ......
}
//从 EEPROM 中读取坐标系参数
uint8_t settings_read_coord_data(uint8_t coord_select, float *coord_data)
{
 ......
}
//从 EEPROM 中读取 Grbl 全局设置
uint8_t read_global_settings() {
 .......
  }
  return(true);
```

```
}
//通过指令设置全局参数
uint8_t settings_store_global_setting(uint8_t parameter, float value) {
.......
}
//初始化参数
void settings_init() {
.....
}
//返回轴脉冲端口掩码
uint8_t get_step_pin_mask(uint8_t axis_idx)
{
.....
}
//返回轴方向端口掩码
uint8_t get_direction_pin_mask(uint8_t axis_idx)
{
.....
}
//返回限位端口掩码
uint8_t get_limit_pin_mask(uint8_t axis_idx)
{
.....
}
```

4.9　cpu-map.h

cpu-map.h 文件用于定义硬件引脚，代码解析如下：

```
//Arduino Mega328p
#ifdef CPU_MAP_ATMEGA328P                    //(Arduino Uno)
  //串口中断向量
  #define SERIAL_RX      USART_RX_vect
  #define SERIAL_UDRE    USART_UDRE_vect
  //步进电机脉冲端口，所有步进端口必须在一个通道里
  #define STEP_DDR       DDRD
  #define STEP_PORT      PORTD
  #define X_STEP_BIT     2  //Uno Digital Pin 2
  #define Y_STEP_BIT     3  //Uno Digital Pin 3
  #define Z_STEP_BIT     4  //Uno Digital Pin 4
  #define STEP_MASK      ((1<<X_STEP_BIT)|(1<<Y_STEP_BIT)|(1<<Z_STEP_BIT)) //掩码
  //步进电机方向端口，所有步进端口必须在一个通道里
  #define DIRECTION_DDR       DDRD
```

```
#define DIRECTION_PORT      PORTD
#define X_DIRECTION_BIT     5  //Uno Digital Pin 5
#define Y_DIRECTION_BIT     6  //Uno Digital Pin 6
#define Z_DIRECTION_BIT     7  //Uno Digital Pin 7
#define DIRECTION_MASK      ((1<<X_DIRECTION_BIT)|(1<<Y_DIRECTION_BIT)| (1<<Z_
                            DIRECTION_ BIT))      //掩码
//步进电机使能端口（一个端口控制所有电机）
#define STEPPERS_DISABLE_DDR    DDRB
#define STEPPERS_DISABLE_PORT   PORTB
#define STEPPERS_DISABLE_BIT    0  //Uno Digital Pin 8
#define STEPPERS_DISABLE_MASK   (1<<STEPPERS_DISABLE_BIT)
/*硬限位端口和中断向量，所有端口必须在一个通道，但和其他输入端口可不在一个通道内*/
#define LIMIT_DDR      DDRB
#define LIMIT_PIN      PINB
#define LIMIT_PORT     PORTB
#define X_LIMIT_BIT    1  //Uno Digital Pin 9
#define Y_LIMIT_BIT    2  //Uno Digital Pin 10
#ifdef VARIABLE_SPINDLE //因为变主轴转速用到PWM，所以需要Z轴限位放到Pin 12
  #define Z_LIMIT_BIT  4  //Uno Digital Pin 12
#else
  #define Z_LIMIT_BIT  3  //Uno Digital Pin 11
#endif
#if !defined(ENABLE_DUAL_AXIS)        //如果没有双轴定义（龙门结构）
  #define LIMIT_MASK     ((1<<X_LIMIT_BIT)|(1<<Y_LIMIT_BIT)|(1<<Z_LIMIT_BIT)) //掩码
#endif
#define LIMIT_INT      PCIE0          //中断使能
#define LIMIT_INT_vect    PCINT0_vect    //中断向量
#define LIMIT_PCMSK    PCMSK0         //端口中断定义（指定哪些端口变化中断）
/*定义用户系统操作端口（循环启动，复位，进给保持，所有端口必须在一个通道，但和其他输
入端口可不在一个通道内*/
  #define CONTROL_DDR      DDRC
  #define CONTROL_PIN      PINC
  #define CONTROL_PORT     PORTC
  #define CONTROL_RESET_BIT         0      //Uno Analog Pin 0（复位）
  #define CONTROL_FEED_HOLD_BIT     1      //Uno Analog Pin 1（进给保持）
  #define CONTROL_CYCLE_START_BIT   2      //Uno Analog Pin 2（循环启动）
  #define CONTROL_SAFETY_DOOR_BIT   1
                //Uno Analog Pin 1（门和进给保持分享一个端口，通过config.h文件定义）
  #define CONTROL_INT    PCIE1          //中断使能
  #define CONTROL_INT_vect  PCINT1_vect   //中断向量
  #define CONTROL_PCMSK     PCMSK1         //端口中断定义
  #define  CONTROL_MASK          ((1<<CONTROL_RESET_BIT)|(1<<CONTROL_FEED_HOLD
_BIT)|(1<<CONTROL_CYCLE_START_BIT)|(1<<CONTROL_SAFETY_DOOR_BIT)) //掩码
  #define CONTROL_INVERT_MASK   CONTROL_MASK  //反置掩码（低电平有效）
  //探头端口定义
```

```
#define PROBE_DDR          DDRC
#define PROBE_PIN          PINC
#define PROBE_PORT         PORTC
#define PROBE_BIT          5              //Uno Analog Pin 5
#define PROBE_MASK        (1<<PROBE_BIT)
#if !defined(ENABLE_DUAL_AXIS)    //如果没有定义双轴使能，进行流动冷却和雾化端口定义
  #define COOLANT_FLOOD_DDR    DDRC
  #define COOLANT_FLOOD_PORT   PORTC
  #define COOLANT_FLOOD_BIT    3 //Uno Analog Pin 3（冷却）
  #define COOLANT_MIST_DDR     DDRC
  #define COOLANT_MIST_PORT    PORTC
  #define COOLANT_MIST_BIT     4    //Uno Analog Pin 4（雾化）
  //主轴使能和转速端口定义
  #define SPINDLE_ENABLE_DDR     DDRB
  #define SPINDLE_ENABLE_PORT    PORTB
  #ifdef VARIABLE_SPINDLE
    #ifdef USE_SPINDLE_DIR_AS_ENABLE_PIN
      //如果启用，主轴方向引脚用作主轴使能，而 PWM 仍在 D11 上
      #define SPINDLE_ENABLE_BIT    5    //Uno Digital Pin 13
    #else
      #define SPINDLE_ENABLE_BIT    3    //Uno Digital Pin 11
    #endif
  #else
    #define SPINDLE_ENABLE_BIT    4     //Uno Digital Pin 12
  #endif
  #ifndef USE_SPINDLE_DIR_AS_ENABLE_PIN //如果没有定义主轴转动方向
    #define SPINDLE_DIRECTION_DDR    DDRB
    #define SPINDLE_DIRECTION_PORT   PORTB
    #define SPINDLE_DIRECTION_BIT    5         //Uno Digital Pin 13
  #endif
//变主轴转速定义
  #define SPINDLE_PWM_MAX_VALUE       255    //328P f 最大为 PWM，最大值为 255
  #ifndef SPINDLE_PWM_MIN_VALUE
    #define SPINDLE_PWM_MIN_VALUE    1     //最小值必须大于 0
  #endif
  #define SPINDLE_PWM_OFF_VALUE       0     //关闭
  #define  SPINDLE_PWM_RANGE         (SPINDLE_PWM_MAX_VALUE-SPINDLE_PWM_
MIN_VALUE)
  #define SPINDLE_TCCRA_REGISTER    TCCR2A     //计数寄存器
  #define SPINDLE_TCCRB_REGISTER    TCCR2B
  #define SPINDLE_OCR_REGISTER      OCR2A       //输出比较寄存器
  #define SPINDLE_COMB_BIT          COM2A1
  //预置 8-bit，快速 PWM 模式
  #define SPINDLE_TCCRA_INIT_MASK   ((1<<WGM20)|(1<<WGM21)) //快速 PWM
    #define SPINDLE_TCCRB_INIT_MASK      (1<<CS22)                //预置 0.98kHz
```

```
//主轴 PWM 端口定义
  #define SPINDLE_PWM_DDR    DDRB
  #define SPINDLE_PWM_PORT   PORTB
  #define SPINDLE_PWM_BIT    3                        //Uno Digital Pin 11
 #clsc
//双轴功能定义（需要一个独立的步进脉冲引脚来操作）
 #ifdef DUAL_AXIS_CONFIG_PROTONEER_V3_51          //采用 PROTONEER_V3_51 CNC Shield
//定义脉冲端口
    #define STEP_DDR_DUAL         DDRC
    #define STEP_PORT_DUAL        PORTC
    #define DUAL_STEP_BIT      4                   //Uno Analog Pin 4
    #define STEP_MASK_DUAL       ((1<<DUAL_STEP_BIT))
//定义方向端口
    #define DIRECTION_DDR_DUAL   DDRC
    #define DIRECTION_PORT_DUAL  PORTC
    #define DUAL_DIRECTION_BIT   3                //Uno Analog Pin 3
    #define DIRECTION_MASK_DUAL ((1<<DUAL_DIRECTION_BIT))
//缺省定义和 Z 轴限位共享一个（根据需求可自行改变）
    #define DUAL_LIMIT_BIT     Z_LIMIT_BIT
      #define LIMIT_MASK         ((1<<X_LIMIT_BIT)|(1<<Y_LIMIT_BIT)|(1<<Z_LIMIT_BIT)|
(1<<DUAL_LIMIT_BIT))
    //定义冷却，雾化不支持双轴。由于端口改变，后面设置重新定义
    #define COOLANT_FLOOD_DDR    DDRB
    #define COOLANT_FLOOD_PORT   PORTB
    #define COOLANT_FLOOD_BIT    5                 //Uno Digital Pin 13
    //主轴定义
    #define SPINDLE_ENABLE_DDR    DDRB
    #define SPINDLE_ENABLE_PORT   PORTB
    #ifdef VARIABLE_SPINDLE
      #define SPINDLE_ENABLE_BIT    3               //Uno Digital Pin 11
    #else
      #define SPINDLE_ENABLE_BIT    4               //Uno Digital Pin 12
    #endif
    #define SPINDLE_PWM_MAX_VALUE    255
    #ifndef SPINDLE_PWM_MIN_VALUE
      #define SPINDLE_PWM_MIN_VALUE   1
    #endif
    #define SPINDLE_PWM_OFF_VALUE     0
     #define SPINDLE_PWM_RANGE            (SPINDLE_PWM_MAX_VALUE-SPINDLE_PWM_
MIN_VALUE)
    #define SPINDLE_TCCRA_REGISTER    TCCR2A
    #define SPINDLE_TCCRB_REGISTER    TCCR2B
    #define SPINDLE_OCR_REGISTER      OCR2A
    #define SPINDLE_COMB_BIT          COM2A1
     #define SPINDLE_TCCRA_INIT_MASK   ((1<<WGM20) | (1<<WGM21)) //Configures fast
```

PWM mode.

```
        #define SPINDLE_TCCRB_INIT_MASK        (1<<CS22)
        #define SPINDLE_PWM_DDR     DDRB
        #define SPINDLE_PWM_PORT   PORTB
        #define SPINDLE_PWM_BIT    3          //Uno Digital Pin 11
    #endif
    //如果采用的是 CNC Shield Clone (Originally Protoneer v3.0)
    #ifdef DUAL_AXIS_CONFIG_CNC_SHIELD_CLONE
        //重新定义双轴
        #define STEP_DDR_DUAL          DDRB
        #define STEP_PORT_DUAL         PORTB
        #define DUAL_STEP_BIT      4          //Uno Digital Pin 12
        #define STEP_MASK_DUAL        ((1<<DUAL_STEP_BIT))
        #define DIRECTION_DDR_DUAL   DDRB
        #define DIRECTION_PORT_DUAL PORTB
        #define DUAL_DIRECTION_BIT  5       //Uno Digital Pin 13
        #define DIRECTION_MASK_DUAL ((1<<DUAL_DIRECTION_BIT))
        #define DUAL_LIMIT_BIT     Z_LIMIT_BIT
        #define LIMIT_MASK          ((1<<X_LIMIT_BIT)|(1<<Y_LIMIT_BIT)|(1<<Z_LIMIT_BIT)
|(1<<DUAL_LIMIT_BIT))
        #define COOLANT_FLOOD_DDR    DDRC
        #define COOLANT_FLOOD_PORT   PORTC
        #define COOLANT_FLOOD_BIT    4      //Uno Analog Pin 4
        #define SPINDLE_ENABLE_DDR     DDRC
        #define SPINDLE_ENABLE_PORT    PORTC
        #define SPINDLE_ENABLE_BIT     3      //Uno Analog Pin 3
    #endif
  #endif
#endif
#ifdef CPU_MAP_CUSTOM_PROC
    /*对于自定义针脚地图或不同的处理器，复制并编辑一个可用的 CPU MAP 文件，并根据需要进行
修改。确保定义的名称在 config.h 文件中也相应改变*/
    #endif
    #endif
```

4.10 default.h

default.h 文件用于默认的参数配置。

```
    #define DEFAULT_X_STEPS_PER_MM 250.0            //X 轴脉冲当量
    #define DEFAULT_Y_STEPS_PER_MM 250.0
    #define DEFAULT_Z_STEPS_PER_MM 250.0
    #define DEFAULT_X_MAX_RATE 500.0                //mm/min，X 轴最大进给速度
```

```
#define DEFAULT_Y_MAX_RATE 500.0
#define DEFAULT_Z_MAX_RATE 500.0
#define DEFAULT_X_ACCELERATION (10.0*60*60)    //最大加速度
#define DEFAULT_Y_ACCELERATION (10.0*60*60)
#define DEFAULT_Z_ACCELERATION (10.0*60*60)
#define DEFAULT_X_MAX_TRAVEL 200.0             //X 最大行程
#define DEFAULT_Y_MAX_TRAVEL 200.0
#define DEFAULT_Z_MAX_TRAVEL 200.0
#define DEFAULT_SPINDLE_RPM_MAX 1000.0         //主轴最大转速
#define DEFAULT_SPINDLE_RPM_MIN 0.0            //主轴最小转速
#define DEFAULT_STEP_PULSE_MICROSECONDS 10     //步进脉冲时间
#define DEFAULT_STEPPING_INVERT_MASK 0         //脉冲输出反置掩码
#define DEFAULT_DIRECTION_INVERT_MASK 0        //方向反置掩码
#define DEFAULT_STEPPER_IDLE_LOCK_TIME 25
```
//步进器空闲锁定时间。完成一个运动后，驱动器等待这个时间后锁定，以确保轴在停用前完全
//停止。值 255 表示轴总是使能
```
#define DEFAULT_STATUS_REPORT_MASK 1           //打印机床位置
#define DEFAULT_JUNCTION_DEVIATION 0.01        //拐角误差
#define DEFAULT_ARC_TOLERANCE 0.002            //圆弧分段误差
#define DEFAULT_REPORT_INCHES 0                //英寸
#define DEFAULT_INVERT_ST_ENABLE 0
```
//反置步进使能。控制发送到步进驱动器使能引脚的信号。置 1 将使能引脚设置为高电平
```
#define DEFAULT_INVERT_LIMIT_PINS 0
```
/*反置限位端口。默认情况下，使用 Arduino 内部的上拉电阻将其设置为高电平。告诉 GRBL 将该引脚接地，限位开关被触发。对于相反设置（1），告诉系统高电平是限位开关的触发器。在设置 1 下，必须安装外部下拉电阻*/
```
#define DEFAULT_SOFT_LIMIT_ENABLE 0            //软限位使能
#define DEFAULT_HARD_LIMIT_ENABLE 0            //硬限位使能
#define DEFAULT_INVERT_PROBE_PIN 0
```
/*反置探头端口。默认情况下，使用 Arduino 内部的上拉电阻将其设置为高电平。告诉 GRBL 将该引脚接地，探头开关被触发。对于相反设置（1），告诉系统高电平是限位开关的触发器。设置 1 时必须安装外部下拉电阻*/
```
#define DEFAULT_HOMING_ENABLE 0                //回零使能
#define DEFAULT_HOMING_DIR_MASK 0              //正方向回零
#define DEFAULT_HOMING_FEED_RATE 25.0          //找零进给速度
#define DEFAULT_HOMING_SEEK_RATE 500.0         //回零速度
#define DEFAULT_HOMING_DEBOUNCE_DELAY 250      //msec (0-65k)防止输入抖动,设置滤波时间
#define DEFAULT_HOMING_PULLOFF 1.0
```
/*mm, 机器在找到"原点"位置后要离开限位开关多远，以避免触发硬限位*/

4.11 config.h

config.h 为 Grbl 配置文件，用户可以根据需要进行修改，大部分参数不需要修改。

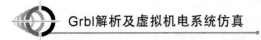

```
#define BAUD_RATE 115200              //波特率
```

//定义实时命令的特殊字符。这些字符直接从串口读取的数据流中提取，不传递给 Grbl 行执行分析器

```
#define CMD_RESET 0x18 //ctrl-x                    //系统命令复位
#define CMD_STATUS_REPORT '?'                      //系统命令状态打印
#define CMD_CYCLE_START '~'                        //系统命令循环启动
#define CMD_FEED_HOLD '!'                          //系统命令进给保持
#define CMD_SAFETY_DOOR 0x84                       //系统命令门开
#define CMD_JOG_CANCEL   0x85                      //系统命令 JOG 取消
#define CMD_DEBUG_REPORT 0x86                      //当 DEBUG 使能，打印 DEBUG 信息
#define CMD_FEED_OVR_RESET 0x90                    //恢复进给倍率 100%
#define CMD_FEED_OVR_COARSE_PLUS 0x91              //进给倍率增加 10%
#define CMD_FEED_OVR_COARSE_MINUS 0x92             //进给倍率减少 10%
#define CMD_FEED_OVR_FINE_PLUS  0x93               //进给倍率增加 1%
#define CMD_FEED_OVR_FINE_MINUS  0x94              //进给倍率减少 1%
#define CMD_RAPID_OVR_RESET 0x95                   //恢复快进倍率 100%
#define CMD_RAPID_OVR_MEDIUM 0x96                  //设置快进倍率 50%
#define CMD_RAPID_OVR_LOW 0x97                     //设置快进倍率 25%
#define CMD_SPINDLE_OVR_RESET 0x99                 //恢复主轴倍率 100%
#define CMD_SPINDLE_OVR_COARSE_PLUS 0x9A           //设置主轴倍率增加 10%
#define CMD_SPINDLE_OVR_COARSE_MINUS 0x9B          //设置主轴倍率减少 10%
#define CMD_SPINDLE_OVR_FINE_PLUS 0x9C             //设置主轴倍率增加 1%
#define CMD_SPINDLE_OVR_FINE_MINUS 0x9D            //设置主轴倍率减少 1%
#define CMD_SPINDLE_OVR_STOP 0x9E                  //设置主轴倍率无效
#define CMD_COOLANT_FLOOD_OVR_TOGGLE 0xA0          //设置冷却状态切换
#define CMD_COOLANT_MIST_OVR_TOGGLE 0xA1           //设置雾化状态切换
```

/*如果启用了回零功能，回零初始锁定会使 Grbl 在上电时进入报警状态。这会迫使用户在做其他事情之前执行回零*/

```
#define HOMING_INIT_LOCK
```

/*用比特掩码定义回零模式。回零首先执行一个搜索模式以快速接合限位开关，然后执行一个较慢的定位模式，最后执行一个短暂的拉开运动以脱离限位开关。HOMING_CYCLE_x 的定义从后缀 0 开始依次执行，只完成指定轴的回零程序。如果定义中省略了某个轴，它将不会回零，系统也不会更新其位置。这意味着允许用户使用非标准的笛卡尔机器，例如车床（先是 X 然后是 Z，没有 Y），根据需要配置回零循环行为。注意，如果轴不在同一周期内，回零循环被设计为允许共享极限引脚，但需要在 cpu_map.h 文件中改变一些引脚的设置，例如，默认的回零循环可以与 X 或 Y 限位引脚共享 Z 限位引脚，因为它们处于不同的周期。通过共享一个引脚，就释放了一个宝贵的 IO 引脚用于其他用途。理论上，如果所有的轴都以独立的周期回零，那么所有的轴限位引脚可以减少到一个引脚，反之亦然，所有的三轴都在不同的引脚上，但在一个周期内回零。另外需要注意的是，硬限位的功能不会受到引脚共享的影响*/

//注意，默认值是为传统的三轴数控机床设置的。Z 轴首先被清除，其次是 X 轴和 Y 轴

```
#define HOMING_CYCLE_0 (1<<Z_AXIS)                 //Z 轴首先回零
#define HOMING_CYCLE_1 ((1<<X_AXIS)|(1<<Y_AXIS))   //X 轴和 Y 轴同时回零
#define N_HOMING_LOCATE_CYCLE 1 //Integer (1-128)  //找零点次数
```

/*回零后，Grbl 将默认把整个机床空间设置为负空间，这是专业数控机床的典型做法，无论限位开关位于何处。取消这个定义，以迫使 Grbl 总是将机器原点设置在回零位置，无论开关的方向如何*/

//#define HOMING_FORCE_SET_ORIGIN //Uncomment to enable

/*Grbl 在启动时执行的脚本行数。这些程序块被存储在 EEPROM 中，其大小和地址在 settings.h 中定义，被存储并按顺序执行。这些启动程序块通常用于设置 G 代码解析器的状态*/

#define N_STARTUP_LINE 2   //Integer (1-2)

//设置打印输出浮动小数点的数量

#define N_DECIMAL_COORDVALUE_INCH 4   //坐标为英寸单位

#define N_DECIMAL_COORDVALUE_MM   3   //坐标为 mm 单位

#define N_DECIMAL_RATEVALUE_INCH   1   //速度单位 in/min

#define N_DECIMAL_RATEVALUE_MM   0   //速度单位 m/min

#define N_DECIMAL_SETTINGVALUE   3   //3 位有效数字

#define N_DECIMAL_RPMVALUE   0   //转速单位 r/min

//#define LIMITS_TWO_SWITCHES_ON_AXES   //两个限位开关并联在一个轴上

//允许 Grbl 跟踪和报告 GCODE 行数。启用这个功能意味着规划缓冲区从 16 变为 15，以便为 plan_block_t 结构中的额外行号数据腾出空间

//#define USE_LINE_NUMBERS   //Disabled by default. Uncomment to enable

//在探测周期成功后，该选项会通过自动生成消息并立即提供探测坐标的反馈

//如果禁用，用户仍然可以通过 Grbl '$#'打印参数获得最后的探测坐标

#define MESSAGE_PROBE_COORDINATES   //Enabled by default. Comment to disable

/*通过 Arduino Uno 上的雾化冷却 G 代码命令 M7 启用第二个冷却控制引脚，模拟引脚 4。只有需要第二个冷却控制引脚时才使用这个选项。注意，无论如何，模拟针脚 3 上的 M8 冷却控制针脚仍将发挥作用*/

//#define ENABLE_M7 //Disabled by default. Uncomment to enable

/*该选项使安全门开关作为一个进给保持输入。安全门一旦被触发，立即迫使进给保持，然后安全地切断机器的电源。在安全门重新关闭前，恢复工作被阻止。当它恢复时，Grbl 将重新给机器通电，然后恢复到之前的刀具路径*/

//#define ENABLE_SAFETY_DOOR_INPUT_PIN   //Default disabled. Uncomment to enable

//设置安全门关闭后，恢复主轴和冷却与恢复循环启动之间的上电延迟

#define SAFETY_DOOR_SPINDLE_DELAY 4.0   //Float (seconds)

#define SAFETY_DOOR_COOLANT_DELAY 1.0   //Float (seconds)

//启用 CoreXY 机构，需要修改 define HOMING_CYCLE_x

//#define COREXY   //Default disabled. Uncomment to enable

/*根据一个掩码反转控制命令引脚的逻辑。这实质上意味着可以在指定的引脚上使用常闭开关，而不是默认的常开开关。注意，上面的选项将屏蔽并反转所有控制引脚。其他位的定义见 cpu_map.h*/

//#define INVERT_CONTROL_PIN_MASK CONTROL_MASK

//仅反转安全门和复位的例子

//#define INVERT_CONTROL_PIN_MASK ((1<<CONTROL_SAFETY_DOOR_BIT)| (1<<CONTROL_RESET_BIT))   //Default disabled

/* 根据下面的掩码调用选择极限引脚的状态。这将影响所有的限位引脚功能，如硬限位和回零。但是，这与整体的反转限制设置不同。这个构建选项将只反转这里定义的极限引脚，然后反转极限设置将被应用到所有的极限引脚。当用户在机器上安装了常开（NO）和常闭（NC）开关的混合限位引脚时，这很有用*/

//#define INVERT_LIMIT_PIN_MASK ((1<<X_LIMIT_BIT)|(1<<Y_LIMIT_BIT))

/*将主轴使能引脚从低禁用/高启用变为低启用/高禁用，这对一些预制的电子板很有用。注意，如果 VARIABLE_SPINDLE 被启用（默认），这个选项就没有作用，因为 PWM 输出和主轴使能被合并到一个

引脚。如果既需要这个选项，又需要主轴速度的 PWM，请取消对配置选项 USE_SPINDLE_DIR_AS_ENABLE_PIN 的注释*/

    //#define INVERT_SPINDLE_ENABLE_PIN　　　　//Default disabled. Uncomment to enable

    //将所选的冷却引脚从低禁用/高启用转换为低启用/高禁用

    //#define INVERT_COOLANT_FLOOD_PIN

    //#define INVERT_COOLANT_MIST_PIN

    /*当 Grbl 断电或用 Arduino 复位按钮硬复位时，Grbl 启动时默认没有 ALARM。这是为了让新用户在开始使用 Grbl 时尽可能简单。当启用回零功能并且用户安装了限位开关时，Grbl 将在 ALARM 状态下启动，以表明 Grbl 不知道自己的位置，并迫使用户在继续使用前回零。这个选项迫使 Grbl 总是初始化为 ALARM 状态，无论是否回零。这个选项是为 OEM 和 LinuxCNC 用户提供的*/

    //#define FORCE_INITIALIZATION_ALARM　　　　//Default disabled. Uncomment to enable

    /*在上电或复位时，Grbl 将检查极限开关的状态，以确保它们在初始化前没有被激活。如果它检测到问题，并且硬限位设置被启用，Grbl 将告诉用户检查限位并进入报警状态，而不是空闲。Grbl 不会抛出一个报警信息*/

    #define CHECK_LIMITS_AT_INIT

    //#define DEBUG　　　　　　　　　　　　　　　//启动 DEBUG

    /*配置缺省快速、进给和主轴超控倍率。这些值定义了允许的最大和最小超限值，以及收到的每个命令的粗和微增量*/

    #define DEFAULT_FEED_OVERRIDE　　　　100　　　　//进给倍率

    #define MAX_FEED_RATE_OVERRIDE　　　200　　　　//最大进给倍率 200%

    #define MIN_FEED_RATE_OVERRIDE　　　10　　　　//最小进给倍率 10%

    #define FEED_OVERRIDE_COARSE_INCREMENT　　10　　　　//(1-99)，粗倍率增量 10%

    #define FEED_OVERRIDE_FINE_INCREMENT　　　1　　　　//(1-99)，微倍率增量 1%

    #define DEFAULT_RAPID_OVERRIDE　100　　　　//100%，快进倍率

    #define RAPID_OVERRIDE_MEDIUM　　50　　　　//(1-99)，中等快进倍率 50%

    #define RAPID_OVERRIDE_LOW　　　25　　　　//低快进倍率 25%

    //#define RAPID_OVERRIDE_EXTRA_LOW 5　　　　//不支持

    #define DEFAULT_SPINDLE_SPEED_OVERRIDE　　100　　　　//主轴倍率 100%

    #define MAX_SPINDLE_SPEED_OVERRIDE　　　200　　　　//最大主轴倍率(100-255)，200%

    #define MIN_SPINDLE_SPEED_OVERRIDE　　　10　　　　//最小主轴倍率(1-100)，Usually 10%

    #define SPINDLE_OVERRIDE_COARSE_INCREMENT 10　　//(1-99)，粗倍率增量 10%

    #define SPINDLE_OVERRIDE_FINE_INCREMENT　　1　　　//微倍率增量 1%

    /*当执行 M2 或 M30 程序结束命令时，大多数 G 代码状态会恢复到默认状态。这个选项在程序结束时将进给、快速和主轴速度覆盖值恢复为其默认值*/

    #define RESTORE_OVERRIDES_AFTER_PROGRAM_END

    //禁用打印下面数据字段

    #define REPORT_FIELD_BUFFER_STATE

    #define REPORT_FIELD_PIN_STATE

    #define REPORT_FIELD_CURRENT_FEED_SPEED

    #define REPORT_FIELD_WORK_COORD_OFFSET

    #define REPORT_FIELD_OVERRIDES

    #define REPORT_FIELD_LINE_NUMBERS

    /*有些状态报告数据不是实时需要的，只是间断性需要的，因为数值不经常变化。下面的宏配置了在相关数据被刷新并包含在状态报告中之前需要读取多少次状态报告。然而，如果这些值中的一个发生了变化，Grbl 将自动把这个数据包括在下一个状态报告中，而不管当时的计数是多少。这有助于减少高

频报告和激进流所涉及的通信开销。还有一个繁忙和空闲的刷新计数，当 Grbl 不做任何重要的事情时，它可以设置 Grbl 更频繁地发送刷新*/

```
#define REPORT_OVR_REFRESH_BUSY_COUNT 20        //(1-255)
#define REPORT_OVR_REFRESH_IDLE_COUNT 10        //(1-255)必须不大于上面的设置
#define REPORT_WCO_REFRESH_BUSY_COUNT 30        //(2-255)
#define REPORT_WCO_REFRESH_IDLE_COUNT 10        //(2-255)必须不大于上面的设置
```
//定义分段时间 DT_SEGMENT=1/（ACCELERATION_TICKS_PER_SECOND*60）
```
#define ACCELERATION_TICKS_PER_SECOND 100
```
//自适应多轴步进平滑
```
#define ADAPTIVE_MULTI_AXIS_STEP_SMOOTHING
//#define MAX_STEP_RATE_HZ 30000                 //（Hz）设置最大的步进频率
```
//上拉功能禁用，用于反置端口
```
//#define DISABLE_LIMIT_PIN_PULL_UP              //限位
//#define DISABLE_PROBE_PIN_PULL_UP              //探头
//#define DISABLE_CONTROL_PIN_PULL_UP            //控制端口
```
//设置哪个轴采用刀具长度偏移
```
#define TOOL_LENGTH_OFFSET_AXIS Z_AXIS          //Default z-axis. Valid values are X_AXIS,
```
Y_AXIS, or Z_AXIS
```
#define VARIABLE_SPINDLE                        //启用主轴转速可变
//#define SPINDLE_PWM_MIN_VALUE 5                //最小转速分辨率
```
//方向和使能共享一个端口
```
//#define USE_SPINDLE_DIR_AS_ENABLE_PIN
```
/*主轴速度为零时使能引脚失效，而在主轴速度大于零时重新使能。和选项 USE_SPINDLE_DIR_AS_ENABLE_PIN 一起使用*/
```
//#define SPINDLE_ENABLE_OFF_WITH_ZERO_SPEED //Default disabled. Uncomment to enable
```
//响应收到的行指令
```
//#define REPORT_ECHO_LINE_RECEIVED             //Default disabled. Uncomment to enable
```
//定义拐角最小速度
```
#define MINIMUM_JUNCTION_SPEED 0.0             //(mm/min)
```
//设定规划器允许的最小进给率
```
#define MINIMUM_FEED_RATE 1.0                  //(mm/min)
```
/*在用 sin()和 cos()计算精确的弧线轨迹修正之前，可以使用近似法生成弧线的迭代次数。即多次近似算法后，进行一次三角计算*/
```
#define N_ARC_CORRECTION 12                    //Integer (1-255)
```
//由于计算误差，当处理 G02、G03 指令时，需要判断是否是一个整圆。在计算时，如果在这个误差内，就认为是 360 度
```
#define ARC_ANGULAR_TRAVEL_EPSILON 5E-7        //Float (radians)
```
/*暂停时间片。系统在需要延时的地方，用暂停时间片累积达到需要延时的时间，以防止长时间休眠影响实时操作*/
```
#define DWELL_TIME_STEP 50                     //Integer (1-255) (milliseconds)
```
//设置步进电机的步进脉冲信号与方向信号延迟的时间
```
//#define STEP_PULSE_DELAY 10          //Step pulse delay in microseconds. Default disabled
```
//定义规划器缓冲区大小，可以覆盖 planner.h 中的定义
```
//#define BLOCK_BUFFER_SIZE 16
```
//定义插补段缓冲区的大小，可以覆盖 stepper.h 中的定义

```
//#define SEGMENT_BUFFER_SIZE 6          //Uncomment to override default in stepper.h
```
//行指令缓冲区大小，可以覆盖 protocol.h 中的定义
```
//#define LINE_BUFFER_SIZE 80            //Uncomment to override default in protocol.h
```
//串口接收和发送缓冲区大小，可以覆盖 serial.h 中的定义
```
//#define RX_BUFFER_SIZE 128             //(1-254) Uncomment to override defaults in serial.h
//#define TX_BUFFER_SIZE 100             //(1-254)
```
/*当启用时，监测硬限位开关引脚的中断，将使 Arduino 的看门狗定时器在大约 32 毫秒的延迟后重新检查限位引脚状态*/
```
//#define ENABLE_SOFTWARE_DEBOUNCE              //Default disabled. Uncomment to enable
```
//Grbl 的检查模式下，配置一个探测周期后的位置
```
//#define SET_CHECK_MODE_PROBE_TO_START         //Default disabled. Uncomment to enable
```
/*处理器检测到硬限位 ISR 例程内的引脚变化时，强制 Grbl 检查硬限位开关的状态。在默认情况下，Grbl 会在任何限位引脚变化时触发硬限值报警。强制检查是因为弹跳的开关会导致像这样的状态检查误读引脚*/
```
//#define HARD_LIMIT_FORCE_STATE_CHECK          //Default disabled. Uncomment to enable
//#define HOMING_AXIS_SEARCH_SCALAR  1.5        //设置回零移动距离的倍率
//#define HOMING_AXIS_LOCATE_SCALAR  10.0       //设置回零脱离限位开关距离的倍率
```
/*'$RST=$': 擦除并将 Grbl 设置恢复到默认值。'$RST=#': 擦除并清零所有存储在 EEPROM 中的 G54-G59 工作坐标偏移量和 G28/30 位置。'$RST=*': 清除并恢复 Grbl 使用的所有 EEPROM 数据，包括 $$设置，$#参数，$N 启动行，以及$I 构建的信息字符串，注意，这并不是清除整个 EEPROM，只是清除 Grbl 使用的数据区域*/
```
#define ENABLE_RESTORE_EEPROM_WIPE_ALL
#define ENABLE_RESTORE_EEPROM_DEFAULT_SETTINGS
#define ENABLE_RESTORE_EEPROM_CLEAR_PARAMETERS/ '
```
//Grbl 全局设置恢复到默认值，并保存在 EEPROM 中
```
//#define SETTINGS_RESTORE_ALL (SETTINGS_RESTORE_DEFAULTS | SETTINGS_ RESTORE_
PARAMETERS | SETTINGS_RESTORE_STARTUP_LINES | SETTINGS_ RESTORE_BUILD_INFO)
```
//启用 '$I=(string)' 命令
```
#define ENABLE_BUILD_INFO_WRITE_COMMAND //'$I=' Default enabled. Comment to disable
```
//写 EEPROM 时，强制规划器与 G 代码命令进行缓冲同步
```
#define FORCE_BUFFER_SYNC_DURING_EEPROM_WRITE //Default enabled. Comment to disable
```
//工件坐标系改变后，强制同步
```
#define FORCE_BUFFER_SYNC_DURING_WCO_CHANGE //Default enabled. Comment to disable
```
//默认情况下，Grbl 禁用所有 G38.x 探头循环命令的进给率
```
//#define ALLOW_FEED_OVERRIDE_DURING_PROBE_CYCLES //Default disabled. Uncomment to enable
```
```
//#define PARKING_ENABLE                        //驻车使能
```
//配置驻车
```
#define PARKING_AXIS Z_AXIS                      //定义 Z 轴具有驻车动作
#define PARKING_TARGET -5.0                      //驻车位置
#define PARKING_RATE 500.0                       //脱开后的速度
#define PARKING_PULLOUT_RATE 100.0              //脱开或接入的速度
#define PARKING_PULLOUT_INCREMENT 5.0           //脱开距离，不能小于 0
```
/*启用和禁用驻车动作。M56、M56 P1 或 M56 Px 启用，M56 P0 禁用。该命令是模态的，并将在计划者同步后被设置。由于它是 G 代码，它与 G 代码命令同步执行。它不是一个实时命令*/

```
//#define ENABLE_PARKING_OVERRIDE_CONTROL      //驻车倍率控制
//#define DEACTIVATE_PARKING_UPON_INIT         //驻车无效
```
/*这个选项将在进给保持期间自动禁用激光器，在停止后立即调用主轴停止超控。但是，这也意味着，如果需要的话，仍然可以通过禁用主轴停止超控来重新启用激光器*/
```
#define DISABLE_LASER_DURING_HOLD            //Default enabled. Comment to disable
```
//该功能将主轴的 PWM/速度设置为非线性输出
```
//#define ENABLE_PIECEWISE_LINEAR_SPINDLE    //Default disabled. Uncomment to enable
```
//线性化非线性转速
```
#define N_PIECES 4            //Integer (1-4). Number of piecewise lines used in script solution
#define RPM_MAX  11686.4      //Max RPM of model. $30 > RPM_MAX will be limited to RPM_MAX
#define RPM_MIN  202.5        //Min RPM of model. $31 < RPM_MIN will be limited to RPM_MIN
#define RPM_POINT12  6145.4       //Used N_PIECES >=2. Junction point between lines 1 and 2
#define RPM_POINT23  9627.8       //Used N_PIECES >=3. Junction point between lines 2 and 3
#define RPM_POINT34  10813.9      //Used N_PIECES = 4. Junction point between lines 3 and 4
#define RPM_LINE_A1  3.197101e-03 //Used N_PIECES >=1. A and B constants of line 1
#define RPM_LINE_B1  -3.526076e-1
#define RPM_LINE_A2  1.722950e-2  //Used N_PIECES >=2. A and B constants of line 2
#define RPM_LINE_B2  8.588176e+01
#define RPM_LINE_A3  5.901518e-02 //Used N_PIECES >=3. A and B constants of line 3
#define RPM_LINE_B3  4.881851e+02
#define RPM_LINE_A4  1.203413e-01 //Used N_PIECES = 4. A and B constants of line 4
#define RPM_LINE_B4  1.151360e+03
```
/*这项功能需要大约 400 字节的闪存。只支持 X 轴和 Y 轴。支持可变的主轴/激光模式，但只支持一个配置选项。核心 X 轴和 Y 轴、主轴方向针和 M7 雾状冷却被禁用/不支持。对于 Arduino Uno 上的 Grbl，由于缺乏可用的引脚，克隆轴的限位开关必须与 Z 轴的限位引脚共享或连接。回零周期必须在不同的周期内使 Z 轴和克隆轴回零，这已经是默认配置*/
```
//#define ENABLE_DUAL_AXIS          //双轴使能
```
//选择哪个轴或双轴
```
#define DUAL_AXIS_SELECT  X_AXIS //只能是 X 轴或 Y 轴
```
/*为了防止回零循环使双轴架空，当一个限位开关因故障或噪音而先于另一个限位开关触发时，如果第二个电机的限位开关没有在下面定义的三个距离参数内触发，回零循环将自动中止。 轴的长度百分比将自动计算出一个失败的距离，作为另一个非双轴的最大行程的百分比。例如，如果双轴选择是 X_AXIS 的 5.0%，那么故障距离将被计算为 Y 轴最大行程的 5.0%。故障距离最大值和最小值是有效故障距离的极限*/
```
#define DUAL_AXIS_HOMING_FAIL_AXIS_LENGTH_PERCENT  5.0 //Float (percent)
#define DUAL_AXIS_HOMING_FAIL_DISTANCE_MAX  25.0    //Float (mm)
#define DUAL_AXIS_HOMING_FAIL_DISTANCE_MIN  2.5     //Float (mm)
```
//双轴配置仅适用两种 Shield，如果采用 Protoneer CNC Shield v3.51
```
#define DUAL_AXIS_CONFIG_PROTONEER_V3_51
```
//如果采用 CNC Shield Clone
```
//#define DUAL_AXIS_CONFIG_CNC_SHIELD_CLONE
```
/*在此粘贴自己定义的 cpu_map 或默认定义的设置，不要用#ifdef 围住。在这个文件的顶部注释掉 PU_MAP_xxx 和 DEFAULT_xxx 的定义，编译器将忽略 defaults.h 和 cpu_map.h 中的内容，而使用自己的定义*/
```
#endif
```

4.12 jog.c

jog.c 为运动控制类程序，代码解析如下：

```
uint8_t jog_execute(plan_line_data_t *pl_data, parser_block_t *gc_block)
{
  //设置规划器的参数
  pl_data->feed_rate = gc_block->values.f;
  pl_data->condition |= PL_COND_FLAG_NO_FEED_OVERRIDE;
  #ifdef USE_LINE_NUMBERS
    pl_data->line_number = gc_block->values.n;        //设置行号
  #endif
//是否发出软限位
  if (bit_istrue(settings.flags,BITFLAG_SOFT_LIMIT_ENABLE)) {
if (system_check_travel_limits(gc_block->values.xyz)) {
return(STATUS_TRAVEL_EXCEEDED); }
  }
  //用直线规划块
  mc_line(gc_block->values.xyz,pl_data);
  if (sys.state == STATE_IDLE) {
    if (plan_get_current_block() != NULL) {        //如果规划完成，且系统处于空闲
      sys.state = STATE_JOG;                       //设置 JOG 状态
      st_prep_buffer();                            //插补
      st_wake_up();                                //开中断
    }
  }
  return(STATUS_OK);
}
```

4.13 limit.c

limit.c 限位控制类程序，代码解析如下：

```
//Homing axis search distance multiplier. Computed by this value times the cycle travel.
#ifndef HOMING_AXIS_SEARCH_SCALAR
  #define HOMING_AXIS_SEARCH_SCALAR  1.5        //设置回零移动距离的倍率
#endif
#ifndef HOMING_AXIS_LOCATE_SCALAR
  #define HOMING_AXIS_LOCATE_SCALAR  5.0        //设置回零脱离限位开关距离的倍率
#endif
#ifdef ENABLE_DUAL_AXIS
```

```
//以下设置为双轴（龙门结构）
  #define DUAL_AXIS_CHECK_DISABLE       0        //Must be zero
  #define DUAL_AXIS_CHECK_ENABLE        bit(0)
  #define DUAL_AXIS_CHECK_TRIGGER_1     bit(1)
  #define DUAL_AXIS_CHECK_TRIGGER_2     bit(2)
#endif


void limits_init()                           //初始化
{
  LIMIT_DDR &= ~(LIMIT_MASK);                //设置端口掩码
  #ifdef DISABLE_LIMIT_PIN_PULL_UP
    LIMIT_PORT &= ~(LIMIT_MASK);             //低电平为正常，要求外接下拉电阻
  #else
LIMIT_PORT |= (LIMIT_MASK);                  //高电平为正常，内部上拉电阻
  #endif
  if (bit_istrue(settings.flags,BITFLAG_HARD_LIMIT_ENABLE)) {
    LIMIT_PCMSK |= LIMIT_MASK;               //如果硬限位使能，设置对应端口变化中断
    PCICR |= (1 << LIMIT_INT);               //开中断
  } else {
    limits_disable();                        //限位无效
  }
  #ifdef ENABLE_SOFTWARE_DEBOUNCE            //设置限位触发滤波时间，即定时滤波时间防抖
    MCUSR &= ~(1<<WDRF);
    WDTCSR |= (1<<WDCE) | (1<<WDE);
    WDTCSR = (1<<WDP0);                      //Set time-out at ~32msec.
  #endif
}


//限位无效
void limits_disable()
{
  LIMIT_PCMSK &= ~LIMIT_MASK;                //不允许对应端口变化中断
  PCICR &= ~(1 << LIMIT_INT);                //关中断
}
//获得限位开关状态
uint8_t limits_get_state()
{
  uint8_t limit_state = 0;
  uint8_t pin = (LIMIT_PIN & LIMIT_MASK);    //读取限位开关端口
  #ifdef INVERT_LIMIT_PIN_MASK               //这个定义用于指示哪一个限位端口是常开
    pin ^= INVERT_LIMIT_PIN_MASK;            //反置相应限位开关端口数据
  #endif
//LIMIT_MASK 表示反置所有轴的限位端口数据
  if (bit_isfalse(settings.flags,BITFLAG_INVERT_LIMIT_PINS)) { pin ^= LIMIT_MASK; }
  if (pin) {                                 //如果有限位输入，置对应触发的轴限位状态
```

```
  uint8_t idx;
  for (idx=0; idx<N_AXIS; idx++) {
    if (pin & get_limit_pin_mask(idx)) { limit_state |= (1 << idx); }
  }
  #ifdef ENABLE_DUAL_AXIS                        //如果是双轴，置所有轴限位触发
    if (pin & (1<<DUAL_LIMIT_BIT)) { limit_state |= (1 << N_AXIS); }
  #endif
}
return(limit_state);
}


#ifndef ENABLE_SOFTWARE_DEBOUNCE               //如果没有定义软件防抖
  ISR(LIMIT_INT_vect)                          //限位端口中断函数
  {
    //如果系统没有处于报警状态
    if (sys.state != STATE_ALARM) {
      if (!(sys_rt_exec_alarm)) {              //如果实时操作指令不是报警操作
        #ifdef HARD_LIMIT_FORCE_STATE_CHECK    //如果定义了硬限位状态检查
          if (limits_get_state()) {            //读取限位状态触发
            mc_reset();                        //如果处于报警，复位系统
            system_set_exec_alarm(EXEC_ALARM_HARD_LIMIT);   //设置系统报警模式为限位
          }
        #else                    //如果没有定义硬限位状态检查，直接复位系统，置报警模式
          mc_reset();
          system_set_exec_alarm(EXEC_ALARM_HARD_LIMIT);
        #endif
      }
    }
  }
#else                           //如果定义了软件防抖
  //如果限位触发，启动看门狗定时
  ISR(LIMIT_INT_vect) { if (!(WDTCSR & (1<<WDIE))) { WDTCSR |= (1<<WDIE); } }
  ISR(WDT_vect)                  //看门狗定时中断函数
  {
    WDTCSR &= ~(1<<WDIE);        //关闭定时
    if (sys.state != STATE_ALARM) {     //如果系统不是报警状态
      if (!(sys_rt_exec_alarm)) {
        //系统没有实时报警操作
        if (limits_get_state()) {
          mc_reset();                           //读取限位状态，复位系统
          system_set_exec_alarm(EXEC_ALARM_HARD_LIMIT);          //置硬限位报警状态
        }
      }
    }
  }
```

```
    #endif

    //回零过程
    void limits_go_home(uint8_t cycle_mask)
    {
      if (sys.abort) { return; }                                    //是否系统中止
      //初始化规划直线运动的数据寄存器，为回零运动做准备，关闭主轴和冷却
      plan_line_data_t plan_data;
      plan_line_data_t *pl_data = &plan_data;
      memset(pl_data,0,sizeof(plan_line_data_t));
    //设置规划器的条件，表明是系统运动，进给倍率无效
      pl_data->condition = (PL_COND_FLAG_SYSTEM_MOTION|PL_COND_FLAG_NO_FEED_OVERRIDE);
      #ifdef USE_LINE_NUMBERS                                       //是否需要设置本指令行号
        pl_data->line_number = HOMING_CYCLE_LINE_NUMBER;
      #endif.
      uint8_t n_cycle = (2*N_HOMING_LOCATE_CYCLE+1);                //设置找零次数
      uint8_t step_pin[N_AXIS];
      #ifdef ENABLE_DUAL_AXIS                                       //如果定义了双轴
        uint8_t step_pin_dual;
        uint8_t dual_axis_async_check;
        int32_t dual_trigger_position;
    #if (DUAL_AXIS_SELECT == X_AXIS)          //如果 X 轴是双轴，计算回零运动失败的距离阈值
                               //如果两个限位在给定的失败距离内都触发，表示正常，否则失败
          float  fail_distance  =  (-DUAL_AXIS_HOMING_FAIL_AXIS_LENGTH_PERCENT/  100.0)*
    settings.max_ travel[Y_AXIS];
        #else                       //如果 Y 轴是双轴，计算回零运动失败的距离阈值
          float  fail_distance  =  (-DUAL_AXIS_HOMING_FAIL_AXIS_LENGTH_PERCENT/  100.0)*
    settings.max_ travel[X_AXIS];
        #endif                      //防止回零失败距离过小或过大
        fail_distance = min(fail_distance, DUAL_AXIS_HOMING_FAIL_DISTANCE_MAX);
        fail_distance = max(fail_distance, DUAL_AXIS_HOMING_FAIL_DISTANCE_MIN);
        int32_t dual_fail_distance = trunc(fail_distance*settings.steps_per_mm[DUAL_AXIS _SELECT]);
        //把距离变成步进数目
      #endif
      float target[N_AXIS];
      float max_travel = 0.0;
      uint8_t idx;
      for (idx=0; idx<N_AXIS; idx++) {
      //获取对应轴步进端口的掩码
      step_pin[idx] = get_step_pin_mask(idx);
        #ifdef COREXY                              //如果是 COREXY 结构，设置相关掩码
          if ((idx==A_MOTOR)||(idx==B_MOTOR)) { step_pin[idx] = (get_step_pin_mask(X_AXIS)| get_
    step_pin_mask(Y_AXIS)); }
        #endif
        if (bit_istrue(cycle_mask,bit(idx))) {    //判断哪个轴回零，并计算回零过程可运动的最大距离
```

```
      max_travel = max(max_travel,(-HOMING_AXIS_SEARCH_SCALAR)*settings.max_ travel[idx]);
   }
}
#ifdef ENABLE_DUAL_AXIS               //定义双轴的步进输出端口
   step_pin_dual = (1<<DUAL_STEP_BIT);
#endif


//设置进给速率
bool approach = true;
float homing_rate = settings.homing_seek_rate;
uint8_t limit_state, axislock, n_active_axis;
do {
   system_convert_array_steps_to_mpos(target,sys_position);     //系统位置从步进单位变成 mm
   axislock = 0;
   #ifdef ENABLE_DUAL_AXIS
     sys.homing_axis_lock_dual = 0;
     dual_trigger_position = 0;
     dual_axis_async_check = DUAL_AXIS_CHECK_DISABLE;
   #endif
   n_active_axis = 0;
   for (idx=0; idx<N_AXIS; idx++) {
   //检查哪个轴回零
     if (bit_istrue(cycle_mask,bit(idx))) {
       n_active_axis++;                      //回零轴的个数
       #ifdef COREXY                         //如果是 COREXY 结构，确定 A 轴和 B 轴位置
         if (idx == X_AXIS) {
           int32_t axis_position = system_convert_corexy_to_y_axis_steps(sys_position);
           sys_position[A_MOTOR] = axis_position;
           sys_position[B_MOTOR] = -axis_position;
         } else if (idx == Y_AXIS) {
           int32_t axis_position = system_convert_corexy_to_x_axis_steps(sys_position);
           sys_position[A_MOTOR] = sys_position[B_MOTOR] = axis_position;
         } else {
           sys_position[Z_AXIS] = 0;
         }
       #else
         sys_position[idx] = 0;              //设置当前系统位置=0
       #endif
       //设置回零过程的目标位置。如果回零方向是轴的负方向
       if (bit_istrue(settings.homing_dir_mask,bit(idx))) {
         if (approach) { target[idx] = -max_travel; }  //approach 为真，目标位置为-max_travel
         else { target[idx] = max_travel; }            //approach 为假，目标位置为 max_travel
       } else {                             //如果回零方向是轴的正方向
         if (approach) { target[idx] = max_travel; }
         else { target[idx] = -max_travel; }
```

```
    }
    //设置轴被锁住，即当限位触发，该轴禁止运动
    axislock |= step_pin[idx];
    #ifdef ENABLE_DUAL_AXIS
      if (idx == DUAL_AXIS_SELECT) { sys.homing_axis_lock_dual = step_pin_dual; }
    #endif
  }
}
homing_rate *= sqrt(n_active_axis);          //总的回零速度，几个轴速度的方差
sys.homing_axis_lock = axislock;             //设置回零过程中，可以被锁住的轴掩码

//执行回零运动
pl_data->feed_rate = homing_rate;            //设置进给速度
plan_buffer_line(target, pl_data);           //规划运动参数
sys.step_control = STEP_CONTROL_EXECUTE_SYS_MOTION; //设置步进控制为系统运动
st_prep_buffer();                            //插补器从规划缓冲区读块数据
st_wake_up();                                //开启步进定时中断
do {
  if (approach) {                            //approach=1 表示向着限位开关方向移动
    limit_state = limits_get_state();        //检查限位状态
    for (idx=0; idx<N_AXIS; idx++) {
      if (axislock & step_pin[idx]) {        //如果本轴可以被锁定
        if (limit_state & (1 << idx)) {      //本轴触发限位，即被锁定
          #ifdef COREXY                      //根据 COREXY 结构，放开锁定
            if (idx==Z_AXIS) { axislock &= ~(step_pin[Z_AXIS]); }
            else { axislock &= ~(step_pin[A_MOTOR]|step_pin[B_MOTOR]); }
          #else
            axislock &= ~(step_pin[idx]);
          #ifdef ENABLE_DUAL_AXIS            //如果是双轴，同步检查
            if (idx == DUAL_AXIS_SELECT) { dual_axis_async_check |= DUAL_AXIS_CHECK_
TRIGGER_1; }    //设置 DUAL_AXIS_SELECT 触发。DUAL_AXIS_SELECT 是 X 轴或 Y 轴中的一个
          #endif
          #endif
        }
      }
    }
    sys.homing_axis_lock = axislock;         //重新设置轴锁定状态
    #ifdef ENABLE_DUAL_AXIS                   //如果是双轴
      if (sys.homing_axis_lock_dual) {        //如果双轴锁定为真
        if (limit_state & (1 << N_AXIS)) {    //如果双轴中的镜像轴触发限位（它和 Z 轴共享）
        sys.homing_axis_lock_dual = 0;        //双轴的镜像轴锁定放开
        dual_axis_async_check |= DUAL_AXIS_CHECK_TRIGGER_2; //同步检查状态为 2
      }
    }
      //当双轴的同步检查触发
```

```
    if (dual_axis_async_check) {            //如果检查触发（双轴的任意一个限位触发）
        if (dual_axis_async_check & DUAL_AXIS_CHECK_ENABLE) {
    //如果同步检查已经完成两个状态，即两个限位已经触发，检查完成
            if (( dual_axis_async_check &  (DUAL_AXIS_CHECK_TRIGGER_1 | DUAL_AXIS_
CHECK_TRIGGER_2)) == (DUAL_AXIS_CHECK_TRIGGER_1 | DUAL_AXIS_ CHECK_ TRIGGER_2)) {
                dual_axis_async_check = DUAL_AXIS_CHECK_DISABLE;
            } else {        //否则当只有一个触发，计算系统位置与第一个触发时保存的位置比较
                if (abs(dual_trigger_position - sys_position[DUAL_AXIS_SELECT]) > dual_fail_
distance) {
    //如果比较差值大于失败距离，设置回零报警，系统复位，然后循环接受实时操作指令
                    system_set_exec_alarm(EXEC_ALARM_HOMING_FAIL_DUAL_APPROACH);
                    mc_reset();
                    protocol_execute_realtime();
                    return;
                }
            }
        } else {        //如果双轴中的任意一个限位触发，设置检查开始，保存当前系统位置
            dual_axis_async_check |= DUAL_AXIS_CHECK_ENABLE;
            dual_trigger_position = sys_position[DUAL_AXIS_SELECT];
        }
    }
    #endif
    }

    st_prep_buffer();                    //插补器从规划缓冲区读块数据
    //在回零碰到限位开关时，检查系统的实时操作指令
    if (sys_rt_exec_state & (EXEC_SAFETY_DOOR | EXEC_RESET | EXEC_CYCLE_STOP)) {
    uint8_t rt_exec = sys_rt_exec_state;
    //操作指令为复位，设置回零过程复位报警状态
      if (rt_exec & EXEC_RESET) { system_set_exec_alarm(EXEC_ALARM_HOMING_FAIL
_RESET); }
    //如果门开，设置回零过程门开报警状态
    if (rt_exec & EXEC_SAFETY_DOOR)
  { system_set_exec_alarm(EXEC_ALARM_HOMING _FAIL_DOOR); }
    //如果在离开限位过程中，对应轴限位依旧触发，设置回零离开报警状态
    if (!approach && (limits_get_state() & cycle_mask))
  { system_set_exec_alarm(EXEC_ ALARM_HOMING_FAIL_PULLOFF); }
    //在回零前触碰限位开关的过程中，按下停止操作，设置回零靠近失败报警状态
    if (approach && (rt_exec & EXEC_CYCLE_STOP))
  { system_set_exec_alarm(EXEC_ ALARM_HOMING_FAIL_APPROACH); }
    if (sys_rt_exec_alarm) {            //如果系统操作有任何报警
      mc_reset();                      //复位
      protocol_execute_realtime();      //循环接受实时操作指令
      return;
    } else {
```

```
                      //如果没有报警，清除停止操作指令
                      system_clear_exec_state_flag(EXEC_CYCLE_STOP);
                      break;
                   }
                }
```

/*直到回零运动找到限位开关（axislock==0），当 sys.homing_axis_lock 中某 bit=0，其对应的步进输出端口没有输出。即表示，碰到限位开关后，运动停止*/

```
           #ifdef ENABLE_DUAL_AXIS
             } while ((STEP_MASK & axislock) || (sys.homing_axis_lock_dual));
           #else
             } while (STEP_MASK & axislock);
           #endif

           st_reset();                                        //插补器清零，为反方向运动做准备
           delay_ms(settings.homing_debounce_delay);          //等待信号稳定
           //改变运动方向，设置移动距离
           approach = !approach;
```

//如果 approach 为真，表示为零点定位过程，其速度慢，允许移动距离比 pulloff 大
//如果 approach 为假，表示为离开零点过程，其速度快，允许移动距离为 pulloff

```
           if (approach) {
             max_travel = settings.homing_pulloff*HOMING_AXIS_LOCATE_SCALAR;
             homing_rate = settings.homing_feed_rate;
           } else {
             max_travel = settings.homing_pulloff;
             homing_rate = settings.homing_seek_rate;
           }
         } while (n_cycle-- > 0);                             //直到设置的找零次数
```
//设置回零后的系统位置
```
         int32_t set_axis_position;
         for (idx=0; idx<N_AXIS; idx++) {
           if (cycle_mask & bit(idx)) {                       //根据回零轴，设置回零后的位置
           #ifdef HOMING_FORCE_SET_ORIGIN                     //如果定义回零后的位置为0
             set_axis_position = 0;                           //设置回零后的位置变量为0
           #else                                              //如果没有定义回零后的位置为0
             if ( bit_istrue(settings.homing_dir_mask,bit(idx)) ) { //如果回零方向是轴的正方向
               set_axis_position = lround((settings.max_travel[idx]+settings.homing_pulloff)*settings.steps_
per_mm[idx]);
             } else {                                         //如果回零方向是轴的负方向
               set_axis_position = lround(-settings.homing_pulloff*settings.steps_per_mm[idx]);
             }
           #endif

           #ifdef COREXY        //如果定义了 COREXY 结构，解耦设置 A 轴和 B 轴原点坐标
             if (idx==X_AXIS) {
               int32_t off_axis_position = system_convert_corexy_to_y_axis_steps(sys_position);
```

```
            sys_position[A_MOTOR] = set_axis_position + off_axis_position;
            sys_position[B_MOTOR] = set_axis_position - off_axis_position;
          } else if (idx==Y_AXIS) {
            int32_t off_axis_position = system_convert_corexy_to_x_axis_steps(sys_position);
            sys_position[A_MOTOR] = off_axis_position + set_axis_position;
            sys_position[B_MOTOR] = off_axis_position - set_axis_position;
          } else {
            sys_position[idx] = set_axis_position;
          }
      #else                   //否则设置系统坐标
          sys_position[idx] = set_axis_position;
      #endif
      }
    }
    sys.step_control = STEP_CONTROL_NORMAL_OP;        //系统步进控制正常标志
  }
//软限位检查
void limits_soft_check(float *target)
{
    if (system_check_travel_limits(target)) {                    //如果检查软限位触发
      sys.soft_limit = true;                                     //置标志
      if (sys.state == STATE_CYCLE) {       //如果是循环运动过程，设置进给保持状态
        system_set_exec_state_flag(EXEC_FEED_HOLD);
        do {
          protocol_execute_realtime();        //接受系统实时指令，直到系统进入空闲状态
          if (sys.abort) { return; }
        } while ( sys.state != STATE_IDLE );
      }
      mc_reset();                              //复位系统
      system_set_exec_alarm(EXEC_ALARM_SOFT_LIMIT); //置软限位报警
      protocol_execute_realtime();            //进入循环接受系统实时指令过程，直到中止系统
    }
}
```

4.14　spindle_control

spindle_control 类为主轴控制类文件。

4.14.1　spindle_control.h

spindle_control.h 为 spindle_contro 类 h 文件，代码解析如下：

```
#define SPINDLE_NO_SYNC false            //主轴不准停，未使用
#define SPINDLE_FORCE_SYNC true          //主轴准停，未使用
```

```
#define SPINDLE_STATE_DISABLE   0           //停止
#define SPINDLE_STATE_CW        bit(0)      //正转
#define SPINDLE_STATE_CCW       bit(1)      //反转
```

4.14.2 spindle_control.c

spindle_control.c 为 spindle_contro 类 c 文件，代码解析如下：

```
#ifdef VARIABLE_SPINDLE
  static float pwm_gradient;          //比例系数，用于设置转速和 PWM 的关系
#endif
void spindle_init()                   //初始化
{
  #ifdef VARIABLE_SPINDLE       //如果转速可变
    SPINDLE_PWM_DDR |= (1<<SPINDLE_PWM_BIT);.                       //定义 PWM 端口
    SPINDLE_TCCRA_REGISTER = SPINDLE_TCCRA_INIT_MASK;    //PWM 输出比较定时器
    SPINDLE_TCCRB_REGISTER = SPINDLE_TCCRB_INIT_MASK;
    #ifdef USE_SPINDLE_DIR_AS_ENABLE_PIN   //主轴方向和使能共用一个端口
      SPINDLE_ENABLE_DDR |= (1<<SPINDLE_ENABLE_BIT);.
    #else
      #ifndef ENABLE_DUAL_AXIS                //如果定义了双轴
        SPINDLE_DIRECTION_DDR |= (1<<SPINDLE_DIRECTION_BIT); //Configure as output pin.
      #endif
#endif
//设置比例系数
    pwm_gradient = SPINDLE_PWM_RANGE/(settings.rpm_max-settings.rpm_min);
  #else                                        //如果转速不可变
    SPINDLE_ENABLE_DDR |= (1<<SPINDLE_ENABLE_BIT);.
    #ifndef ENABLE_DUAL_AXIS
      SPINDLE_DIRECTION_DDR |= (1<<SPINDLE_DIRECTION_BIT); pin.
    #endif
  #endif
  spindle_stop();                              //主轴停止
}
//获得主轴的状态
uint8_t spindle_get_state()
{
  #ifdef VARIABLE_SPINDLE                       //如果是变转速
    #ifdef USE_SPINDLE_DIR_AS_ENABLE_PIN       //如果方向和使能共享一个端口
    #ifdef INVERT_SPINDLE_ENABLE_PIN           //如果反置使能
      if (bit_isfalse(SPINDLE_ENABLE_PORT,(1<<SPINDLE_ENABLE_BIT)))
{ return(SPINDLE_STATE_CW); }                  //如果使能信号低，设置主轴正转状态
    #else                                      //否则，如果使能信号高，设置主轴正转状态
      if (bit_istrue(SPINDLE_ENABLE_PORT,(1<<SPINDLE_ENABLE_BIT)))
{ return(SPINDLE_STATE_CW); }
    #endif
```

```
    #else                                          //如果方向和使能不共享一个端口
    if (SPINDLE_TCCRA_REGISTER & (1<<SPINDLE_COMB_BIT)) {        //PWM 使能
      #ifdef ENABLE_DUAL_AXIS
        return(SPINDLE_STATE_CW);                  //如果是双轴，返回主轴正转
      #else
        if (SPINDLE_DIRECTION_PORT & (1<<SPINDLE_DIRECTION_BIT))
{ return(SPINDLE_STATE_CCW); }                     //判断主轴反转
        else { return(SPINDLE_STATE_CW); }         //判断主轴正转
      #endif
    }
  #endif
  #else                                            //如果不是变转速
    #ifdef INVERT_SPINDLE_ENABLE_PIN               //如果反置使能端口
      if (bit_isfalse(SPINDLE_ENABLE_PORT,(1<<SPINDLE_ENABLE_BIT))) {
    #else
      if (bit_istrue(SPINDLE_ENABLE_PORT,(1<<SPINDLE_ENABLE_BIT))) {
    #endif
      #ifdef ENABLE_DUAL_AXIS                       //如果是双轴，
        return(SPINDLE_STATE_CW);                   //返回主轴正转
      #else
        if (SPINDLE_DIRECTION_PORT & (1<<SPINDLE_DIRECTION_BIT))
{ return(SPINDLE_STATE_CCW); }                      //判断主轴反转
        else { return(SPINDLE_STATE_CW); }          //判断主轴正转
      #endif
    }
  #endif
  return(SPINDLE_STATE_DISABLE);                    //返回主轴无效状态
}

//主轴停止
void spindle_stop()
{
  #ifdef VARIABLE_SPINDLE                           //如果变转速，PWM 无效
    SPINDLE_TCCRA_REGISTER &= ~(1<<SPINDLE_COMB_BIT);
    #ifdef USE_SPINDLE_DIR_AS_ENABLE_PIN
      #ifdef INVERT_SPINDLE_ENABLE_PIN              //如果反置使能端口
        SPINDLE_ENABLE_PORT |= (1<<SPINDLE_ENABLE_BIT);              //高电平停止
      #else
        SPINDLE_ENABLE_PORT &= ~(1<<SPINDLE_ENABLE_BIT);             //低电平停止
      #endif
    #endif
  #else                                             //如果不是变转速
    #ifdef INVERT_SPINDLE_ENABLE_PIN
      SPINDLE_ENABLE_PORT |= (1<<SPINDLE_ENABLE_BIT);               //高电平停止
    #else
```

```
      SPINDLE_ENABLE_PORT &= ~(1<<SPINDLE_ENABLE_BIT);              //低电平停止
    #endif
  #endif
}


#ifdef VARIABLE_SPINDLE                                   //如果定义了变转速，定义转速函数
  void spindle_set_speed(uint8_t pwm_value)
  {
    SPINDLE_OCR_REGISTER = pwm_value;                     //设置占空比
    #ifdef SPINDLE_ENABLE_OFF_WITH_ZERO_SPEED   //如果定义了转速0=停止主轴
      if (pwm_value == SPINDLE_PWM_OFF_VALUE) { //如果转速= PINDLE_PWM_OFF_VALUE
        spindle_stop();                                   //主轴停止
      } else {                                            //如果转速不为0
        SPINDLE_TCCRA_REGISTER |= (1<<SPINDLE_COMB_BIT);     //PWM 使能
        #ifdef INVERT_SPINDLE_ENABLE_PIN                     //如果反置主轴使能端口
          SPINDLE_ENABLE_PORT &= ~(1<<SPINDLE_ENABLE_BIT); //低电平使能（开）主轴
        #else
          SPINDLE_ENABLE_PORT |= (1<<SPINDLE_ENABLE_BIT);     //高电平使能（开）主轴
        #endif
      }
    #else                                         //如果没有定义转速 0=停止主轴
      if (pwm_value == SPINDLE_PWM_OFF_VALUE) { //如果转速= PINDLE_PWM_OFF_VALUE
        SPINDLE_TCCRA_REGISTER &= ~(1<<SPINDLE_COMB_BIT); //PWM 无效，电压=0
      } else {                                         //如果转速> PINDLE_PWM_OFF_VALUE
        SPINDLE_TCCRA_REGISTER |= (1<<SPINDLE_COMB_BIT);     //PWM 使能
      }
    #endif
  }


  #ifdef ENABLE_PIECEWISE_LINEAR_SPINDLE //如果设置了非线性分段转速，分段计算转速
    uint8_t spindle_compute_pwm_value(float rpm)
    {
      .......
    }
  #else
  //如果没有定义分段转速
    uint8_t spindle_compute_pwm_value(float rpm)     //328p PWM register is 8-bit
    {
      uint8_t pwm_value;
      rpm *= (0.010*sys.spindle_speed_ovr);             //引入倍率，计算转速
      if ((settings.rpm_min >= settings.rpm_max) || (rpm >= settings.rpm_max)) {
        //确保转速在最大和最小值范围内
        sys.spindle_speed = settings.rpm_max;
        pwm_value = SPINDLE_PWM_MAX_VALUE;
      } else if (rpm <= settings.rpm_min) {             //如果转速小于最小可设置的值
```

```
        if (rpm == 0.0) { //如果转速为0，设置占空比为 SPINDLE_PWM_OFF_VALUE
          sys.spindle_speed = 0.0;
          pwm_value = SPINDLE_PWM_OFF_VALUE;
        } else { //如转速在 0 和 settings.rpm_min 之间，设置占空比为 SPINDLE_PWM_MIN_VALUE
          sys.spindle_speed = settings.rpm_min;
          pwm_value = SPINDLE_PWM_MIN_VALUE;
        }
      } else {
        //否则计算占空比
        sys.spindle_speed = rpm;
        pwm_value = floor((rpm-settings.rpm_min)*pwm_gradient) + SPINDLE_PWM_MIN_VALUE;
      }
      return(pwm_value);
    }
    #endif
#endif


//设置主轴状态
#ifdef VARIABLE_SPINDLE              //如果变转速
  void spindle_set_state(uint8_t state, float rpm)
#else
  void _spindle_set_state(uint8_t state)
#endif
{
  if (sys.abort) { return; }.
  if (state == SPINDLE_DISABLE) {        //如果主轴无效（停止）
    #ifdef VARIABLE_SPINDLE
    sys.spindle_speed = 0.0;             //主轴转速=0
    #endif
    spindle_stop();                      //主轴停止

  } else {
  //如果没有定义 USE_SPINDLE_DIR_AS_ENABLE_PIN 和 ENABLE_DUAL_AXIS
    #if !defined(USE_SPINDLE_DIR_AS_ENABLE_PIN) && !defined(ENABLE_DUAL_AXIS)
    if (state == SPINDLE_ENABLE_CW) {                //设置方向端口正转或反转信号
      SPINDLE_DIRECTION_PORT &= ~(1<<SPINDLE_DIRECTION_BIT);
    } else {
      SPINDLE_DIRECTION_PORT |= (1<<SPINDLE_DIRECTION_BIT);
    }
    #endif
    #ifdef VARIABLE_SPINDLE                          //如果变转速
    if (settings.flags & BITFLAG_LASER_MODE) {       //如果是激光切割模式
      if (state == SPINDLE_ENABLE_CCW) { rpm = 0.0; } //转速=0
    }
    spindle_set_speed(spindle_compute_pwm_value(rpm)); //设置主轴转速
```

```
        #endif
        #if (defined(USE_SPINDLE_DIR_AS_ENABLE_PIN) && \
            !defined(SPINDLE_ENABLE_OFF_WITH_ZERO_SPEED)) || !defined(VARIABLE_SPINDLE)
        /*如果定义了 VARIABLE_SPINDLE，或者定义了 USE_SPINDLE_DIR_AS_ENABLE_PIN，并且
没有定义 SPINDLE_ENABLE_OFF_WITH_ZERO_SPEED*/
            #ifdef INVERT_SPINDLE_ENABLE_PIN                    //如果反置使能端口
                SPINDLE_ENABLE_PORT &= ~(1<<SPINDLE_ENABLE_BIT);    //低电平主轴使能（开）
            #else
                SPINDLE_ENABLE_PORT |= (1<<SPINDLE_ENABLE_BIT);     //高电平主轴使能（开）
            #endif
        #endif
        }
        sys.report_ovr_counter = 0;                              //设置转速变化更新标志
    }


//如果定义了变转速，主轴同步
#ifdef VARIABLE_SPINDLE
  void spindle_sync(uint8_t state, float rpm)
  {
    if (sys.state == STATE_CHECK_MODE) { return; }              //检查模式
    protocol_buffer_synchronize();      //如果规划缓存器中还有没处理的块，循环等待
    spindle_set_state(state,rpm);       //设置主轴
  }
#else
  void _spindle_sync(uint8_t state)
  {
    if (sys.state == STATE_CHECK_MODE) { return; }
    protocol_buffer_synchronize();
    _spindle_set_state(state);
  }
#endif
```

4.15 coolant_control

coolant_control 为冷却控制类。

4.15.1 coolant_control.h

coolant_control.h 为 coolant_contro 类 h 文件，代码解析如下：

```
#define COOLANT_NO_SYNC       false      //异步
#define COOLANT_FORCE_SYNC    true       //同步
#define COOLANT_STATE_DISABLE    0       //关闭
#define COOLANT_STATE_FLOOD       PL_COND_FLAG_COOLANT_FLOOD      //水冷
```

#define COOLANT_STATE_MIST   PL_COND_FLAG_COOLANT_MIST   //雾化

4.15.2 coolant_control.c

coolant_control.c 为 coolant_control 类 c 文件，代码解析如下：

```
void coolant_init()                                            //初始化
{
  COOLANT_FLOOD_DDR |= (1 << COOLANT_FLOOD_BIT);               //定义水冷却端口
  #ifdef ENABLE_M7
    COOLANT_MIST_DDR |= (1 << COOLANT_MIST_BIT);               //定义冷却雾化端口
  #endif
  coolant_stop();                                              //冷却关闭
}


//获得冷却状态
uint8_t coolant_get_state()
{
  uint8_t cl_state = COOLANT_STATE_DISABLE;
  #ifdef INVERT_COOLANT_FLOOD_PIN                    //根据是否反置端口，判断水冷状态
    if (bit_isfalse(COOLANT_FLOOD_PORT,(1 << COOLANT_FLOOD_BIT))) {
  #else
    if (bit_istrue(COOLANT_FLOOD_PORT,(1 << COOLANT_FLOOD_BIT))) {
  #endif
    cl_state |= COOLANT_STATE_FLOOD;
  }
  #ifdef ENABLE_M7
    #ifdef INVERT_COOLANT_MIST_PIN                    //根据是否反置端口，判断雾化状态
      if (bit_isfalse(COOLANT_MIST_PORT,(1 << COOLANT_MIST_BIT))) {
    #else
      if (bit_istrue(COOLANT_MIST_PORT,(1 << COOLANT_MIST_BIT))) {
    #endif
      cl_state |= COOLANT_STATE_MIST;
    }
  #endif
  return(cl_state);
}


//冷却关闭
void coolant_stop()
{
//根据是否反置端口，输出电平对应高低来控制冷却停止
  #ifdef INVERT_COOLANT_FLOOD_PIN
    COOLANT_FLOOD_PORT |= (1 << COOLANT_FLOOD_BIT);
  #else
    COOLANT_FLOOD_PORT &= ~(1 << COOLANT_FLOOD_BIT);
```

```
    #endif
    #ifdef ENABLE_M7
      #ifdef INVERT_COOLANT_MIST_PIN
        COOLANT_MIST_PORT |= (1 << COOLANT_MIST_BIT);
      #else
        COOLANT_MIST_PORT &= ~(1 << COOLANT_MIST_BIT);
      #endif
    #endif
}

//设置冷却状态
void coolant_set_state(uint8_t mode)
{
    if (sys.abort) { return; }          //Block during abort
    //如果冷却开。根据是否反置端口，输出电平对应高低来控制冷却开关
    if (mode & COOLANT_FLOOD_ENABLE) {
    #ifdef INVERT_COOLANT_FLOOD_PIN
        COOLANT_FLOOD_PORT &= ~(1 << COOLANT_FLOOD_BIT);
    #else
        COOLANT_FLOOD_PORT |= (1 << COOLANT_FLOOD_BIT);
    #endif
    } else {
    #ifdef INVERT_COOLANT_FLOOD_PIN
        COOLANT_FLOOD_PORT |= (1 << COOLANT_FLOOD_BIT);
    #else
        COOLANT_FLOOD_PORT &= ~(1 << COOLANT_FLOOD_BIT);
    #endif
    }

    #ifdef ENABLE_M7          //定义雾化开关
      if (mode & COOLANT_MIST_ENABLE) {
      #ifdef INVERT_COOLANT_MIST_PIN
        COOLANT_MIST_PORT &= ~(1 << COOLANT_MIST_BIT);
      #else
        COOLANT_MIST_PORT |= (1 << COOLANT_MIST_BIT);
      #endif
      } else {
      #ifdef INVERT_COOLANT_MIST_PIN
        COOLANT_MIST_PORT |= (1 << COOLANT_MIST_BIT);
      #else
        COOLANT_MIST_PORT &= ~(1 << COOLANT_MIST_BIT);
      #endif
      }
    #endif
    sys.report_ovr_counter = 0;  //设置冷却更改标志
```

```
}

//冷却同步
void coolant_sync(uint8_t mode)
{
  if (sys.state == STATE_CHECK_MODE) { return; }        //检查模式
  protocol_buffer_synchronize();                         //等待规划缓冲区空
  coolant_set_state(mode);                               //设置冷却状态
}
```

4.16 probe

probe 为探头控制类。

4.16.1 probe.h

probe.h 为 probe 类 h 文件，代码解析如下：

```
#define PROBE_OFF      0        //探测无效
#define PROBE_ACTIVE   1        //探测激活
```

4.16.2 probe.c

probe.c 为 probe 类 c 文件，代码解析如下：

```
uint8_t probe_invert_mask;
//探头初始化
void probe_init()
{
  PROBE_DDR &= ~(PROBE_MASK);         //设置探头端口掩码
  #ifdef DISABLE_PROBE_PIN_PULL_UP
    PROBE_PORT &= ~(PROBE_MASK);      //常开，外接下拉电阻
  #else
    PROBE_PORT |= PROBE_MASK;         //常闭
  #endif
  probe_configure_invert_mask(false);  //设置探测信号是否反置
}
//如果 is_probe_away=1，表示远离物体；如果 is_probe_away=0，表示靠近物体
//远离物体表示当探头从物体上离开时触发，靠近物体表示碰到物体时触发
void probe_configure_invert_mask(uint8_t is_probe_away)
{
  probe_invert_mask = 0;
  if (bit_isfalse(settings.flags,BITFLAG_INVERT_PROBE_PIN)) { probe_invert_mask ^= PROBE_
MASK; }                                 //如果反置端口，设置掩码
  if (is_probe_away) { probe_invert_mask ^= PROBE_MASK; }      //如果远离物体触发探头
```

```
}

//获得探头状态
uint8_t probe_get_state() { return((PROBE_PIN & PROBE_MASK) ^ probe_invert_mask); }

//探头状态监控
void probe_state_monitor()
{
  if (probe_get_state()) {                                      //如果探头触发
    sys_probe_state = PROBE_OFF;                                //探头关闭
    memcpy(sys_probe_position, sys_position, sizeof(sys_position));  //保存当前系统位置
    bit_true(sys_rt_exec_state, EXEC_MOTION_CANCEL);            //取消探测
  }
}
```

4.17 serial

serial 为串口通信类

4.17.1   serial.h

serial.h 为 serial 类 h 文件，代码解析如下：

```
#ifndef RX_BUFFER_SIZE            //定义接收缓冲区尺寸
  #define RX_BUFFER_SIZE 128
#endif
#ifndef TX_BUFFER_SIZE            //定义发送缓冲区尺寸
  #ifdef USE_LINE_NUMBERS
    #define TX_BUFFER_SIZE 112
  #else
    #define TX_BUFFER_SIZE 104
  #endif
#endif
#define SERIAL_NO_DATA 0xff
```

4.17.2   serial.c

serial.c 为 serial 类 c 文件，代码解析如下：

```
#define RX_RING_BUFFER (RX_BUFFER_SIZE+1)        //串口接收缓冲区尺寸
#define TX_RING_BUFFER (TX_BUFFER_SIZE+1) )      //串口发送缓冲区尺寸
uint8_t serial_rx_buffer[RX_RING_BUFFER];        //串口接收缓冲区
uint8_t serial_rx_buffer_head = 0;               //串口接收缓冲区首地址，新的数据写入此位置
volatile uint8_t serial_rx_buffer_tail = 0;      //串口接收缓冲区尾地址，正在使用的数据地址
uint8_t serial_tx_buffer[TX_RING_BUFFER];        //串口发送缓冲区
```

```
uint8_t serial_tx_buffer_head = 0;                    //串口发送缓冲区首地址，新的数据写入此位置
volatile uint8_t serial_tx_buffer_tail = 0;           //串口发送缓冲区首地址，正在使用的数据地址


//计算有多大的空间可用
uint8_t serial_get_rx_buffer_available()
{
  uint8_t rtail = serial_rx_buffer_tail;
  if (serial_rx_buffer_head >= rtail) { return(RX_BUFFER_SIZE - (serial_rx_buffer_head-rtail)); }
  return((rtail-serial_rx_buffer_head-1));
}
//计算已经使用了多少空间，或多少接受数据没有处理
uint8_t serial_get_rx_buffer_count()
{
  uint8_t rtail = serial_rx_buffer_tail;
  if (serial_rx_buffer_head >= rtail) { return(serial_rx_buffer_head-rtail); }
  return (RX_BUFFER_SIZE - (rtail-serial_rx_buffer_head));
}
//计算已经使用了多少空间，或多少发送的数据没有处理
uint8_t serial_get_tx_buffer_count()
{
  uint8_t ttail = serial_tx_buffer_tail;
  if (serial_tx_buffer_head >= ttail) { return(serial_tx_buffer_head-ttail); }
  return (TX_RING_BUFFER - (ttail-serial_tx_buffer_head));
}
//设置波特率，开中断
void serial_init()
{
  #if BAUD_RATE < 57600
    uint16_t UBRR0_value = ((F_CPU / (8L * BAUD_RATE)) - 1)/2 ;
    UCSR0A &= ~(1 << U2X0);
  #else
    uint16_t UBRR0_value = ((F_CPU / (4L * BAUD_RATE)) - 1)/2;
    UCSR0A |= (1 << U2X0);
  #endif
  UBRR0H = UBRR0_value >> 8;
  UBRR0L = UBRR0_value;
  UCSR0B |= (1<<RXEN0 | 1<<TXEN0 | 1<<RXCIE0);
}
//串口发送一个字节
void serial_write(uint8_t data) {
  //计算下一次发送缓冲区首地址
  uint8_t next_head = serial_tx_buffer_head + 1;
  if (next_head == TX_RING_BUFFER) { next_head = 0; }
  //如果缓冲区没有空间，等待
  while (next_head == serial_tx_buffer_tail) {
```

```
    if (sys_rt_exec_state & EXEC_RESET) { return; }          //如果等待中有复位指令，进行复位
  }
  //把数据传送给缓冲区首地址，首地址+1
  serial_tx_buffer[serial_tx_buffer_head] = data;
  serial_tx_buffer_head = next_head;
  //如果发送寄存器空，产生中断，调用 ISR(SERIAL_UDRE)。可以保证不断发送数据
  UCSR0B |=  (1 << UDRIE0);
}


ISR(SERIAL_UDRE)                                        //发送寄存器空中断函数
{
  uint8_t tail = serial_tx_buffer_tail;                  //取出发送缓冲区的数据
  UDR0 = serial_tx_buffer[tail];                         //发送数据给发送寄存器
  //更新发送缓冲区尾地址
  tail++;
  if (tail == TX_RING_BUFFER) { tail = 0; }
  serial_tx_buffer_tail = tail;
  //如发送缓冲区没有数据，则关闭中断函数
  if (tail == serial_tx_buffer_head) { UCSR0B &= ~(1 << UDRIE0); }
}
//读串口数据
uint8_t serial_read()
{
  //判断接收缓冲区是否有数据，如果有，则读出尾地址的数据
  uint8_t tail = serial_rx_buffer_tail;
  if (serial_rx_buffer_head == tail) {
    return SERIAL_NO_DATA;
  } else {
    uint8_t data = serial_rx_buffer[tail];
//更新尾地址
    tail++;
    if (tail == RX_RING_BUFFER) { tail = 0; }
    serial_rx_buffer_tail = tail;
    return data;
  }
}
//串口接收数据中断函数
ISR(SERIAL_RX)
{
  uint8_t data = UDR0;                                   //读取接收寄存器数据（一个字节）
  uint8_t next_head;
execution.
  switch (data) {                                        //判断这个字节是什么
case CMD_RESET:           mc_reset(); break;             //如果字节是 0x18，则复位
//以下判断是否是'?'、'~'或'!'符号，分别对应打印需要的状态、循环运动和进给保持
```

```
    case CMD_STATUS_REPORT: system_set_exec_state_flag(EXEC_STATUS_REPORT); break;
    case CMD_CYCLE_START:    system_set_exec_state_flag(EXEC_CYCLE_START); break;
    case CMD_FEED_HOLD:      system_set_exec_state_flag(EXEC_FEED_HOLD); break;
    default :
      if (data > 0x7F) {      //是否是其他实时指令，并设置实时指令状态
        switch(data) {        //以下分别对应门开、JOG取消
          case CMD_SAFETY_DOOR:    system_set_exec_state_flag(EXEC_SAFETY_DOOR); break;
          case CMD_JOG_CANCEL:
            if (sys.state & STATE_JOG) {          //Block all other states from invoking motion cancel.
              system_set_exec_state_flag(EXEC_MOTION_CANCEL);
            }
            break;
          #ifdef DEBUG                            //是否DEBUG
          case CMD_DEBUG_REPORT:
{uint8_t sreg = SREG; cli(); bit_true(sys_rt_exec_debug,EXEC_DEBUG_REPORT); SREG = sreg;}
break;
          #endif
          case CMD_FEED_OVR_RESET:              //进给倍率重置
system_set_exec_motion_override_flag(EXEC_FEED_OVR_RESET); break;
          case CMD_FEED_OVR_COARSE_PLUS:        //进给倍率粗增
system_set_exec_motion_override_flag(EXEC_FEED_OVR_COARSE_PLUS); break;
          case CMD_FEED_OVR_COARSE_MINUS:       //进给倍率粗减
system_set_exec_motion_override_flag(EXEC_FEED_OVR_COARSE_MINUS); break;
          case CMD_FEED_OVR_FINE_PLUS:          //进给倍率微增
system_set_exec_motion_override_flag(EXEC_FEED_OVR_FINE_PLUS); break;
          case CMD_FEED_OVR_FINE_MINUS:         //进给倍率微减
system_set_exec_motion_override_flag(EXEC_FEED_OVR_FINE_MINUS); break;
          case CMD_RAPID_OVR_RESET:             //快进重置
system_set_exec_motion_override_flag(EXEC_RAPID_OVR_RESET); break;
          case CMD_RAPID_OVR_MEDIUM:            //快进中等
system_set_exec_motion_override_flag(EXEC_RAPID_OVR_MEDIUM); break;
          case CMD_RAPID_OVR_LOW:               //快进低速
system_set_exec_motion_override_flag(EXEC_RAPID_OVR_LOW); break;
          case CMD_SPINDLE_OVR_RESET:           //主轴转速重置
system_set_exec_accessory_override_flag(EXEC_SPINDLE_OVR_RESET); break;
          case CMD_SPINDLE_OVR_COARSE_PLUS:     //主轴转速粗增
system_set_exec_accessory_override_flag(EXEC_SPINDLE_OVR_COARSE_PLUS); break;
          case CMD_SPINDLE_OVR_COARSE_MINUS:    //主轴转速粗减
system_set_exec_accessory_override_flag(EXEC_SPINDLE_OVR_COARSE_MINUS); break;
          case CMD_SPINDLE_OVR_FINE_PLUS:       //主轴转速微增
system_set_exec_accessory_override_flag(EXEC_SPINDLE_OVR_FINE_PLUS); break;
          case CMD_SPINDLE_OVR_FINE_MINUS:      //主轴转速微减
system_set_exec_accessory_override_flag(EXEC_SPINDLE_OVR_FINE_MINUS); break;
          case CMD_SPINDLE_OVR_STOP:            //主轴转速停止
system_set_exec_accessory_override_flag(EXEC_SPINDLE_OVR_STOP); break;
```

```
            case CMD_COOLANT_FLOOD_OVR_TOGGLE:        //水冷
system_set_exec_accessory_override_flag(EXEC_COOLANT_FLOOD_OVR_TOGGLE); break;
        #ifdef ENABLE_M7
            case CMD_COOLANT_MIST_OVR_TOGGLE:        //雾化
system_set_exec_accessory_override_flag(EXEC_COOLANT_MIST_OVR_TOGGLE); break;
        #endif
        }
    } else {        //如果不是系统指令和实时指令，把这个接收的数据写入接收缓冲区
        next_head = serial_rx_buffer_head + 1;              //更新下一个接收缓冲区首地址
        if (next_head == RX_RING_BUFFER) { next_head = 0; }

        //数据写入接收缓冲区。如果数据接收缓冲区满了，不处理
        if (next_head != serial_rx_buffer_tail) {
            serial_rx_buffer[serial_rx_buffer_head] = data;
            serial_rx_buffer_head = next_head;
        }
    }
  }
}
//重置数据接收缓冲区，不用置零，因为是环形的
void serial_reset_read_buffer()
{
  serial_rx_buffer_tail = serial_rx_buffer_head;
}
```

第5章

上位机编程

Grbl 上位机程序用于与 Arduino 通信，通过串口发送和接收 Arduino 的指令或信息。指令的格式见第 1 章内容。上位机对 Arduino 返回的信息解释后，用于人机交互。注意，上位机发送的指令后面需要添加回车符'\n'。

两个设备正常通信时，由于处理速度不同，有的快，有的慢，在某些情况下，就可能导致数据丢失。如台式机与单片机之间的通信，接收端数据缓冲区已满，此时继续发送来的数据就会丢失。流控制能解决这个问题，当接收端数据处理不过来时，就发出"不再接收"的信号，发送端就停止发送，直到收到"可以继续发送"的信号后再发送数据。因此流控制可以控制数据传输的进程，实现收发双方速度匹配，防止数据丢失。然而流控制编程相对麻烦，如果控制要求不高，可以采用简单通信的方式。下面介绍简单通信和流控制通信两种方式。

5.1 简单通信

简单通信不检查接收端数据缓冲区是否已满，以下是 Python 语言开发的简单通信的例子。

```python
import serial
import time
s = serial.Serial('/dev/tty.usbmodem1811',115200)    #打开串口
f = open('Grbl.gcode','r')                            #打开 G 代码文件
s.write("\r\n\r\n")                                   #串口输出两个换行符，唤醒 Grbl
time.sleep(2)                                         #等待 Grbl 初始化
s.flushInput()                                        #清空串口输入缓存
for line in f:
    l = line.strip()                                  #去除行指令的空格和换行符
    s.write(l + '\n')                                 #串口发送行指令
    Grbl_out = s.readline()                           #读 Grbl 的响应
f.close()                                             #关闭文件
s.close()                                             #关闭串口
```

5.2 流控制通信

流控制通信具有更高的可靠性，以下是用 Python 语言开发的流控制通信的例子。

```python
import serial
import re
import time
import sys
import argparse
import threading
RX_BUFFER_SIZE = 128
BAUD_RATE = 115200
ENABLE_STATUS_REPORTS = True              #定时返回设备状态信息
REPORT_INTERVAL = 1.0                     #用于定时返回报告信息的定时时间 1s

is_run = True                             #设置程序运行标志
#定义本程序的参数解析器
parser = argparse.ArgumentParser(description='Stream g-code file to Grbl. (pySerial and argparse
libraries required)')                     #描述本程序的功能
parser.add_argument('gcode_file', type=argparse.FileType('r'),
        help='g-code filename to be streamed')   #定义参数'gcode_file'，下载的程序名
parser.add_argument('device_file',
        help='serial device path')               #定义参数' device_file '，串口地址
parser.add_argument('-q','--quiet',action='store_true', default=False,
        help='suppress output text')             #定义参数'-q'，如果命令行包括'-q'，则该参数值为
True，否则该参数值为 False
parser.add_argument('-s','--settings',action='store_true', default=False,
        help='settings write mode')              #定义参数'-s'
parser.add_argument('-c','--check',action='store_true', default=False,
        help='stream in check mode')             #定义参数'-c'
args = parser.parse_args()

#用于发送查询状态的指令'?'，在 Grbl 中，'?'可以返回当前的位置信息
def send_status_query():
    s.write('?')

#定时调用函数，定时返回当前位置
def periodic_timer() :
    while is_run:
        send_status_query()
        time.sleep(REPORT_INTERVAL)

s = serial.Serial(args.device_file,BAUD_RATE) #打开串口设备
f = args.gcode_file                           #获得文件路径
```

```python
verbose = True                              #显示发出的信息
#从命令行中获得相关设置
if args.quiet : verbose = False             #如果命令行包括'-q'，则不在终端显示发出的信息
settings_mode = False
if args.settings : settings_mode = True     #设置非流模式
check_mode = False
if args.check : check_mode = True           #检查模式
Print("Initializing Grbl...")               #激活 Grbl
s.write("\r\n\r\n")
#清空串口输入
time.sleep(2)
s.flushInput()
if check_mode :                             #如果是检查模式（该模式，Grbl 对 NC 代码检查，不控制运行）
    print("Enabling Grbl Check-Mode: SND: [$C]")
s.write("$C\n")                             #向 Grbl 写检查模式指令
/*下面代码是等待 Grbl 返回信息，如果返回信息是'error'，退出程序，否则退出等待
    while 1:
        Grbl_out = s.readline().strip()     #得到 Grbl 返回的信息
        if Grbl_out.find('error') >= 0 :    #错误，退出
            print("REC:",Grbl_out)
            print("  Failed to set Grbl check-mode. Aborting...")
            quit()
        elif Grbl_out.find('ok') >= 0 :     #正常，退出等待
            if verbose: print ( 'REC:',Grbl_out)
            break


start_time = time.time();
#开始 periodic_timer 线程，用于获得 Grbl 状态（主要是得到机床或工件位置）
if ENABLE_STATUS_REPORTS :
    timerThread = threading.Thread(target=periodic_timer)          #调用 periodic_timer 线程
    timerThread.daemon = True
    timerThread.start()                     #开启线程，定时读取 Grbl（机床）位置


#下面代码用于下载 NC 到 Grbl
l_count = 0
error_count = 0
if settings_mode:                           #非流控制模式，上位机读取一行代码发送给下位机，等待回应
    print ("SETTINGS MODE: Streaming", args.gcode_file.name, " to ", args.device_file )
    for line in f:                          #从文件 f 中依次读取一行
        l_count += 1                        #计数行号
        l_block = line.strip()              #从行中去除空格和换行符
        if verbose: print("SND>"+str(l_count)+": \"" + l_block + "\"")  #打印行代码
        s.write(l_block + '\n')             #向 Grbl 发送代码

/*下面代码是等待 Grbl 返回信息，如果返回信息是'error'，退出程序，否则退出等待
        while 1:
```

```
            Grbl_out = s.readline().strip()                    #从 Grbl 得到返回信息
            if Grbl_out.find('ok') >= 0 :                      #正确信息
                if verbose: print ("  REC<"+str(l_count)+": \""+Grbl_out+"\"")
                break
            elif Grbl_out.find('error') >= 0 :                 #错误信息
                if verbose: print( "  REC<"+str(l_count)+": \""+Grbl_out+"\"")
                error_count += 1                               #错误计数器加 1
                break
            else:
                print("    MSG: \""+Grbl_out+"\"")
    else:
        /*通过流媒体协议发送 g-code 程序，该协议将字符强制放入 Grbl 的串行读取缓冲区，以确保 Grbl
能够立即访问下一个 G 代码命令，而不是等待调用-响应串行协议的完成。这是通过仔细计算流媒体向
Grbl 发送的字符数并跟踪 Grbl 的响应，这样就不会溢出 Grbl 的串行读取缓冲区*/
        g_count = 0                                            #Grbl 接收到的 NC 指令数目
        c_line = []
        for line in f:
            l_count += 1                                       #计数发出的 NC 指令数目
            l_block = re.sub('\s|\(.*?\)','',line).upper()     #去除空格、注释和大写
            c_line.append(len(l_block)+1)                      #保存本行指令的长度
            Grbl_out = ''
            while sum(c_line) >= RX_BUFFER_SIZE-1 | s.inWaiting() :
        #如果要发出的指令长度大于 128，或者串口缓冲区有数据
                out_temp = s.readline().strip()                #读取串口返回的行
                if out_temp.find('ok') < 0 and out_temp.find('error') < 0 :
                    print (" MSG: \""+out_temp+"\"" )          #如果没'ok'和'error'，就打印该行信息
                else :
                    if out_temp.find('error') >= 0 : error_count += 1
                    g_count += 1                               #Grbl 接收到的 NC 指令数目+1
                    if verbose: print ("  REC<"+str(g_count)+": \""+out_temp+"\"")
                    del c_line[0]      #删除前面保存的最初一行指令的长度，因为该行 Grbl 已经被执行了
            s.write(l_block + '\n')    #如果串口发送缓冲区有空间发送刚读出的 NC 指令，则发送
            if verbose: print( "SND>"+str(l_count)+": \"" + l_block + "\"" ) #打印刚发出的指令


        #程序指令发送完后，如果 Grbl 接收处理的指令数比上位机发送的少，等待 Grbl 继续处理
        while l_count > g_count :
            out_temp = s.readline().strip()                    #等待 Grbl 处理并响应
            if out_temp.find('ok') < 0 and out_temp.find('error') < 0 :
                print ("    MSG: \""+out_temp+"\""( #Debug response
            else :
                if out_temp.find('error') >= 0 : error_count += 1
                g_count += 1                                   #Grbl 处理的指令数+1
                del c_line[0]          #删除前面保存的最初一行指令的长度，因为该行 Grbl 已经被执行了
                if verbose: print( "  REC<"+str(g_count)+": \""+out_temp + "\"")

print( "\nG-code streaming finished!" )                        #NC 程序处理结束
```

```
end_time = time.time();
is_run = False;
print (" Time elapsed: ",end_time-start_time,"\n" )        #打印总的处理时间
if check_mode :                                             #如果是检查模式，打印错误代码的数量
    if error_count > 0 :                                    #如果有错误
        print( "CHECK FAILED:",error_count,"errors found! See output for details.\n")
    else :
        print( "CHECK PASSED: No errors found in g-code program.\n")
else :
    print ("WARNING: Wait until Grbl completes buffered g-code blocks before exiting." )
    raw_input("  Press <Enter> to exit and disable Grbl.")

f.close()   #关闭文件
s.close()   #关闭串口
```

5.3 上位机程序示例

5.3.1 开源及商业程序

目前网上有许多 Grbl 上位机软件，如 GrblControl，如图 5.1 所示，它是一个开源代码，程序采用 QT 语言开发，下载地址为 https://github.com/cmsteinBR/GrblControl。

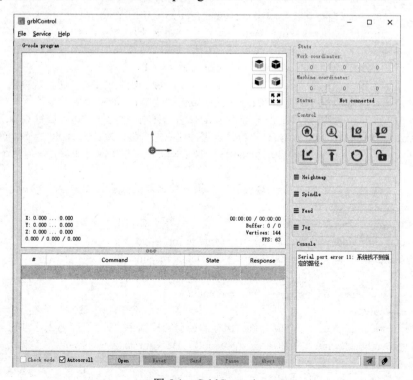

图 5.1　GrblControl

Cncjs 的下载地址为 https://cnc.js.org/docs/desktop-app/，其运行平台包括 Windows、MacOS 和 Linux，如图 5.2 所示。

图 5.2　Cncjs

OpenBuilds CONTROL 的下载地址为 https://www.cncsourced.com/guides/best-Grbl-software/，其运行平台包括 Windows、MacOS 和 Linux，如图 5.3 所示。

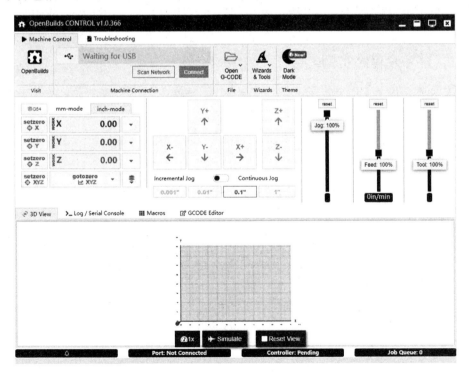

图 5.3　OpenBuilds CONTROL

LaserGRBL 用于激光切割，下载地址为 https://github.com/arkypita/LaserGRBL，其运行平台为 Windows，如图 5.4 所示。

图 5.4　LaserGRBL

除以上程序外，UGS 下载地址为 https://winder.github.io/ugs_website/download/，运行平台包括 MacOS、Windows 和 Linux。其他可参考 https://github-wiki-see.page/m/gnea/Grbl/wiki/Using -Grbl。

5.3.2　自开发程序实例

以下是一个采用 Python 开发的简单上位机程序，界面如图 5.5 所示，主要程序代码如下。

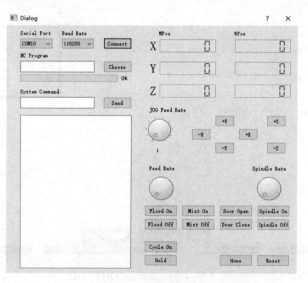

图 5.5　自开发程序

```
#以下引入库
import sys, os
from PyQt5 import QtCore, QtGui, QtWidgets          #GUI 采用的 PyQt5 库
from PyQt5.QtCore import pyqtSignal
from PyQt5.QtWidgets import QFileDialog
from PyQt5.QtWidgets import QApplication, QMainWindow
import serial,threading,time
from sys import path
/*为了防止界面由于下载 G 代码程序和显示机床位置占用过多资源，导致 GUI 没有响应，这里设计
了两个线程：一个用于定时发送获取机床位置的指令"? "，一个用于串口发送指令和接收串口数据*/
class MyThread(QtCore.QThread):                      #定义线程，用于串口发送指令和接收串口数据
    mysignal = QtCore.pyqtSignal(str)                #定义信号
    cycleon = False

    def getserial(self,myserial):                    #获得串口
        self.myserial=myserial

    def setfileandon(self,file,cycleon):             #获得 G 代码文件和循环启动的状态
        self.cycleon = cycleon
        self.f = file

    def run( self ):    #线程运行
        while(1):
            if(self.cycleon == True):                #如果循环启动
                for line in self.f:                  #读取 G 代码文件的一行
                    l = line.strip()                 #去除行指令的空格和换行符
                    self.myserial.write((l + '\n').encode())          #串口发送行指令
                    while 1:
                        Grbl_out = (self.myserial.readline()).decode() #获得串口数据
                        self.mysignal.emit(Grbl_out)                   #把数据发给 GUI
                        if Grbl_out.find('ok') >= 0 :
                            break
                        elif Grbl_out.find('error') >= 0 :
                            break
                        else:
                            print(Grbl_out)
                #关闭文件和关闭循环启动
                self.f.close()
                self.cycleon = False
                self.mysignal.emit((self.myserial.readline()).decode())          #获得串口数据并给 GUI

class TimeThread(QtCore.QThread):                     #定义线程，用于定时发送指令"? "
    mysignal = QtCore.pyqtSignal()

    def getserial(self,myserial):
```

```python
            self.myserial=myserial

    def run( self ):
        while(1):
            self.mysignal.emit()               #定时发送指令"? "
            time.sleep(1)


class Ui_Dialog(object):                       #对话框定义
    def setupUi(self, Dialog):
        Dialog.setObjectName("Dialog")
        Dialog.resize(628, 552)
        self.comport = 'COM2'                  #用户根据情况定义 COM 口
        self.baudrate = 115200                 #Grbl 缺省波特率
        self.comopen = False                   #串口是否打开
        self.jogfeed='1'                       #定义 JOG 进给量
        self.cycleon = False                   #定义循环启动状态
        self.mpos=[0.0,0.0,0.0]                #定义机床位置
        self.comserialport = QtWidgets.QComboBox(Dialog)
        self.comserialport.setGeometry(QtCore.QRect(30, 30, 69, 22))
        self.comserialport.setObjectName("comserialport")
        self.comserialport.addItem("COM1")
        self.comserialport.addItem("COM2")
#以下定义 UI
        self.label = QtWidgets.QLabel(Dialog)
        self.label.setGeometry(QtCore.QRect(30, 10, 71, 16))
        self.label.setObjectName("label")
        self.label_2 = QtWidgets.QLabel(Dialog)
        self.label_2.setGeometry(QtCore.QRect(120, 10, 61, 16))
        self.label_2.setObjectName("label_2")
        self.combaudrate = QtWidgets.QComboBox(Dialog)
        self.combaudrate.setGeometry(QtCore.QRect(120, 30, 69, 22))
        self.combaudrate.setObjectName("combaudrate")
        self.combaudrate.addItem("115200")
        self.bconnect = QtWidgets.QPushButton(Dialog)
        self.bconnect.setGeometry(QtCore.QRect(210, 28, 61, 25))
        self.bconnect.setObjectName("bconnect")
        self.editnc = QtWidgets.QLineEdit(Dialog)
        self.editnc.setGeometry(QtCore.QRect(30, 80, 161, 25))
        self.editnc.setObjectName("editnc")
        self.bchoose = QtWidgets.QPushButton(Dialog)
        self.bchoose.setGeometry(QtCore.QRect(210, 80, 61, 25))
        self.bchoose.setObjectName("bchoose")
        self.label_3 = QtWidgets.QLabel(Dialog)
        self.label_3.setGeometry(QtCore.QRect(30, 60, 91, 16))
        self.label_3.setObjectName("label_3")
```

```
self.editinfo = QtWidgets.QTextBrowser(Dialog)
self.editinfo.setGeometry(QtCore.QRect(30, 200, 241, 341))
self.editinfo.setObjectName("editinfo")
self.lcdmx = QtWidgets.QLCDNumber(Dialog)
self.lcdmx.setGeometry(QtCore.QRect(330, 30, 121, 30))
self.lcdmx.setObjectName("lcdmx")
self.lcdmx.setDigitCount(7)
self.lcdmy = QtWidgets.QLCDNumber(Dialog)
self.lcdmy.setGeometry(QtCore.QRect(330, 80, 121, 30))
self.lcdmy.setObjectName("lcdmy")
self.lcdmy.setDigitCount(7)
self.lcdmz = QtWidgets.QLCDNumber(Dialog)
self.lcdmz.setGeometry(QtCore.QRect(330, 130, 121, 30))
self.lcdmz.setObjectName("lcdmz")
self.lcdmz.setDigitCount(7)
self.label_4 = QtWidgets.QLabel(Dialog)
self.label_4.setGeometry(QtCore.QRect(330, 10, 71, 16))
self.label_4.setObjectName("label_4")
self.lcdwy = QtWidgets.QLCDNumber(Dialog)
self.lcdwy.setGeometry(QtCore.QRect(490, 80, 121, 30))
self.lcdwy.setObjectName("lcdwy")
self.lcdwy.setDigitCount(7)
self.lcdwz = QtWidgets.QLCDNumber(Dialog)
self.lcdwz.setGeometry(QtCore.QRect(490, 130, 121, 30))
self.lcdwz.setObjectName("lcdwz")
self.lcdwz.setDigitCount(7)
self.lcdwx = QtWidgets.QLCDNumber(Dialog)
self.lcdwx.setGeometry(QtCore.QRect(490, 30, 121, 30))
self.lcdwx.setObjectName("lcdwx")
self.lcdwx.setDigitCount(7)
self.label_5 = QtWidgets.QLabel(Dialog)
self.label_5.setGeometry(QtCore.QRect(490, 10, 71, 16))
self.label_5.setObjectName("label_5")
self.bjogny = QtWidgets.QPushButton(Dialog)
self.bjogny.setGeometry(QtCore.QRect(450, 260, 41, 25))
self.bjogny.setObjectName("bjogny")
self.bjogpy = QtWidgets.QPushButton(Dialog)
self.bjogpy.setGeometry(QtCore.QRect(450, 200, 41, 25))
self.bjogpy.setObjectName("bjogpy")
self.bjognx = QtWidgets.QPushButton(Dialog)
self.bjognx.setGeometry(QtCore.QRect(400, 230, 41, 25))
self.bjognx.setObjectName("bjognx")
self.bjogpx = QtWidgets.QPushButton(Dialog)
self.bjogpx.setGeometry(QtCore.QRect(500, 230, 41, 25))
self.bjogpx.setObjectName("bjogpx")
```

```
self.bjogpz = QtWidgets.QPushButton(Dialog)
self.bjogpz.setGeometry(QtCore.QRect(560, 200, 41, 25))
self.bjogpz.setObjectName("bjogpz")
self.bjognz = QtWidgets.QPushButton(Dialog)
self.bjognz.setGeometry(QtCore.QRect(560, 260, 41, 25))
self.bjognz.setObjectName("bjognz")
self.bfoodoff = QtWidgets.QPushButton(Dialog)
self.bfoodoff.setGeometry(QtCore.QRect(300, 430, 70, 25))
self.bfoodoff.setObjectName("bfoodoff")
self.bmistoff = QtWidgets.QPushButton(Dialog)
self.bmistoff.setGeometry(QtCore.QRect(380, 430, 70, 25))
self.bmistoff.setObjectName("bmistoff")
self.bspindleoff = QtWidgets.QPushButton(Dialog)
self.bspindleoff.setGeometry(QtCore.QRect(540, 430, 70, 25))
self.bspindleoff.setObjectName("bspindleoff")
self.bdooroff = QtWidgets.QPushButton(Dialog)
self.bdooroff.setGeometry(QtCore.QRect(460, 430, 70, 25))
self.bdooroff.setObjectName("bdooroff")
self.bmiston = QtWidgets.QPushButton(Dialog)
self.bmiston.setGeometry(QtCore.QRect(380, 400, 70, 25))
self.bmiston.setObjectName("bmiston")
self.bdooron = QtWidgets.QPushButton(Dialog)
self.bdooron.setGeometry(QtCore.QRect(460, 400, 70, 25))
self.bdooron.setObjectName("bdooron")
self.bspindleon = QtWidgets.QPushButton(Dialog)
self.bspindleon.setGeometry(QtCore.QRect(540, 400, 70, 25))
self.bspindleon.setObjectName("bspindleon")
self.bfloodon = QtWidgets.QPushButton(Dialog)
self.bfloodon.setGeometry(QtCore.QRect(300, 400, 70, 25))
self.bfloodon.setObjectName("bfloodon")
self.dialjog = QtWidgets.QDial(Dialog)
self.dialjog.setGeometry(QtCore.QRect(300, 200, 61, 64))
self.dialjog.setObjectName("dialjog")
self.jogfeedv = QtWidgets.QLabel(Dialog)
self.jogfeedv.setGeometry(QtCore.QRect(325, 270, 41, 16))
self.jogfeedv.setObjectName("1")
self.dialjog.setRange(1,10)                    #设置范围
self.dialjog.setNotchesVisible(True)           #设置刻度
self.dialjog.setPageStep(10)                   #翻页步长
self.dialjog.setWrapping(False)                #刻度不留缺口
self.dialjog.setNotchTarget(1)                 #设置刻度密度，即单位刻度所代表的大小
self.dialfeed = QtWidgets.QDial(Dialog)
self.dialfeed.setGeometry(QtCore.QRect(300, 330, 70, 64))
self.dialfeed.setObjectName("dialfeed")
self.dialspindle = QtWidgets.QDial(Dialog)
```

```
self.dialspindle.setGeometry(QtCore.QRect(530, 330, 70, 64))
self.dialspindle.setObjectName("dialspindle")
self.label_6 = QtWidgets.QLabel(Dialog)
self.label_6.setGeometry(QtCore.QRect(310, 180, 91, 16))
self.label_6.setObjectName("label_6")
self.label_7 = QtWidgets.QLabel(Dialog)
self.label_7.setGeometry(QtCore.QRect(310, 310, 71, 16))
self.label_7.setObjectName("label_7")
self.label_8 = QtWidgets.QLabel(Dialog)
self.label_8.setGeometry(QtCore.QRect(530, 310, 91, 16))
self.label_8.setObjectName("label_8")
self.bhome = QtWidgets.QPushButton(Dialog)
self.bhome.setGeometry(QtCore.QRect(460, 510, 70, 25))
self.bhome.setObjectName("bhome")
self.breset = QtWidgets.QPushButton(Dialog)
self.breset.setGeometry(QtCore.QRect(540, 510, 70, 25))
self.breset.setObjectName("breset")
self.editcommand = QtWidgets.QLineEdit(Dialog)
self.editcommand.setGeometry(QtCore.QRect(30, 160, 161, 25))
self.editcommand.setObjectName("editcommand")
self.bsend = QtWidgets.QPushButton(Dialog)
self.bsend.setGeometry(QtCore.QRect(210, 160, 61, 25))
self.bsend.setObjectName("bsend")
self.label_9 = QtWidgets.QLabel(Dialog)
self.label_9.setGeometry(QtCore.QRect(30, 140, 91, 16))
self.label_9.setObjectName("label_9")
self.bhold = QtWidgets.QPushButton(Dialog)
self.bhold.setGeometry(QtCore.QRect(300, 510, 70, 25))
self.bhold.setObjectName("bhold")
self.bcycleon = QtWidgets.QPushButton(Dialog)
self.bcycleon.setGeometry(QtCore.QRect(300, 480, 70, 25))
self.bcycleon.setObjectName("bcycleon")
self.progressBar = QtWidgets.QProgressBar(Dialog)
self.progressBar.setGeometry(QtCore.QRect(30, 110, 241, 16))
self.progressBar.setProperty("value", 0)
self.progressBar.setObjectName("progressBar")
self.label_10 = QtWidgets.QLabel(Dialog)
self.label_10.setGeometry(QtCore.QRect(310, 30, 16, 31))
font = QtGui.QFont()
font.setPointSize(20)
self.label_10.setFont(font)
self.label_10.setObjectName("label_10")
self.label_11 = QtWidgets.QLabel(Dialog)
self.label_11.setGeometry(QtCore.QRect(310, 80, 16, 31))
font = QtGui.QFont()
```

```
        font.setPointSize(20)
        self.label_11.setFont(font)
        self.label_11.setObjectName("label_11")
        self.label_12 = QtWidgets.QLabel(Dialog)
        self.label_12.setGeometry(QtCore.QRect(310, 130, 16, 31))
        font = QtGui.QFont()
        font.setPointSize(20)
        self.label_12.setFont(font)
        self.label_12.setObjectName("label_12")

        self.retranslateUi(Dialog)
        self.bchoose.clicked.connect(self.choosencfile)
        self.bconnect.clicked.connect(self.comconnect)
        self.bcycleon.clicked.connect(self.mycycleon)
        self.bhold.clicked.connect(self.holdfeed)
        self.bsend.clicked.connect(self.sendcommand)
        self.bjognx.clicked.connect(self.jognx)
        self.bjogpx.clicked.connect(self.jogpx)
        self.bjogny.clicked.connect(self.jogny)
        self.bjogpy.clicked.connect(self.jogpy)
        self.bjognz.clicked.connect(self.jognz)
        self.bjogpz.clicked.connect(self.jogpz)
        self.bhome.clicked.connect(self.home)
        self.breset.clicked.connect(self.reset)
        self.bspindleon.clicked.connect(self.spindle)
        self.bfloodon.clicked.connect(self.flood)
        self.bmiston.clicked.connect(self.mist)

        def setjogfeed(value):
            self.jogfeedv.setText(str(value))
            self.jogfeed=str(value)
        self.dialjog.valueChanged.connect(setjogfeed)

        QtCore.QMetaObject.connectSlotsByName(Dialog)

    def jognx(self):          #-X   JOG
        self.jog('X','-','100')

    def jogpx(self):          #+X   JOG
        self.jog('X','','100')

    def jogny(self):          #-Y JOG
        self.jog('Y','-','100')

    def jogpy(self):          #+Y JOG
```

```
                self.jog('Y',",'100')

    def jognz(self):                              #-ZJOG
        self.jog('Z','-','100')

    def jogpz(self):                              #+Z JOG
            self.jog('Z',",'100')

    def jog(self,axis,feed,speed):                #按照格式"$J=G91X10Y10Z10F10"发送到串口
        command='$J= G91'+axis+feed+self.jogfeed+'F'+speed+'\n'
        print(command)
        self.serialport.write(command.encode())
        self.editinfo.append(command)             #在对话框中显示发出的指令

    def senddata(self):                           #发送函数
        self.serialport.write('?'.encode())       #用 write 函数向串口发送数据

    def receivedata(self,str):                    #接收函数
        if(len(str[0:str.find('<')])>1):
            self.editinfo.append(str[0:str.find('<')])  #在对话框中显示串口收到的数据

        if(str.find('MPos')>-1):                  #如果串口收到的数据中包括机床位置，则解析出来
            print(str)
            strp=str.split("|",2)
            strout=strp[1][5:].split(",",2)
            for i in range(3):
                self.mpos[i]=float(strout[i])     #把机床位置赋给 self.mpos
            #在对话框中显示机床位置
            self.lcdmx.display(strout[0])
            self.lcdmy.display(strout[1])
            self.lcdmz.display(strout[2])

    def choosencfile(self):                       #选择 G 代码程序文件
        fileName, filetype =QFileDialog.getOpenFileName(None,'choose file',os.getcwd(), "All Files(*);;
Text Files(*.gcode)")
        if fileName!="":
            self.editnc.setText(fileName)

    def mycycleon(self):
        if(self.editnc.text()!="):
            self.f = open(self.editnc.text(),'r')
            self.cycleon = True
            self.thread2.setfileandon(self.f,self.cycleon)

    def reset(self):              #reset Grbl
```

```python
        command='\x18\n'        #reset Grbl 指令
        print(command)
        self.serialport.write(command.encode())
        self.editinfo.append(command)

    def home(self):             #Home Grbl
        command='$H\n'          #Home Grbl 指令
        print(command)
        self.serialport.write(command.encode())
        self.editinfo.append(command)

    def holdfeed(self):         #停止运动
        command='!\n'           #停止运动 Grbl 指令
        print(command)
        self.serialport.write(command.encode())
        self.editinfo.append(command)

    def flood(self):
        pass

    def mist(self):
        pass

    def spindle(self):
        pass

    def sendcommand(self):      #发送在编辑框输入的指令
        self.serialport.write((self.editcommand.text()+'\n').encode())

    def comconnect(self):       #串口连接
        self.comport = self.comserialport.currentText()
        self.baudrate = self.combaudrate.currentText()
        if(self.comopen==False):
            try:
                self.serialport = serial.Serial(self.comport, int(self.baudrate), timeout=1)
                print("serial open success")
                self.comopen=True
                self.thread1=TimeThread()   #创建线程 1：不断去请求机床位置
                self.thread1.getserial(self.serialport)
                self.thread1.mysignal.connect(self.senddata)
                self.thread2=MyThread()     #创建线程 2：不断接收数据和发送 G 代码程序
                self.thread2.getserial(self.serialport)
                self.thread2.mysignal.connect(self.receivedata)
                self.thread1.start()        #开启线程 2
                self.thread2.start()        #开启线程 1
```

```
                self.serialport.write('$?\n'.encode())          #发送串口指令'$?\n'，会得到 Grbl 指令帮助
            except:
                print("serial open failed")

    def closeserial(self):                              #关闭串口
        if(self.comopen==True and self.serialport.isOpen):
            self.serialport.close()

#以下是 UI 界面文本设置
    def retranslateUi(self, Dialog):
        _translate = QtCore.QCoreApplication.translate
        Dialog.setWindowTitle(_translate("Dialog", "Dialog"))
        self.label.setText(_translate("Dialog", "Serial Port"))
        self.label_2.setText(_translate("Dialog", "Baud Rate"))
        self.bconnect.setText(_translate("Dialog", "Connect"))
        self.bchoose.setText(_translate("Dialog", "Choose"))
        self.label_3.setText(_translate("Dialog", "NC Program"))
        self.label_4.setText(_translate("Dialog", "MPos"))
        self.label_5.setText(_translate("Dialog", "WPos"))
        self.bjogny.setText(_translate("Dialog", "-Y"))
        self.bjogpy.setText(_translate("Dialog", "+Y"))
        self.bjognx.setText(_translate("Dialog", "-X"))
        self.bjogpx.setText(_translate("Dialog", "+X"))
        self.bjogpz.setText(_translate("Dialog", "+Z"))
        self.bjognz.setText(_translate("Dialog", "-Z"))
        self.bfoodoff.setText(_translate("Dialog", "Flood Off"))
        self.bmistoff.setText(_translate("Dialog", "Mist Off"))
        self.bspindleoff.setText(_translate("Dialog", "Spindle Off"))
        self.bdooroff.setText(_translate("Dialog", "Door Close"))
        self.bmiston.setText(_translate("Dialog", "Mist On"))
        self.bdooron.setText(_translate("Dialog", "Door Open"))
        self.bspindleon.setText(_translate("Dialog", "Spindle On"))
        self.bfloodon.setText(_translate("Dialog", "Flood On"))
        self.label_6.setText(_translate("Dialog", "JOG Feed Rate"))
        self.label_7.setText(_translate("Dialog", "Feed Rate"))
        self.label_8.setText(_translate("Dialog", "Spindle Rate"))
        self.bhome.setText(_translate("Dialog", "Home"))
        self.breset.setText(_translate("Dialog", "Reset"))
        self.bsend.setText(_translate("Dialog", "Send"))
        self.label_9.setText(_translate("Dialog", "System Command"))
        self.bhold.setText(_translate("Dialog", "Hold"))
        self.bcycleon.setText(_translate("Dialog", "Cycle On"))
        self.label_10.setText(_translate("Dialog", "X"))
        self.label_11.setText(_translate("Dialog", "Y"))
        self.label_12.setText(_translate("Dialog", "Z"))
```

```
                self.jogfeedv.setText(_translate("Dialog", "1"))

    #以下是确认退出本程序的对话框
    class NewDialog(QtWidgets.QDialog):
        def getuiserialport(self,ui):
            self.ui=ui

        def closeEvent(self, event):
            reply = QtWidgets.QMessageBox.question(self,
                                    '本程序',
                                    "是否要退出程序？",
                                    QtWidgets.QMessageBox.Yes | QtWidgets.QMessageBox.No,
                                    QtWidgets.QMessageBox.No)
            if reply == QtWidgets.QMessageBox.Yes:
                if(self.ui.comopen):
                    self.ui.closeserial()
                    self.opc.disconnect()

                event.accept()
            else:
                event.ignore()

    #主程序
    if __name__ == '__main__':
        app = QApplication(sys.argv)
        Form=NewDialog()
        ui = Ui_Dialog()
        ui.setupUi(Form)
        Form.getuiserialport(ui)
        Form.show()
        sys.exit(app.exec_())
```

本程序仅仅是一个简单的例子，使读者了解如何使用串口与 Grbl 进行通信，以及如何发送 Grbl 协议的指令。作者用 Python 语言编程的能力不足，因此程序并不高效简洁，请见谅。

第6章
基于 MCD 的虚拟 CNC 仿真

大多数 Grbl 或者 Marlin 爱好者可能不具备硬件条件，或者缺少 ATMega2560，或者没有机械设备，然而 UX MCD 提供了一个机电设备仿真平台，可以用于基本的控制和运动仿真。因此，本章介绍如何利用 UX MCD 平台实现纯软件的机电系统仿真。需要的软件包括 Proteus、Arduino IDE、Python IDE、NX MCD、Virtual Serial Port 和其他软件。主要思想如图 6.1 所示，Grbl Control 利用虚拟串口与 Proteus 的 Grbl 通信，编写一个 Server 利用虚拟串口与 Proteus 的 Grbl 通信，并把数据转成 MCD 能读取的 OPC 或 TCP 协议。

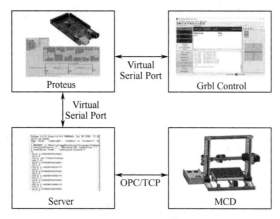

图 6.1　基于 MCD 的虚拟 CNC 仿真

6.1　Grbl 引脚和编译

这里采用 Arduino Mega 作为 Grbl 的运行硬件。注意 Grbl 有多个版本，使用前要确定版本。Arduino Mega 是一款基于 ATMega2560 的开发板（如图 6.2 所示），它有 54 个数字输入/输出引脚（其中有 15 个引脚可用于 PWM 输出），16 个模拟输出引脚，4 个 USART 硬件串行接口，16MHz 晶振，1 个 USB 接口，1 个电源接口，支持在线串行编程以及复位按键。图 6.2 显示了 Arduino Mega 的硬件接口。

基于 Arduino Mega 的 Grbl 缺省引脚定义如表 6.1 所示，用户也可以根据需要来修改地址。

Grbl解析及虚拟机电系统仿真

表 6.1　基于 Arduino Mega 的 Grbl 缺省引脚定义

功　　能	变 量 名 称	引　　脚
X 轴脉冲	X_STEP_BIT	Digital Pin 24
Y 轴脉冲	Y_STEP_BIT	Digital Pin 25
Z 轴脉冲	Z_STEP_BIT	Digital Pin 26
X 轴方向	X_DIRECTION_BIT	Digital Pin 30
Y 轴方向	Y_DIRECTION_BIT	Digital Pin 31
Z 轴方向	Z_DIRECTION_BIT	Digital Pin 32
电机使能	STEPPERS_DISABLE_BIT	Digital Pin 13
X 轴限位	X_LIMIT_BIT	Digital Pin 10
Y 轴限位	Y_LIMIT_BIT	Digital Pin 11
Z 轴限位	Z_LIMIT_BIT	Digital Pin 12
主轴使能	SPINDLE_ENABLE_BIT	Digital Pin 6
主轴方向	SPINDLE_DIRECTION_BIT	Digital Pin 5
水冷	COOLANT_FLOOD_BIT	Digital Pin 8
雾化	COOLANT_MIST_BIT	Digital Pin 9
系统复位	CONTROL_RESET_BIT	Analog Pin 8
进给保持	CONTROL_FEED_HOLD_BIT	Analog Pin 9
循环启动	CONTROL_CYCLE_START_BIT	Analog Pin 10
安全门	CONTROL_SAFETY_DOOR_BIT	Analog Pin 11
探头	PROBE_BIT	Analog Pin 15
变主轴转速	SPINDLE_PWM_BIT	Digital Pin 7

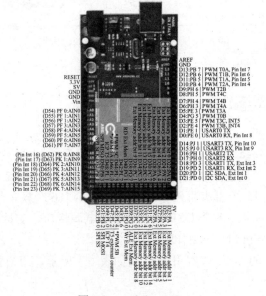

图 6.2　Arduino Mega

Grbl 编译可以在 Arduino IDE 中完成。选择"项目"→"添加库"→"添加.zip 库"。在弹出的对话框中，选择 Grbl.zip 文件或 Grbl 文件夹。在\Documents\Arduino\libraries 文件夹中会创建 Grbl 文件。如果用户已经安装了 Grbl，但是版本和 Mega 不一致，可以删除后，重新安装或拷贝覆盖该文件夹。

在安装完成后，选择"文件"→"示例"→"Grbl"→"GrblUpload"，然后单击"编译"按钮编译。在编译后的 elf 文件（缺省名字为 GrblUpload.ino.elf）所在文件夹，查阅 preference.txt 中的"build.path="项。在 preference.txt 文件的位置可单击"文件"→"首选项"，在弹出的对话框中，单击最下方（倒数第二行），再完成相应参数设置。

6.2　Proteus 模型

建立 Proteus 工程，导入 Arduino Mega2560 模块，按照图 6.3 所示搭建电路，电路中用到的仿真元件如表 6.2 所示。

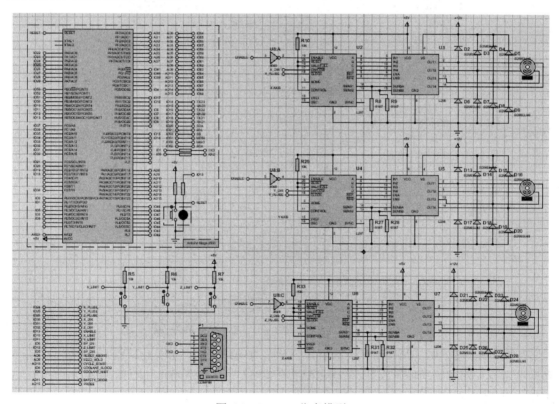

图 6.3　Proteus 仿真模型

表 6.2　仿真元件

元　　件	功　　能
ARDUINO MEGA	ARDUINO MEGA2560

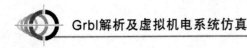

元　件	功　能
4049	反相器
L297	步进电机控制集成电路
L298	双 H 桥功率集成电路
Motor-BISTEPPER	步进电机
SDM03U40	二极管
COMPIM	虚拟串口
BUTTON	按钮

在电路中，双击 ARDUINO MEGA 元件，在其编辑元件对话框中（图 6.4）的 Program File 选项处选择 6.1 节编译得到的 elf 文件。

图 6.4　Proteus 仿真模型中 Grbl 程序选择

在 Proteus 模型中（见图 6.5），设计了 X 轴、Y 轴和 Z 轴的限位，可以用于模拟硬限位和回参考点（回零）功能。此外，COMPIM 的 RXD 需要和 ARDUINO MEGA 元件的 RXD 连接；COMPIM 的 TXD 需要和 ARDUINO MEGA 元件的 TXD 连接。在 COMPIM 编辑元件对话框中设置波特率与 Grbl 的波特率相同（缺省为 112500），其他设置缺省（见图 6.6）。

为了仿真步进电机的运行，模型中使用了三个步进电机模型（见图 6.7）。因为 Grbl 采用脉冲/方向控制方式连接步进电机，所以在本模型中使用了 L297 和 L298。另外，缺省 Grbl 的电机 Enable 控制端口输出低电平，而 L297 要求为高电平，因此这里使用了一个反相器 4049。以上设置完成后，即可运行 Proteus 模型。

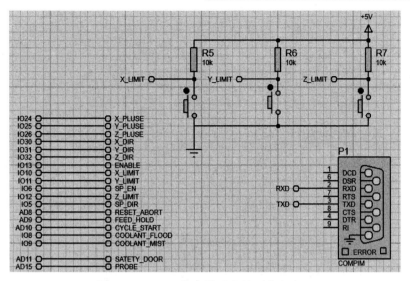

图 6.5　Proteus 仿真模型中的限位和串口

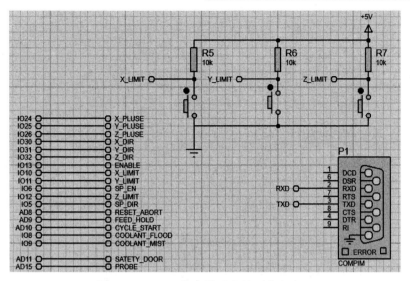

图 6.6　Proteus 仿真模型中的串口设置

　　如果想让上位机程序控制 Proteus 的 Grbl 运行，还需要使用 Virtual Serial Port 软件，建立虚拟串口连接。Virtual Serial Port 软件可以连接两个串口，如图 6.8 所示，COM1 和 COM2 被连接起来了，在 Proteus 的 COMPIM 中如果采用的是 COM1，则上位机程序连接到 COM2 即可。注意，Virtual Serial Port 软件连接两个串口后，关闭 Virtual Serial Port 软件，不影响连接关系。

　　以上设置完成后，用户可以用上位机程序控制 Proteus 的 Grbl 运行，从而熟悉和了解 Grbl 上位机程序的使用和相关控制指令。如果希望控制机械模型运动，则需要使用 NX MCD 建模和 NX MCD 与外部信号的通信协议。

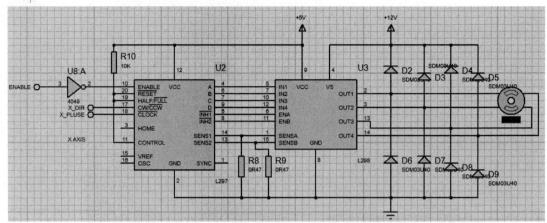

图 6.7　Proteus 仿真模型中的步进电机设置

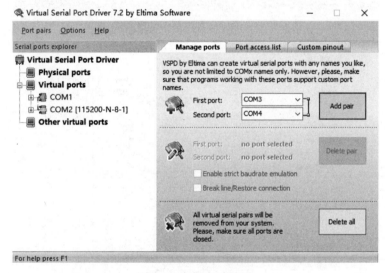

图 6.8　虚拟串口设置

6.3　MCD 机械模型

本节使用一个 3D 打印机模型作为机械控制模型（图 6.9），展示如何在 NX 中建立机电系统仿真模型和如何设置 NX MCD 与外部信号的通信。

本书不详细介绍 NX MCD 的使用，如果读者对这些内容不熟悉，可以参考相关文献。3D 打印机 MCD 模型的搭建过程如下：

（1）创建 3D 打印机模型。

（2）进入 MCD 应用，创建刚体。原则是不需要运动的部分应该创建成一个刚体；没有相对运动关系的零部件创建成一个刚体。

（3）创建运动副。其创建过程与 NX 的运动仿真内容类似。

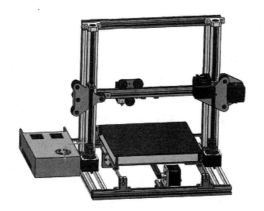

图 6.9 3D 打印机 MCD 模型

（4）如果需要，创建耦合副。耦合副包括齿轮齿条副、齿轮副和电子凸轮副等，比如 3D 打印机龙门结构的两个电机，可以采用齿轮副连接，这样控制一个电机，可以保证两个电机一起运动。

（5）定义传感器和执行器。在本书的 MCD 模型中定义两种方式控制 3D 打印机。一种是简单模型，即定义三个直线位置执行器控制驱动 X 轴、Y 轴和 Z 轴的直线运动（即定义 X 轴、Y 轴和 Z 轴的运动轴为滑动副）；另一种是稍微复杂些的模型，即定义三个旋转位置控制驱动 X 轴、Y 轴和 Z 轴的步进电机的转动，步进电机的转动通过螺旋副或齿轮齿条副驱动 X 轴、Y 轴和 Z 轴的直线运动。或者说，简单模型是直接控制 X 轴、Y 轴和 Z 轴直线运动；复杂模型是控制 X 轴、Y 轴和 Z 轴的电机做旋转运动。此外，在这里还定义了三个轴的限位。

（6）定义信号。需要注意的是，定义信号时要注意输入/输出和单位。输入是指外部输入给 MCD 模型；输出是指 MCD 模型输出给外部。比如，定义信号连接到上面定义的 X 轴位置执行器，这里定义的信号就应该是输入，因为需要从外部控制 MCD 模型的 X 轴运动。

（7）定义信号连接。后面将详细介绍这部分内容。

6.4 MCD 通信

MCD 提供了多种通信方式，包括 OPC DA、OPC UA、TCP/IP、Modbus TCP、Matlab、PLCSIM Adv、UDP 和 PROFINET，下面将介绍前四种方式。

6.4.1 OPC DA 通信

目前 OPC DA 逐渐被 OPC UA 所取代，采用 Python 开发 OPC DA 服务器相比于 OPC UA 较为麻烦，因此这里直接使用一个商业软件 Matrikon OPC 作为服务器，用户可以在网页搜索下载（https://www.matrikonopc.com/）。这里 OPC DA client 的通信程序采用 Python 开发，利用 OpenOPC 库搭建。现在 OpenOPC2 已经开始替代 OpenOPC，OpenOPC 的安装和配置较为复杂，可以参见 https://pypi.org/project/OpenOPC/。

1．MatrikonOPC server 设置

（1）打开 MatrikonOPC Server for Simulation and Testing，进入主界面。在左边栏中选中 Alias Configuration 选项，然后右键单击右边深色区域，在弹出的菜单里选择"Insert New Alias …"（见图 6.10）。

（2）在弹出的 Insert New Alias 对话框中（见图 6.11），选择 Holding Register Alias 单选框，选择数据类型。在本实例中创建 In_I、In_D、Out_I、Out_D 四个标签。分别选择数据类型为：SHORT（两个字节）、REAL4（四个字节）、SHORT 和 REAL4（见图 6.12）。

（3）创建完成后，单击最右边的工具按钮 ，进入 MatrikonOPC Explorer 界面，在 MatrikonOPC Explorer 完全打开之前会弹出图 6.13 所示窗口，用于创建监视变量。

图 6.10　创建标签

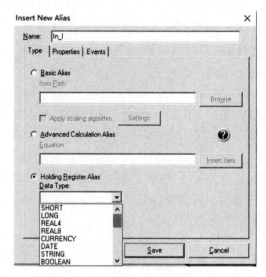

图 6.11　创建标签

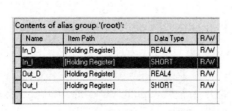

图 6.12　四个标签

图 6.13　创建监视变量

（4）将需要的项添加到 Tags to be added 框中（见图 6.14 和图 6.15），表示要监控这些项，这里选择 Configured Aliases 下面四个已经创建的项。

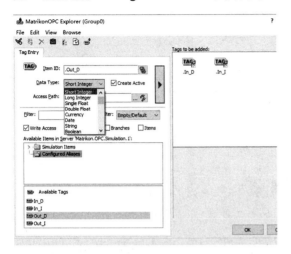

图 6.14　选择类型

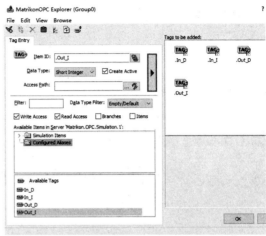

图 6.15　创建四个变量

（5）然后单击最左边的工具按钮 ，进入 MatrikonOPC Explorer 界面（见图 6.16），在右侧框中可以对项进行监控、读取和写入等操作。注意，界面里的"Matrikon.OPC.Simulation.1"为服务器名称。

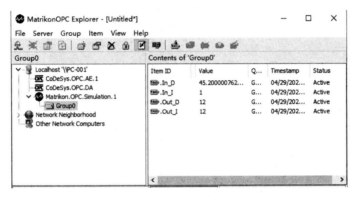

图 6.16　监控变量

2. MCD 通信设置

接下来在 MCD 中设置 OPC DA 通信。

（1）在 MCD 应用中，右键单击"信号"，在弹出菜单中选择"新建"→"信号"（见图 6.17）。这里仅仅展示如何创建信号，并通过 OPC DA 与之通信，不涉及 3D 打印机模型。如需要了解 3D 打印机模型如何设置，可以打开模型进行设置。在"信号"对话框中，需要设置"IO 类型"和"数据类型"，如果有量纲信号，则需要设置"单位"（见图 6.18 和图 6.19）。

图 6.17 监控标签（一）　　　　图 6.18 监控标签（二）　　　　图 6.19 监控标签（三）

（2）这里设置的信号有四个（见图 6.20）：In_Double、In_Int、Out_Double 和 Out_Int，数据类型和输入/输出方向参见信号名。

（3）在 MCD 应用中，右键单击"信号连接"，在弹出菜单中选择"新建"→"信号映射"（见图 6.21），进入"信号映射"对话框。然后在"信号映射"对话框右上侧的列选框中选择"OPC DA"，然后单击按钮 （见图 6.22）。

图 6.20 创建的信号　　　　　　　　　　　　图 6.21 信号连接

图 6.22 选择 OPC DA

（4）在弹出的"外部信号配置"对话框中单击按钮 （见图 6.23），然后在"OPC DA 服务器"对话框中选择前面设置的 OPC DA 服务器 Matrikon.OPC.Simulation.1，然后单击"确定"按钮（见图 6.24）。

图 6.23　创建的信号　　　　　　　　　　图 6.24　选择服务器

（5）在弹出的"外部信号配置"对话框中将展示服务器信息，以及在"标记"中展示前面MatrikonOPC Explorer中添加的四个标签：Configured Aliases/In_I、In_D、Out_I、Out_D。勾选这四个标签（见图6.25），然后单击"确定"按钮。注意，更新时间可以修改。

图 6.25　选择标记

（6）在弹出的"OPC DA 服务器"对话框中选择前面创建的 OPC DA 服务器 Matrikon.OPC.Simulation.1，然后单击"确定"按钮，再次进入"信号映射"对话框。这里需要映射左边的 MCD 信号和右边的外部信号（见图6.26）。原则是：输入对输出，数据类型相同。映射完后单击"确定"按钮，结果如图6.27所示。

前面的设置完成后，单击 MCD 的仿真运行，然后在 MatrikonOPC Explorer 中修改数据，可以看到 MCD 中的数据发生了相应变化（见图6.28）。

最后，仿真需要注意 MCD 的单位。

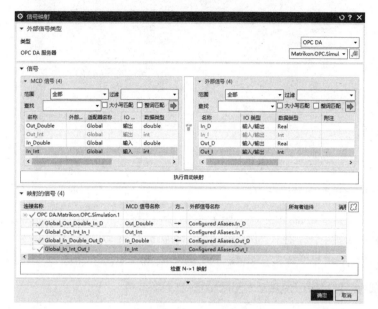

图 6.26　信号映射

图 6.27　信号连接

图 6.28　仿真结果

3．OPC DA client 开发

如果希望通过程序控制 MCD 模型，需要编写 OPC DA client。这里提供一个简单的客户端程序，程序采用 Python 语言，利用 OpenOPC 库编写。

```
import time
from sys import path
import OpenOPC
GROUP_NAME = 'Group0' #Matrikon OPC Explorer 界面里 Matrikon.OPC.Simulation.1 下面的 Group0
opc = OpenOPC.client()    #查询可用的 OPC server 服务器
print(opc.servers(opc_host='localhost'))
opc.connect('Matrikon.OPC.Simulation.1', 'localhost')         #连接到 Matrikon.OPC.Simulation.1
print(opc.list())   //打印 Matrikon.OPC.Simulation.1 下的通道
taglist = [u'.Out_D',u'. Out_I ', u'.In_D',u'. In_I ']           #OPC item ID
```

```
try:
    while True:                                          #读取循环周期
        opc_data = opc.read(taglist,group=GROUP_NAME)    #读取 Group0 下的 taglist
        for item in opc_data:
            name, value, quality, time_ = item
            if quality == 'Good':
                print(name, value)                       #打印 item 名字和数值
            else:
                print('Error:   {}'.format(item))
        opc.write(u'. In_D',3.1415)                       #写入 In_D 的值
        opc.write(u'. In_I', 3)                           #写入 In_I 的值
        time.sleep(1)
finally:
    opc.remove(opc.groups())                              #关闭 OPC Client
opc.close()
```

程序运行后的结果如图 6.29 所示。

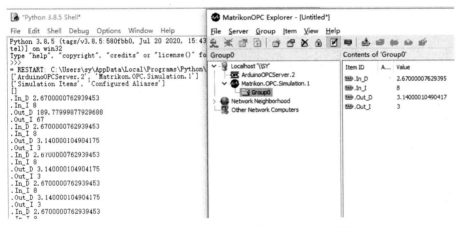

图 6.29　OPC DA client 与 Matrikon.OPC 通信

6.4.2　OPC UA 通信

这里采用 Python OPCUA 库编写 OPC UA server 和 OPC UA client。OPCUA 的安装可以参见 https://pypi.org/project/opcua/，以及 https://Python-opcua.readthedocs.io/en/latest/。

1．OPC UA server 开发

```
from opcua import Server
from random import randint,random
server = Server()
url = "opc.tcp://127.0.0.1:4852"   #设置 OPC 服务器的地址,格式是以 opc.tcp://开头,后面是 IP 地址,
这里是本地计算机运行,所以是 127.0.0.1,后面的端口自己设置
server.set_endpoint(url)
name = "OPC_SIMULATION_SERVER"            #OPC 服务器名称
```

```
addspace = server.register_namespace(name)          #注册
node = server.get_objects_node()                     #获得 OPC 服务器的对象节点
Param = node.add_object(addspace, "Parameters")      #添加对象
Out_D = Param.add_variable(addspace, "Out_D", 0.0)   #添加 item，"Out_D"是 item 名称，0.0 是初值，
                                                      这里 0.0 系统自动判定为浮点数据
Out_I = Param.add_variable(addspace, "Out_I", 0)
In_D = Param.add_variable(addspace, "In_D", 0.0)
In_I = Param.add_variable(addspace, "In_I",0)
#add_variable(idx, "MySin", 0, ua.VariantType.Float) #格式示例
Out_D.set_writable()                                 #设置 item 为可写
Out_I.set_writable()
In_D.set_writable()
In_I.set_writable()
server.start()                                       #开启服务器
print("Server started at {}".format(url))
while True:
    vOut_D = random()*100
    vOut_I = randint(200, 999)
    Out_D.set_value(vOut_D)                           #设置 item 值
    Out_I.set_value(vOut_I)
    vIn_D=In_D.get_value()                            #获得 item 值
    vIn_I=In_I.get_value()
    print(vOut_D, vOut_I, vIn_D,vIn_I)
time.sleep(2)                                         #刷新间隔，用户根据状况修改
```

2．MCD 通信设置

（1）在"信号映射"对话框右上角的列选框中选择"OPC UA"，然后单击按钮，弹出如图 6.30 所示对话框。

图 6.30　选择 OPC UA

（2）在弹出的"外部信号配置"对话框中单击按钮，弹出如图 6.31 所示对话框。然后在"添加服务器"对话框的"端点 URL"编辑框中输入 OPC UA server 里 OPC 服务器的地址：opc.tcp://127.0.0.1:4852。回车后"服务器信息"框显示相关信息，单击"测试连接"将显示"成功连接此服务器"消息框（见图 6.32），然后单击"确定"按钮。注意，需要运行 OPC UA server 程序。

（3）在弹出的"外部信号配置"对话框中将展示服务器信息：opc.tcp://127.0.0.1:4852，

以及在"标记"中展示 OPC UA server 程序添加的四个标签：Parameters/In_I、In_D、Out_I、Out_D。勾选这四个标签，然后单击"确定"按钮。再次进入"信号映射"对话框。如同前面的内容，这里需要映射左边的 MCD 信号和右边的外部信号（见图 6.33）。

图 6.31　添加服务器

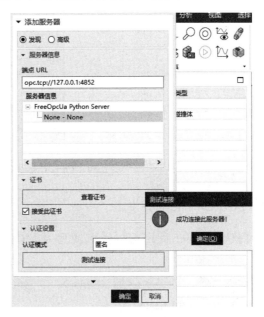

图 6.32　连接服务器

图 6.33　外部信号配置

程序运行后的结果如图 6.34 所示。

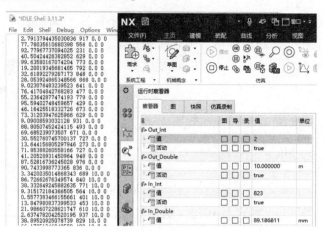

图 6.34　OPC UA 服务器与 MCD 通信

3. OPC UA client 开发

OPC UA server 程序可以读取或写入 MCD 信号,但是这里还是提供 OPC UA client 例程。

```
import sys,time
from opcua import Client
if __name__ == "__main__":
    client = Client("opc.tcp://127.0.0.1:4852")    #创建客户端对象
    try:
        res = client.connect()                      #创建连接到指定的 OPC UA 服务器
        print("Client Connected")
        print(client.get_namespace_array())    #得到所有命名空间
        index=client.get_namespace_index('OPC_SIMULATION_SERVER')    #得到命名空间索引
        print(index)
        try:
            Out_D = client.get_node("ns=2;i=2") #从服务器获取变量节点,这里"ns=2"表示命名空间
                                                 索引为 2,"i=2"表示节点索引为 2,从 2 开始
        Out_I = client.get_node("ns=2;i=3")
        In_D = client.get_node("ns=2;i=4")
        In_I = client.get_node("ns=2;i=5")
        while True:
            #获取节点数据
            print(Out_D.get_value()，Out_I.get_value()，In_D.get_value()，In_I.get_value())
            In_D.set_value(1.234)                   #设置节点数据
        In_I.set_value(10)
            #In_D.set_value(ua.Variant([1.234], ua.VariantType.Double))
            time.sleep(2)
    finally:
        client.disconnect()
```

6.4.3　TCP/IP 通信

1．TCP/IP server 开发

TCP/IP server 程序的主要流程如下。

（1）建立 socket，等待客户连接。

（2）监听客户端（MCD）发来的数据包，然后按照 MCD 定义的数据位置关系解包。

（3）发送数据。按照 MCD 定义的数据位置打包发送数据。

```python
from socketserver import BaseRequestHandler, TCPServer
from threading import Thread
import struct
BUF_SIZE = 1024          #缓冲区尺寸
SERVER_PORT = 6000       #端口号
class ReceiveHandler(BaseRequestHandler):
    def setup(self):
        print('client is coonected')
        print(self.client_address)


    def handle(self):
        try:
            while True:
                msg = self.request.recv(1024)                #获得缓冲区数据
                if msg:
                    print(msg)
                    data1=struct.unpack('>d', msg[0:8])[0]   #从 msg 中提取前 8 字节转换成 double
                    print(data1)
                    data2=struct.unpack('>h', msg[8:10])[0]  #从 msg 中提取第 8、9 字节转换成 int
                    print(data2)
                    output_bytes = bytearray()
                    #把前面得到的 data1 数据按照 double 类型打包成字节，放入 output_bytes
                    output_bytes.extend(bytearray(struct.pack(">d", data1)))
                    #把前面得到的 data2 数据按照 int 类型打包成字节，放入 output_bytes
                    output_bytes.extend(bytearray(struct.pack(">h", data2)))
                    print(f"sned: {output_bytes}")
                    self.request.send(output_bytes)          #发送 output_bytes
                else:
                    break
        except Exception as e:
            pass


    def finish(self):
        pass
if __name__ == '__main__':
```

```
try:
    #创建服务器，连接 IP 地址和端口
    socket_serve = TCPServer(('192.168.0.126', SERVER_PORT), ReceiveHandler)
    print('server open')
    t = Thread(target=socket_serve.serve_forever)    #创建线程
    t.daemon = True
    t.start()                                        #运行线程
    socket_serve.serve_forever()                     #服务器在正常情况下将永远运行
except KeyboardInterrupt:
    socket_serve.shutdown()
```

在这个例子中，获得的数据前 8 个字节是一个双精度数据，第 8、9 字节是一个短整型数据；然后按照这个格式发送到 MCD。请注意后面 MCD 中的设置。

2. MCD 通信设置

（1）在"信号映射"对话框右上角的列选框中选择"TCP"，然后单击按钮弹出如图 6.35 所示对话框。在"外部信号配置"对话框的"类型"项选择"TCP/IP"，然后单击按钮，修改服务器 IP 和端口（见图 6.36）。如果是本机的话，就设置本机 IP，端口自己定义。

图 6.35　选择 TCP/IP

图 6.36　设置 TCP/IP 服务器

（2）"外部信号配置"对话框的"数据交换"部分用于定义输入和输出数据（见图 6.37）。原则是：这里的发送数据应该和 MCD 的输入信号映射；这里接收的数据应该和 MCD 的输出信号映射；数据类型也代表了数据的字节数，如 int 是两个字节，Real 是 4 个字节，LReal 是 8 个字节，Dint 是 4 个字节；"偏置"表示数据的位置，图 6.38 中的 In_D 占 8 个字节，其位置从 0 开始，因此后面 In_I 的偏置是 8；"接收数据缓冲区大小"是所有接收数据的字节数。

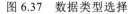

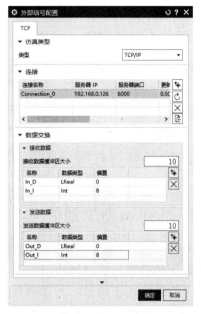

图 6.37 数据类型选择　　　　　图 6.38 交换数据定义

（3）在"信号映射"对话框中对 MCD 信号和外部信号进行映射（见图 6.39）。

此外，用户也可以在"外部信号配置"对话框中添加 Bool 数据类型，但是为了便于使用，可以按照字节大小定义 Bool 数据，如定义 8 个 Bool 数据，组成一个字节（见图 6.40）。

图 6.39 信号映射　　　　　图 6.40 定义 Bool 数据

图 6.41 所示为基于 TCP/IP 协议与 MCD 通信的测试结果。

图 6.41　TCP/IP 协议与 MCD 通信的测试结果

6.4.4　Modbus TCP 通信

Modbus TCP 协议是一种基于 TCP/IP 协议的工业通信协议，常用于工业自动化领域中现场设备之间的数据交换。Modbus TCP 协议采用客户端-服务器模型，其中客户端通过 TCP 连接向服务器发送请求消息，并接收服务器返回的响应消息。

Modbus TCP 协议支持多种数据格式和编码方式，包括 16 位和 32 位有符号和无符号整数、浮点数等。该协议将数据划分为线圈、离散量、寄存器等多种类型，并使用不同的功能码实现读写操作。

在 Modbus TCP 协议中，每个设备都有一个唯一的 IP 地址作为其网络标识。客户端向服务器发送请求消息时，需要指定目标设备的 IP 地址、设备编号以及功能码等信息。服务器在接收到请求消息后，根据请求内容执行相应操作，并将结果封装到响应消息中返回给客户端。

Modbus TCP 协议报文由三部分组成：事务标识符、协议标识符和数据单元。其中，事务标识符用于标识当前报文的唯一性，协议标识符表示使用的 Modbus 协议版本，数据单元则包含了请求或响应所需的详细信息。

具体而言，Modbus TCP 协议报文的规则如下：

事务标识符：2 字节，由客户端随机生成，并在响应消息中原样返回。即每个请求和响应报文都有一个唯一的事务标识符。

协议标识符：2 字节，固定为 0x0000，表示使用 Modbus 协议。

数据单元长度：2 字节，表示数据单元的字节数，包括功能码、数据域等内容，不包括事务标识符、协议标识符和 CRC 校验码。

功能码：1 字节，表示要执行的操作类型，如读取线圈、写入寄存器等。具体功能码详见 Modbus 协议规范。

数据域：包含了传输的数据，其格式和内容根据功能码不同而不同。

读取线圈状态（功能码 0x01）：用于读取指定设备上的多个离散量寄存器。

读取多个保持寄存器（功能码 0x03）：用于读取指定设备上的多个保持寄存器。

写单个线圈（功能码 0x05）：用于写入指定设备上的一个线圈状态。

写多个保持寄存器（功能码 0x10）：用于写入指定设备上的多个保持寄存器。

更多的 Modbus TCP 协议请参见其他文献。

1. Modbus TCP 服务器开发

这里采用 modbus_tk 库，安装地址：https://pypi.org/project/modbus-tk，更多的文档参见：https://github.com/ljean/modbus-tk。下面的示例程序来自于 https://github.com/ljean/modbus-tk。

```python
import sys
import modbus_tk
import modbus_tk.defines as cst
from modbus_tk import modbus_tcp
def main():
    logger = modbus_tk.utils.create_logger(name="console", record_format="%(message)s")
    try:
        #创建服务器。注意本机局域网 IP，如不在局域网中使用 127.0.0.1，端口缺省 502
        server = modbus_tcp.TcpServer(address='192.168.0.126',port=502)
        logger.info("running...")
        logger.info("enter 'quit' for closing the server")

        server.start()
        #加入 slave，这里的 slave 就是 MCD。当 MCD 连接到本服务器，就成为本服务器的 slave，
            服务器可以加入多个 slave

        slave_1 = server.add_slave(1)

        #slave 增加一个 block(或者称为 channel)，这里 HOLDING_REGISTERS 针对的是 MCD 里
            的 write multiply registers，注意后面 MCD 部分的定义
        slave_1.add_block('0', cst.HOLDING_REGISTERS, 0, 10)

        #slave 再增加一个 block，这里 ANALOG_INPUTS 针对的是 MCD 里的 read input registers，
            注意后面 MCD 部分的定义
        slave_1.add_block('1', cst.ANALOG_INPUTS, 0, 5)

        #以下提供了读写 Modus TCP 数据的指令，以及其他指令
        while True:
            cmd = sys.stdin.readline()
            args = cmd.split(' ')
            if cmd.find('quit') == 0:
                sys.stdout.write('bye-bye\r\n')
                break
            elif args[0] == 'add_slave':
                slave_id = int(args[1])
                server.add_slave(slave_id)
```

```
                sys.stdout.write('done: slave %d added\r\n' % slave_id)
            elif args[0] == 'add_block':
                slave_id = int(args[1])
                name = args[2]
                block_type = int(args[3])
                starting_address = int(args[4])
                length = int(args[5])
                slave = server.get_slave(slave_id)
                slave.add_block(name, block_type, starting_address, length)
                sys.stdout.write('done: block %s added\r\n' % name)
            elif args[0] == 'set_values':
                slave_id = int(args[1])
                name = args[2]
                address = int(args[3])
                values = []
                for val in args[4:]:
                    values.append(int(val))
                slave = server.get_slave(slave_id)
                slave.set_values(name, address, values)
                values = slave.get_values(name, address, len(values))
                sys.stdout.write('done: values written: %s\r\n' % str(values))
            elif args[0] == 'get_values':
                slave_id = int(args[1])
                name = args[2]
                address = int(args[3])
                length = int(args[4])
                slave = server.get_slave(slave_id)
                values = slave.get_values(name, address, length)
                sys.stdout.write('done: values read: %s\r\n' % str(values))
            else:
                sys.stdout.write("unknown command %s\r\n" % args[0])
    finally:
        server.stop()


if __name__ == "__main__":
    main()
```

上面的服务器运行后，在控制台输入：get_values 1 0 0 10。（注意格式）

即可得到 slave=1、block=0、起始地址=0、字节数=10 的数据。

在控制台输入：set_values 1 0 0 1 2 3 4 5

即设置 slave=1、block=0、起始地址=0 及以后字节地址数据为：1 2 3 4 5。

2．MCD 通信设置

（1）在"信号映射"对话框右上角的列选框中选择"TCP"，然后单击按钮，弹出如图 6.42 所示对话框。在"外部信号配置"对话框的"类型"项中选择"Modbus TCP"，然后单击按钮，修改服务器 IP 和端口（见图 6.43）。

图 6.42　选择 Modbus TCP

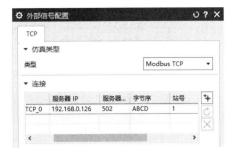

图 6.43　设置 Modbus TCP 服务器

（2）在"外部信号配置"对话框的"连接"部分定义字节序（见图 6.44），此处决定在前面的 Modbus TCP server 程序中如何解包数据。在"通道信息"部分定义通道，对应 Modbus TCP server 程序的 block。此外这里定义 Write Multiple Registers 表示写多个寄存器，其映射 MCD 中的输出信号；定义的 Read Input Registers 或其他 Read 开头的功能映射 MCD 中的输入信号（见图 6.45）。

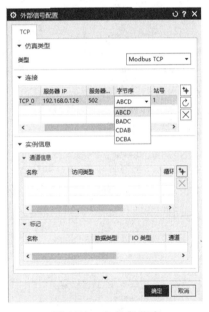

图 6.44　定义字节序

图 6.45　定义通道

（3）在"外部信号配置"对话框的"标记"部分定义数据格式，注意不同数据类型的字节长度。这里的 channel_0 定义两个数据：第一个是 LReal 类型，占据 8 字节；第二个是 Int 类型，占据 2 字节。选择这两个数据（勾上），这两个数据占据 10 字节。注意"通道信息"下面的"长度"表示以 Word 为单位；因此图 6.46 中的 10 表示 10 Word。这里仅仅使用了 5 Word，因此剩下的 5 Word 没有使用，但是不影响定义。

（4）同样地，在 channel_1（应该是 Read Input Registers）定义两个数据：第一个是 LReal 类型，占据 8 字节；第二个是 Int 类型，占据 2 字节。选择这两个数据（勾上），这两个数据占据 10 字节。"通道信息"下面的"长度"定义为 5（见图 6.47）。

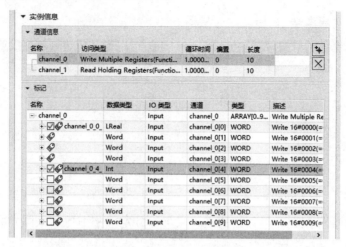

图 6.46　定义标记

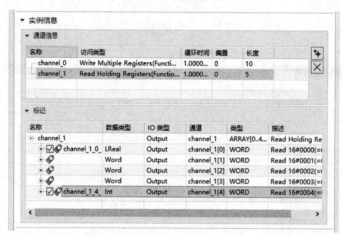

图 6.47　创建标记

（5）回到信号映射对话框，如图 6.48 所示添加映射。

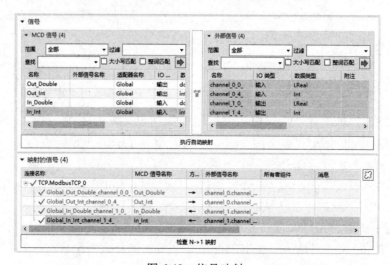

图 6.48　信号映射

当 Modbus TCP server 程序运行后，进行 MCD 仿真运行，然后在 Python shell 中输入 get_values 或者 set_values 指令，即可读取或写入 MCD（见图 6.49）。

图 6.49　监控标签

注意，如果在 channel_1 中设置的是 Read Holding Registers 而不是 Read Input Registers，会导致数据地址与 channel_0 重叠。此外，如果出现如图 6.50 所示信息，表示 Modbus TCP server 程序有问题。

图 6.50　错误信息

6.5　Grbl 与 MCD 机械模型的联合仿真

在此联合仿真中，需要使用 Grbl 上位机程序、Proteus、虚拟串口、NX MCD 和 Python 软件。其中，Grbl 上位机程序采用 UGS；Proteus 实现 Grbl 软硬件仿真；NX MCD 实现模型设备的机电概念仿真；虚拟串口与 Python 完成 NX MCD 和 Proteus 之间通信。

6.5.1　基于简单 MCD 机械模型的联合仿真

（1）3D 打印机简单模型。

① 在 NX MCD 中，导入搭建好的 3D 打印机模型，并设置好基本机电对象（见图 6.51）、运动副（见图 6.52）、耦合副、传感器和执行器（见图 6.53）。

② 在执行器中定义 X 轴（见图 6.54）、Y 轴（见图 6.55）和 Z 轴（见图 6.56）位置等。

基本机电对象	
☑ Floor	碰撞体
☑ RigidBody(1)	刚体
☑ RigidBody(2)	刚体
☑ x轴	刚体
☑ 从动轮x	刚体
☑ 从动轮y	刚体
☑ 挤出头	刚体
☑ 框架	刚体
☑ 热床	刚体
☑ 丝杠l	刚体
☑ 丝杠r	刚体
☑ 同步轮x	刚体
☑ 同步轮y	刚体

图 6.51　监控标签（一）

运动副和约束	
☑ RigidBody(1)_框架_Fi...	固定副
☑ RigidBody(2)_x轴_Fix...	固定副
☑ x轴_丝杠l_Joint(1)	螺旋副
☑ x轴_丝杠r_ScrewJoin...	螺旋副
☑ 从动轮x_x轴_HingeJo...	铰链副
☑ 从动轮y_框架_HingeJ...	铰链副
☑ 挤出头_RigidBody(2)...	滑动副
☑ 框架_FixedJoint(1)	固定副
☑ 热床_RigidBody(1)_Sl...	滑动副
☑ 丝杠l_HingeJoint(1)	铰链副
☑ 丝杠r_HingeJoint(1)	铰链副
☑ 同步轮x_x轴_HingeJo...	铰链副
☑ 同步轮y_框架_HingeJ...	铰链副

图 6.52　监控标签（二）

传感器机执行器	
☑ X_AXIS	位置控制
☑ X_LIMIT	限位开关
☑ Y_AXIS	位置控制
☑ Y_LIMIT	限位开关
☑ Z_AXIS	位置控制
☑ Z_LIMIT	限位开关
运行时行为	
信号	
☑ X_AXIS	信号
☑ X_LIMIT	信号
☑ Y_AXIS	信号
☑ Y_LIMIT	信号
☑ Z_AXIS	信号
☑ Z_LIMIT	信号
信号连接	
opc.tcp://127.0.0.1:4852	
☑ Global_X_AXIS_X_AXIS	信号映射连接
☑ Global_X_LIMIT_X_Limit	信号映射连接
☑ Global_Y_AXIS_Y_AXIS	信号映射连接
☑ Global_Y_LIMIT_Y_Limit	信号映射连接
☑ Global_Z_AXIS_Z_AXIS	信号映射连接
☑ Global_Z_LIMIT_Z_Limit	信号映射连接

图 6.53　监控标签（三）

图 6.54　定义 X 轴位置执行器

图 6.55　定义 Y 轴位置执行器

③ 此外，为了保证龙门结构的 Z 轴两个电机同时运动，这里应添加耦合副-齿轮（见图 6.57）。

图 6.56　定义 Z 轴位置执行器

图 6.57　添加 Z 轴耦合副-齿轮

④ 运行 OPC UA server，然后在"外部信号配置"对话框中添加 OPC UA 服务器，并在"标记"中勾选"Parameters"下面的所有参数。回到"信号映射"对话框，映射 MCD

信号和外部信号，如图 6.58 所示。

图 6.58　选择变量

（2）运行 5.2 节的 Proteus 模型。

（3）对 5.3.2 节的自编上位机程序进行改造，添加 OPU UA 服务器部分程序，用于将
Proteus 模型中获得的 Grbl 机床位置发送给 MCD 模型。修改如下：

```
…
from opcua import ua, Server
…
class Ui_Dialog(object):
….
    def receivedata(self,str):                    #接收函数
      ….
        if(str.find('MPos')>-1):                  #获取机床位置
            print(str)
            strp=str.split("|",2)
            strout=strp[1][5:].split(",",2)
            for i in range(3):
                self.mpos[i]=float(strout[i])

            self.lcdmx.display(strout[0])
            self.lcdmy.display(strout[1])
            self.lcdmz.display(strout[2])
            self.X_AXIS.set_value(self.mpos[0])   #OPC 发送 X 轴位置
            self.Y_AXIS.set_value(self.mpos[1])   #OPC 发送 Y 轴位置
            self.Z_AXIS.set_value(self.mpos[2])   #OPC 发送 Z 轴位置
```

```
        def comconnect(self):
    .......
                self.serialport.write('$?\n'.encode())

                self.opc = Server()                              #创建 OPC UA 服务器对象
                url = "opc.tcp://127.0.0.1:4852"
                self.opc.set_endpoint(url)
                name = "OPC_SIMULATION_SERVER"
                addspace = self.opc.register_namespace(name)     #注册 OPC UA 命名空间
                node =self.opc.get_objects_node()
                self.Param = node.add_object(addspace, "Parameters")   #加入对象

                self.X_AXIS = self.Param.add_variable(addspace, "X_AXIS", 0.0)  #加入标签
                self.Y_AXIS = self.Param.add_variable(addspace, "Y_AXIS", 0.0)  #加入标签
                self.Z_AXIS = self.Param.add_variable(addspace, "Z_AXIS", 0.0)  #加入标签
                #以下加入限位标签
                self.X_Limit = self.Param.add_variable(addspace, "X_Limit",0,ua.VariantType.Boolean)
                self.Y_Limit = self.Param.add_variable(addspace, "Y_Limit",0,ua.VariantType.Boolean)
                self.Z_Limit = self.Param.add_variable(addspace, "Z_Limit",0,ua.VariantType.Boolean)

                self.X_AXIS.set_writable()              #设置标签可写
                self.Y_AXIS.set_writable()
                self.Z_AXIS.set_writable()
                self.X_Limit.set_writable()
                self.Y_Limit.set_writable()
                self.Z_Limit.set_writable()
                self.opc.start()                       #开启服务器
                print("Server started at {}".format(url))

        except:
            print("serial open failed")
```

完成所有设置后,运行 Proteus 模型,自编上位机程序和运行 MCD 仿真模型,即可实现对 3D 打印机设计的虚拟运动控制仿真,用户还可以发出回参考点指令,在 Proteus 模型中单击 X 轴、Y 轴和 Z 轴的限位开关按钮,实现回参考点。

6.5.2　基于复杂 MCD 机械模型的联合仿真

6.5.1 节的联合仿真不能实现对电机轴转动的仿真,因为不能实现回参考点的自动仿真,下面介绍基于复杂 MCD 机械模型的联合仿真,弥补上述不足,实现 3D 打印设备的全软件仿真。

1．3D 打印机复杂模型

(1)首先对 MCD 中的 3D 打印机模型进行修改。将 X 轴、Y 轴和 Z 轴执行器定义为

如图 6.59、图 6.60 和图 6.61 所示的各电机轴的旋转副。执行器的位置控制方式为"跟踪多圈",速度设置高一些,保证运动能快速反应。此外,注意添加 Z 轴两个电机的螺旋副。在螺旋副中设置合适的螺距;在 X 轴和 Y 轴的齿轮齿条副里修改齿轮的半径。

图 6.59 定义 X 轴旋转执行器　　　　图 6.60 定义 Y 轴旋转执行器

(2)要模拟回参考点功能,需要在 MCD 中定义限位,这里采用的是限位开关传感器,也可以使用碰撞传感器。限位开关传感器的设置如图 6.62～图 6.64 所示,需要选择 X 轴、Y 轴和 Z 轴的滑动副作为对象,而不是 X 轴、Y 轴和 Z 轴电机的旋转副。

图 6.61 定义 Z 轴旋转执行器　　　　图 6.62 定义 X 轴限位开关

图 6.63 定义 Y 轴限位开关　　　　图 6.64 定义 Z 轴限位开关

2. Proteus 模型的修改

在 Proteus 模型中再添加一个 Arduino Mega，用于采集 Grbl Mega 上三个电机轴 IO 端口输出的脉冲数和脉冲方向。因为在回参考点过程中，Grbl 对 Mega 三个电机轴 IO 端口输出脉冲，但是不会修改机床位置（此时没有准确的位置，所以也就不会更新位置）。利用另一个 Arduino Mega 把采集的脉冲数发给 MCD 模型，就可以仿真这个回参考点过程。如图 6.65 所示，在 Proteus 模型中再添加一个串口元件 COMPIM，这里需要设置波特率和端口号，由于连接 Grbl Mega 的串口元件设置的是 COM1 和 115200，这里设置新的串口元件为 COM3 和 115200。此外，需要按照图 6.65 连接 X_PLUSE、Y_PLUSE、Z_PLUSE、X_DIR、Y_DIR 和 Z_DIR 到新的 Mega，并连接 X_LIMIT、Y_LIMIT 和 Z_LIMIT 到新的 Mega。

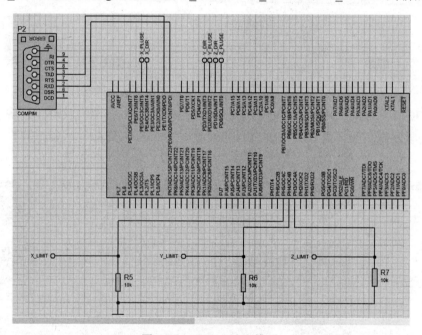

图 6.65　Proteus 改进模型

编写的采集脉冲数和控制限位触发的程序如下：

```
const int inputPin1 = 2;      //X_DIR 电平检测引脚
const int inputPin2 = 3;      //X_PLUSE 脉冲输入引脚
const int inputPin3 = 18;     //Y_DIR 电平检测引脚
const int inputPin4 = 19;     //Y_PLUSE 脉冲输入引脚
const int inputPin5 = 20;     //Z_DIR 电平检测引脚
const int inputPin6 = 21;     //Z_PLUSE 脉冲输入引脚
const int inputPin7 = 6;      //Z_LIMIT 引脚
const int inputPin8 = 7;      //Y_LIMIT 引脚
const int inputPin9 = 8;      //X_LIMIT 引脚

volatile bool inputState1 = LOW;      //保存电平状态
volatile int pulsenum1 = 0;           //是否检测到脉冲
```

```
volatile bool inputState2 = LOW;        //保存电平状态
volatile int pulsenum2 = 0;             //是否检测到脉冲
volatile bool inputState3 = LOW;        //保存电平状态
volatile int pulsenum3 = 0;             //是否检测到脉冲
String myString="";

void setup() {
  pinMode(inputPin1, INPUT);
  pinMode(inputPin2, INPUT);
  pinMode(inputPin3, INPUT);
  pinMode(inputPin4, INPUT);
  pinMode(inputPin5, INPUT);
  pinMode(inputPin6, INPUT);

  pinMode(inputPin7, OUTPUT);
  pinMode(inputPin8, OUTPUT);
  pinMode(inputPin9, OUTPUT);
  digitalWrite(inputPin7,HIGH);
  digitalWrite(inputPin8,HIGH);
  digitalWrite(inputPin9,HIGH);
  attachInterrupt(digitalPinToInterrupt(inputPin1), inputInterrupt1, CHANGE);    //绑定中断函数
  attachInterrupt(digitalPinToInterrupt(inputPin2), inputInterrupt2, RISING);    //绑定中断函数
  attachInterrupt(digitalPinToInterrupt(inputPin3), inputInterrupt3, CHANGE);    //绑定中断函数
  attachInterrupt(digitalPinToInterrupt(inputPin4), inputInterrupt4, RISING);    //绑定中断函数
  attachInterrupt(digitalPinToInterrupt(inputPin5), inputInterrupt5, CHANGE);    //绑定中断函数
  attachInterrupt(digitalPinToInterrupt(inputPin6), inputInterrupt6, RISING);    //绑定中断函数
  Serial.begin(115200);            //初始化串行通信
}

void loop() {
  //检查限位是否被触发（从 OPC UA 服务器发送过来）
  if(Serial.available()){
        myString= char(Serial.read());
        if(myString>="0" & myString<"8"){
            int data=myString.toInt();
            if(data&0x1)
                digitalWrite(inputPin9,LOW);
            else
                digitalWrite(inputPin9,HIGH);
            if(data&0x2)
                digitalWrite(inputPin8,LOW);
            else
                digitalWrite(inputPin8,HIGH);
            if(data&0x4)
                digitalWrite(inputPin7,LOW);
```

```
                    else
                        digitalWrite(inputPin7,HIGH);
                }
            myString="";
        }
//发送三个电机端口发出的脉冲数
    Serial.println(String(pulsenum1) + " " + String(pulsenum2) + " " + String(pulsenum3));
    delay(1);
}
//中断函数 1：捕获电平高低
void inputInterrupt1() {
    inputState1 = digitalRead(inputPin1);
}
//中断函数 2：捕获脉冲输入
void inputInterrupt2() {
    if(inputState1)
        pulsenum1++;
    else
        pulsenum1--;
}
//中断函数 3：捕获电平高低
void inputInterrupt3() {
    inputState2 = digitalRead(inputPin3);
}
//中断函数 4：捕获脉冲输入
void inputInterrupt4() {
    if(inputState2)
        pulsenum2++;
    else
        pulsenum2--;
}
//中断函数 5：捕获电平高低
void inputInterrupt5() {
    inputState3 = digitalRead(inputPin5);
}
//中断函数 6：捕获脉冲输入
void inputInterrupt6() {
    if(inputState3)
        pulsenum3++;
    else
        pulsenum3--;
}
```

程序在 Arduino IDE 中编译后放入 Proteus 模型的新的 Arduino Mega 中。此外，需要在 Virtual Serial Port 软件中连接 COM3 和 COM4。

3. OPC UA 服务器

修改 OPC UA 服务器程序如下：

```python
from opcua import Server,ua
from random import randint,random
import datetime
import time
import serial,threading,time
server = Server()
url = "opc.tcp://127.0.0.1:4852"
server.set_endpoint(url)
name = "OPC_SIMULATION_SERVER"
addspace = server.register_namespace(name)
node = server.get_objects_node()
Param = node.add_object(addspace, "Parameters")
X_AXIS = Param.add_variable(addspace, "X_AXIS", 0.0)
Y_AXIS = Param.add_variable(addspace, "Y_AXIS", 0.0)
Z_AXIS = Param.add_variable(addspace, "Z_AXIS", 0.0)
X_Limit = Param.add_variable(addspace, "X_Limit",0,ua.VariantType.Boolean)
Y_Limit = Param.add_variable(addspace, "Y_Limit",0,ua.VariantType.Boolean)
Z_Limit = Param.add_variable(addspace, "Z_Limit",0,ua.VariantType.Boolean)
X_AXIS.set_writable()
Y_AXIS.set_writable()
Z_AXIS.set_writable()
X_Limit.set_writable()
Y_Limit.set_writable()
Z_Limit.set_writable()

server.start()
serialport = serial.Serial("com4", 115200, timeout=1)
print("Server started at {}".format(url))
mpos=[0.0,0.0,0.0,0.0]
while True:
    mstr=serialport.readline().decode()
    if(len(mstr)>0):
        strout=mstr.split(" ",2)
        if(len(strout)>2):
            for i in range(3):
                mpos[i]=int(strout[i])*360.0/250.0
            X_AXIS.set_value(mpos[0])
            Y_AXIS.set_value(mpos[1])
            Z_AXIS.set_value(mpos[2])
    mX_Limit=X_Limit.get_value()
    mY_Limit=Y_Limit.get_value()
```

```
mZ_Limit=Z_Limit.get_value()
data=0
data=data|int(mX_Limit)
data=data|int(mY_Limit)<<1
data=data|int(mZ_Limit)<<2
serialport.write((str(data) + '\n').encode())
```

4．上位机程序

这里采用 UGS 软件（见图 6.66）作为上位机程序，当 Proteus 模型、UGS、OPC UA 服务器和 MCD 模型运行后，Grbl 可以全软件仿真。

图 6.66　UGS 软件界面

基于复杂 MCD 机械模型的联合模型在仿真回参考点时会出现回参考点错误的现象，这是由于 MCD 模型把限位触发信号发给 OPC UA Server，然后 OPC UA Server 再把限位触发信号发给 Proteus 里的 Grbl，在此过程中 Grbl 还在继续发送脉冲信号，所以 Grbl 接收到限位触发时，MCD 模型已经越过限位开关；接下来当 Grbl 控制电机反转时，在一段时间里限位依旧触发，所以此时 Grbl 会认为控制电机反转时碰到了限位。出现错误现象后，单击 Soft Reset，然后单击 Home Machine 再次回参考点，多次这个过程，当 MCD 模型的三个轴距离限位开关距离较小时，由于 Grbl 的控制轴运动采用的是梯形速度曲线，其启动速度小于快进速度，这会减少由通信时间造成的电机过冲距离，因此最终回参考点成功。此外，还可以修改参数：$25—回零搜索速率。

第7章

Grbl 应用

三坐标设备在加工制造和机器运动控制领域中有着广泛的应用，包括CNC雕刻机、3D打印机、车床、铣床和激光切割机等。本章介绍如何使用 Arduino UNO 来控制一个三坐标设备。

7.1 Grbl 的编译与烧录

下载并解压 Grbl 源码后（注意这里使用的是 Arduino UNO 版本），直接将 Grbl 文件夹复制到 Arduino 库文件夹即可。正确的文件结构如下：

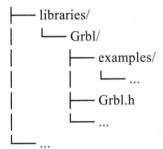

```
<库文件夹目录>/
├── libraries/
│   └── Grbl/
│       ├── examples/
│       │   └── ...
│       ├── Grbl.h
│       └── ...
└── ...
```

Grbl 文件夹一定要在 libraries 文件夹中。复制完成后可以重启 IDE，再次单击项目下拉菜单，导航到导入库，然后滚动到列表底部，确认 Grbl 已经添加成功。

打开 GrblUpload Arduino 示例，单击"文件"下拉菜单，选择"示例"→"Grbl"→"GrblUpload"（见图7.1）。

需要注意，不要对这个示例文件进行任何修改，Grbl 不使用任何 Arduino 代码，修改此示例文件可能会导致编译失败。

从菜单中选择"文件"→"示例"→"Grbl"→"GrblUpload"，将 Arduino Uno 开发板连接到计算机。在菜单中选择"工具"→"开发板"→"Arduino AVR Boards"→"Arduino Uno"（见图7.2）。

选择"工具"→"端口"，选择 UNO 端口。

最后选择"项目"→"上传"，Grbl 就会自动编译程序并烧录到 Arduino 开发板上（见图7.3）。

图 7.1　选择 Grbl 程序

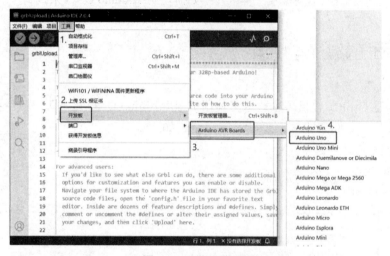

图 7.2　选择开发板

图 7.3　上传程序

大多数用户都可以使用 Grbl 的默认版本，也可以通过编辑 config.h 文件来定制 Grbl，要在 Arduino 库文件夹中编辑该文件，而不是在导入库的文件夹中编辑该文件，这是非常重要的。通过该文件启用或禁用 Grbl 的附加编译选项，文件中有一些描述说明了文件内容起什么作用。

7.2 Grbl 硬件连接

对于 Grbl v0.9 和 v1.1+版本，Z-limit（即 Z 轴限位）在 D12 引脚，主轴使能在引脚 D11。对于禁用可变主轴的 Grbl v0.8 和 v0.9+，Z-limit 改到 D11 引脚，主轴使能在引脚 D12。这是为了使旧板的向后兼容性。对于激光模式，使用的引脚与主轴（pin 11）相同。

1．步进电机

Grbl 在 Arduino UNO 上默认的引脚连接如图 7.4 所示，可根据用户的实际需求在引脚映射文件 cpu_map_atMega328p.h 或 cpu_map_atMega2560.h 中进行修改。

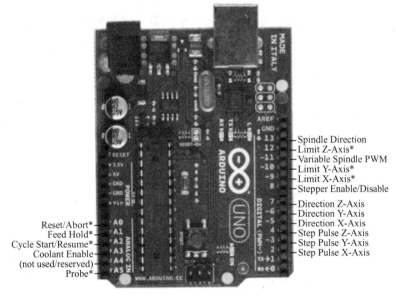

图 7.4　Arduino UNO

图 7.4 中标有"*"的引脚为输入引脚，其余为输出引脚，其中 Arduino UNO 的 2-7 号引脚为电机控制引脚，分别输出三轴的方向与步进脉冲信号；8 号引脚输出步进电机控制器的使能或失能信号；11 号引脚输出可变主轴的 PWM 控制信号；13 号引脚输出主轴方向控制信号，这些引脚直接与步进电机驱动器连接。

Grbl 支持的步进电机驱动器有很多，常用的有 A4988、DRV8825 等，这些驱动器与 Arduino 连接很方便，可以选择使用洞洞板焊接也可以选择购买转接板。

以 A4988 为例，这是一款带转换器和过流保护的 DMOS 微步驱动器，该产品可在全、半、1/4、1/8 及 1/16 步进模式时操作双极步进电动机，输出驱动性能可达 35V，A4988 包括一个固定关断时间电流稳压器，可在慢或混合衰减模式下工作。只要在"步进"输入中输入一个脉冲，即可驱动电动机产生微步。图 7.5 为 A4988 驱动电路板。

图 7.5　A4988 驱动电路板

从原理图（见图 7.6）可以看出，在具体的使用中只要控制 STEP 和 DIR 就可以，很方便。电源供电器件 VDD 和 GND 接 Arduino 的+5V 和 GND，而电机电源 VMOT 和 GND 需要接 8～15V（DC）；三个模式选择端 MS1、MS2、MS3 可以全部接地或者悬空，进入全步进模式，如果要求更高的精度，可以选择其他的模式。

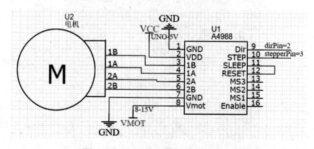

图 7.6　A4988 连接步进电机

选用其他电机驱动器大同小异，与 Arduino 的连接主要是电源部分 VDD 和 GND 引脚，以及控制信号部分的方向 Dir 与脉冲 STEP 引脚。

2．交流伺服电机

驱动器除了可以控制步进电机，还可以用于控制伺服电机。大多数交流伺服电机的驱动器提供脉冲/方向位置控制方式，因此可以接入 Arduino UNO。

图 7.7 为台达 ASD-A 系列伺服驱动器的接线图。

引脚 41、43、37 和 36 对应伺服驱动器的 PULSE、/PULSE、SIGN 和/SIGN，图 7.7 是脉冲命令输入（集电极开路 NPN 型）接线方式。可以看出，当外接 24V 时，需要串入 1K 限流电阻，以保证驱动器内的发光二极管电流在工作范围内。当采用 Arduino UNO 连接到驱动器时，由于 IO 高电平是 5V，可以直接接入伺服驱动器（见图 7.8）。

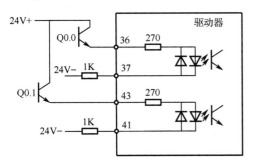

图 7.7　ASD-A 系列伺服驱动器的接线图

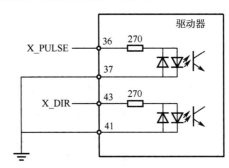

图 7.8　Arduino UNO 连接 ASD-A 系列伺服电机

相似地，松下 A6 系列驱动器的脉冲命令输入（集电极开路 NPN 型）接线方式如图 7.9 所示，也可以采用上面的 Arduino UNO 连接到驱动器。

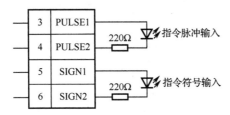

图 7.9　松下 A6 系列驱动器的接线图

3. 限位开关电路连接方式（常开与常闭）

限位开关用于检测工作区域的物理极限，并在复位过程中将头部定位在初始位置。正确连接的限位开关可以显著提高 Grbl 的可靠性——连接到开关的微控制器引脚非常容易受到噪声的影响。在开始之前，请确保坐标系三个轴的方向在 CNC 机床上设置正确，且满足右手定则。

端点开关接线有以下两种类型：

常开（NO）类型，各个开关并联连接（见图 7.10），如果触点碰到其中一个开关，电阻会变低（<10 欧姆）。这种接线很简单，但如果其中一个开关损坏或者电路断路，系统不能检测出来。

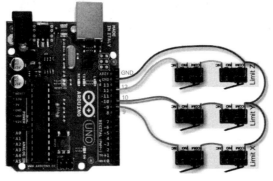

图 7.10　常开（NO）类型

常闭（NC）类型，各个开关串联连接（见图 7.11），如果触点触碰其中一个开关，电阻就会变高（＞1 MOhm）。这种方式布线更复杂，但如果任何一个开关损坏或者电路断路，系统将会立即检测到。这是所有专业数控机床终端开关的接线方式。

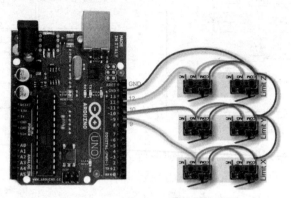

图 7.11　常闭（NC）类型

将限位开关连接到 Arduino UNO 的最简单方法是：将开关连接到相应引脚，并依赖于 ATMega328 芯片的内部弱上拉电阻（~47K）。注意区分微动开关的常闭和常开引脚，不要接错。

一种改进的方法是：将 1K～4.7K 阻值的上拉电阻连接到 5V，将 100nF 的电容连接到 GND。额外的上拉电阻和电容对系统性能有明显的噪声抑制效果。

常闭（NC）类型接线图，如图 7.12 所示。

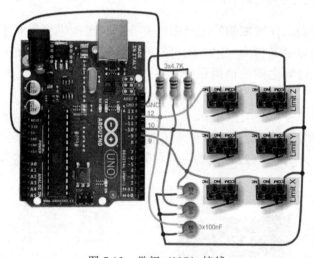

图 7.12　常闭（NC）接线

常开（NO）类型接线图，如图 7.13 所示。

另外，可以使用屏蔽电缆连接到末端传感器或使用双绞线连接，从而减少附近步进电机电缆产生电磁干扰。最好的噪声抑制办法就是使用光耦合器，因为在末端传感器和微控制器引脚之间没有直接的电气连接，任何的 ESD 放电都不会影响到控制器。

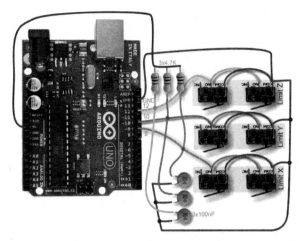

图 7.13 常开（NO）接线

7.3 上位机控制软件

本节以软件 UGS（Universal G-Code Sender）为例，介绍上位机软件的使用。软件界面如图 7.14 所示。

该软件支持多种运动控制器固件，包括 Grbl、GrblESP32、FluidNC 和 g2core 等，以下介绍基本操作。

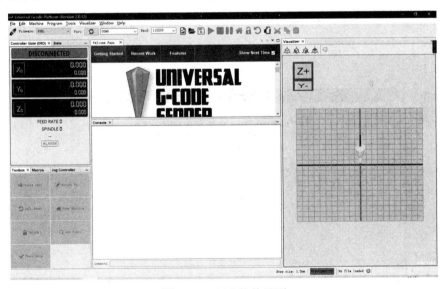

图 7.14 UGS 软件界面

软件界面左侧上方显示三轴当前坐标数据，下方包括常用指令工具箱、当前可用的在首选项中创建的宏命令和手动控制的机器位置。软件界面中间上方包括欢迎页面、当前进行的工作和软件特性介绍。软件界面下方为控制台窗口，可以发送或接收上位机与下位机通信内容。软件界面右侧显示当前操作的三维视图。

　　连接好电脑和 Grbl 设备后，打开 UGS 软件，就可以选择运动控制器固件、串口端口和串口通信波特率。固件选择 GRBL，串口端口号根据电脑实际连接的端口进行选择，如果不确定，可在电脑系统的设备管理器页面查看，波特率使用 115200，单击连接按钮即可将上位机连接到 Grbl 设备。

　　如初次使用设备，可以选择"Machine"→"Setup wizad"，对设备进行快速设置与校准（见图 7.15）。

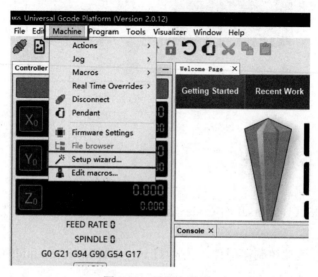

图 7.15　设置与校准

　　选择控制固件为"GRBL"，串口波特率为"115200"，端口号根据实际连接端口选择，单击"Connect"按钮，连接到下位机 Grbl 设备（见图 7.16），然后单击"Next"按钮进入下一步。

图 7.16　端口设置

在图 7.17 所示页面可以导入配置文件，如果不是第一次使用 UGS 可以从这个页面恢复符合以前使用习惯的设置。

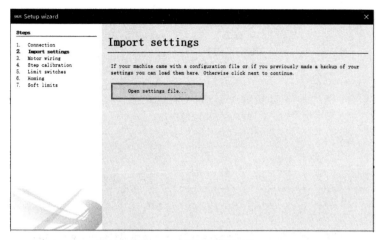

图 7.17　引入配置文件

单击"Next"按钮后，下一步是测试电机电路连接是否可用（见图 7.18），以及三轴方向是否反向。分别单击三个轴电机的运动控制按钮，观察电机是否运动以及运动方向，若有一轴的方向相反，可以通过后面的"Reverse direction"选项反转方向。

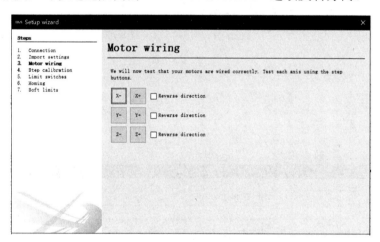

图 7.18　电机运动方向设置

单击"Next"按钮进入下一步，进行步进校准（见图 7.19），通过三个轴的电机移动机器，使用工具对机器移动距离进行测量，并对页面显示的数值进行对比，若偏差较大可通过步数进行校准。

单击"Next"按钮进入下一步，进行限位开关设置（见图 7.20），限位开关将防止机器超出其物理极限。单击"Enable limit switches"按钮，以进行限位功能设置。

然后，尝试手动触发每个限位开关（见图 7.21）。确保每个开关触发至少两秒钟，这样页面才会显示出来，开关触发会使对应轴的图标变为红色。若开关实际没有触发但页面显示已触发，可通过单击"Invert limit switches"按钮反转限位开关触发方式。

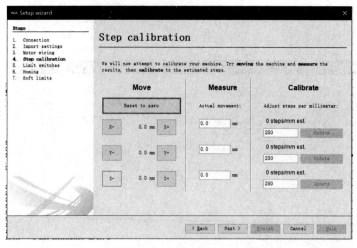

图 7.19　步进校准

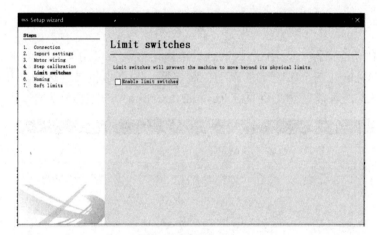

图 7.20　限位开启

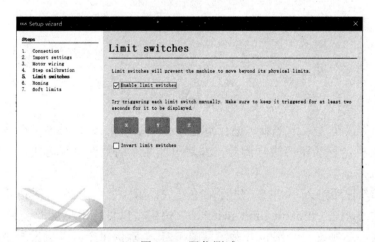

图 7.21　限位测试

单击"Next"按钮，进入下一步，可以选择是否打开回零功能（见图 7.22）。

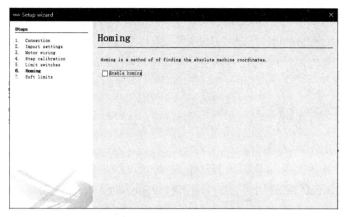

图 7.22　回零使能

接着启用软限位（见图 7.23）。在启用软限位之前需要启用上一步的回零功能。最后单击"Finish"按钮结束配置。

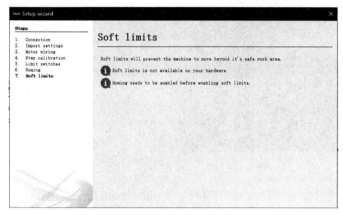

图 7.23　启用软限位

在 UGS 的 Jog Control 界面可以实现对 Grbl 设备的手动控制（见图 7.24），包括三个轴的运动和步进距离的设置。

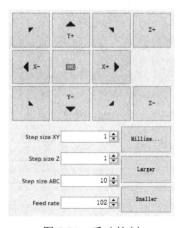

图 7.24　手动控制

如果没有设计好文件，可以选择"File"→"New design"，在 UGS 中进行设计，如果已设计好文件，可以选择"File"→"Open"，打开文件，选择"Program"→"Send"，即可发送 G 代码到下位机，实现自动控制过程。

7.4 Thor 开源机器人

Thor 是具有六个自由度的开源可打印机械臂（见图 7.25 和图 7.26）。代码下载地址为 https://github.com/ AngelLM/Thor。在直立位置，Thor 约为 625 毫米，它可以提起重达 750 克的物体。作者 AngelLM 开源了 CAD 文件，机械模型使用 freecad 软件设计，在控制软件方面使用固件 Grbl，硬件平台是 Arduino Mega 2560。

图 7.25　Thor 机械臂

图 7.26　Thor 模型

Thor 机械臂具有 6 个自由度，7 个电机，在 nuts_bolts.h 文件中定义了轴的数目和轴的索引，如下：

```
#define N_AXIS 7
#define A_AXIS 0
#define B_AXIS 1
#define C_AXIS 2
#define D_AXIS 3
#define E_AXIS 4
#define F_AXIS 5
#define G_AXIS 6
```

在 Settings.c 文件中定义引脚。基于 Arduino Mega 的 Thor Grbl 引脚说明见表 7.1。

表 7.1　Thor Grbl 引脚说明

功　　能	变 量 名 称	引　　脚
A 轴脉冲	A_STEP_BIT	Digital Pin 28
B 轴脉冲	B_STEP_BIT	Digital Pin 26
C 轴脉冲	C_STEP_BIT	Digital Pin 24

功　　能	变　量　名　称	引　　脚
D 轴脉冲	D_STEP_BIT	Digital Pin 22
E 轴脉冲	E_STEP_BIT	Digital Pin 23
F 轴脉冲	F_STEP_BIT	Digital Pin 25
G 轴脉冲	G_STEP_BIT	Digital Pin 27
A 轴方向	A_DIRECTION_BIT	Digital Pin 36
B 轴方向	B_DIRECTION_BIT	Digital Pin 34
C 轴方向	C_DIRECTION_BIT	Digital Pin 32
D 轴方向	D_DIRECTION_BIT	Digital Pin 30
E 轴方向	E_DIRECTION_BIT	Digital Pin 31
F 轴方向	F_DIRECTION_BIT	Digital Pin 33
G 轴方向	G_DIRECTION_BIT	Digital Pin 35
电机使能	STEPPERS_DISABLE_BIT	Digital Pin 40
A 轴限位	A_LIMIT_BIT	Digital Pin 42
B 轴限位	B_LIMIT_BIT	Digital Pin 44
C 轴限位	C_LIMIT_BIT	Digital Pin 44
D 轴限位	D_LIMIT_BIT	Digital Pin 48
E 轴限位	E_LIMIT_BIT	Digital Pin 49
F 轴限位	F_LIMIT_BIT	Digital Pin 47
G 轴限位	G_LIMIT_BIT	Digital Pin 47
主轴使能	SPINDLE_ENABLE_BIT	Digital Pin 7
主轴方向	SPINDLE_DIRECTION_BIT	Digital Pin 5
水冷	COOLANT_FLOOD_BIT	Digital Pin 8
雾化	COOLANT_MIST_BIT	Digital Pin 9
系统复位	CONTROL_RESET_BIT	Analog Pin 8
进给保持	CONTROL_FEED_HOLD_BIT	Analog Pin 9
循环启动	CONTROL_CYCLE_START_BIT	Analog Pin 10
安全门	CONTROL_SAFETY_DOOR_BIT	Analog Pin 11
探头	PROBE_BIT	Analog Pin 15
变主轴转速	SPINDLE_PWM_BIT	Digital Pin 41

```
settings.steps_per_mm[A_AXIS] = DEFAULT_A_STEPS_PER_MM;
settings.steps_per_mm[B_AXIS] = DEFAULT_B_STEPS_PER_MM;
settings.steps_per_mm[C_AXIS] = DEFAULT_C_STEPS_PER_MM;
settings.steps_per_mm[D_AXIS] = DEFAULT_D_STEPS_PER_MM;
settings.steps_per_mm[E_AXIS] = DEFAULT_E_STEPS_PER_MM;
settings.steps_per_mm[F_AXIS] = DEFAULT_F_STEPS_PER_MM;
settings.steps_per_mm[G_AXIS] = DEFAULT_G_STEPS_PER_MM;
```

```
settings.max_rate[A_AXIS] = DEFAULT_A_MAX_RATE;
settings.max_rate[B_AXIS] = DEFAULT_B_MAX_RATE;
settings.max_rate[C_AXIS] = DEFAULT_C_MAX_RATE;
settings.max_rate[D_AXIS] = DEFAULT_D_MAX_RATE;
settings.max_rate[E_AXIS] = DEFAULT_E_MAX_RATE;
settings.max_rate[F_AXIS] = DEFAULT_F_MAX_RATE;
settings.max_rate[G_AXIS] = DEFAULT_G_MAX_RATE;
settings.acceleration[A_AXIS] = DEFAULT_A_ACCELERATION;
settings.acceleration[B_AXIS] = DEFAULT_B_ACCELERATION;
settings.acceleration[C_AXIS] = DEFAULT_C_ACCELERATION;
settings.acceleration[D_AXIS] = DEFAULT_D_ACCELERATION;
settings.acceleration[E_AXIS] = DEFAULT_E_ACCELERATION;
settings.acceleration[F_AXIS] = DEFAULT_F_ACCELERATION;
settings.acceleration[G_AXIS] = DEFAULT_G_ACCELERATION;
settings.max_travel[A_AXIS] = (-DEFAULT_A_MAX_TRAVEL)
settings.max_travel[B_AXIS] = (-DEFAULT_B_MAX_TRAVEL)
settings.max_travel[C_AXIS] = (-DEFAULT_C_MAX_TRAVEL)
settings.max_travel[D_AXIS] = (-DEFAULT_D_MAX_TRAVEL)
settings.max_travel[E_AXIS] = (-DEFAULT_E_MAX_TRAVEL)
settings.max_travel[F_AXIS] = (-DEFAULT_F_MAX_TRAVEL)
settings.max_travel[G_AXIS] = (-DEFAULT_G_MAX_TRAVEL)
```

此外，在 stepper.c 文件中，利用下面两个函数对各轴的脉冲和方向引脚发送信号：

```
STEP_PORT = (STEP_PORT & ~STEP_MASK) | st.step_outbits;
DIRECTION_PORT = (DIRECTION_PORT & ~DIRECTION_MASK) | (st.dir_outbits&
DIRECTION_MASK);
```

在 Gcode.c 文件中，定义各轴如下：

```
    case 'A': word_bit = WORD_A; gc_block.values.xyz[A_AXIS] = value; axis_words |= (1<<A_AXIS);
break;
    case 'B': word_bit = WORD_B; gc_block.values.xyz[B_AXIS] = value; axis_words |= (1<<B_AXIS);
break;
    case 'C': word_bit = WORD_C; gc_block.values.xyz[C_AXIS] = value; axis_words |= (1<<C_AXIS);
break;
    case 'D': word_bit = WORD_D; gc_block.values.xyz[D_AXIS] = value; axis_words |= (1<<D_AXIS);
break;
    case 'X': word_bit = WORD_X; gc_block.values.xyz[E_AXIS] = value; axis_words |= (1<<E_AXIS);
break;
    case 'Y': word_bit = WORD_Y; gc_block.values.xyz[F_AXIS] = value; axis_words |= (1<<F_AXIS);
break;
    case 'Z': word_bit = WORD_Z; gc_block.values.xyz[G_AXIS] = value; axis_words |= (1<<G_AXIS);
break;
```

在上位机上输入如下格式指令，即可控制各轴的运动。

G01A10B10C10D10X10Y10Z10F100

如果希望在操作空间控制机械臂，则需要在上位机中完成逆解计算。

参 考 资 料

1. Suk-Hwan Suh，Seong-Kyoon Kang，Dae-Hyuk Chung，Ian Stroud. Theory and Design of CNC Systems. Springer. 2008

2. ATMega328P DATASHEET. https://ww1.microchip.com/downloads/en/DeviceDoc/Atmel-7810-Automotive-Microcontrollers-ATMega328P_Datasheet.pdf

3. https://howtomechatronics.com/tutorials/how-to-setup-Grbl-control-cnc-machine-with-arduino/